“十二五”普通高等教育本科国家级规划教材

工程光学复习指导与习题解答

第2版

蔡怀宇　编著

机　械　工　业　出　版　社

本书基本遵循“十二五”普通高等教育本科国家级规划教材《工程光学》的体系框架，分11章全面系统地总结了工程光学各部分的主要学习要求和重点复习内容，精选典型例题进行了详细分析，并设置自测练习供读者自查学习效果。此外，还针对期末考试和研究生入学考试的不同需要配置了综合仿真试卷，旨在帮助读者更好地提升学习效果。

全书内容包括：几何光学的基本定律与成像概念、理想光学系统、平面与平面系统、光学系统中的光束限制、光度学和色度学基础、光线的光路计算及像差理论、典型光学系统与像质评价、光的电磁理论基础、光的干涉和干涉系统、光的衍射，以及光的偏振和晶体光学基础。共精选分析例题100个，设置自测练习346题（包括多选、填空和计算等多种题型），配置各类仿真试卷6套。

本书可作为高校光电信息科学与工程、测控技术与仪器等仪器类或相近专业正在学习“工程光学”课程的本科生、专科生的教材配套参考书，也可作为准备报考研究生或从事相关领域教学和科研人员的重要参考书。

图书在版编目（CIP）数据

工程光学复习指导与习题解答/蔡怀宇编著．—2版．—北京：机械工业出版社，2016.1（2026.1重印）

“十二五”普通高等教育本科国家级规划教材

ISBN 978-7-111-52911-8

Ⅰ.①工…　Ⅱ.①蔡…　Ⅲ.①工程光学—高等学校—教学参考资料　Ⅳ.①TB133

中国版本图书馆CIP数据核字（2016）第024696号

机械工业出版社（北京市百万庄大街22号　邮政编码100037）
策划编辑：王　康　责任编辑：吉　玲
版式设计：霍永明　责任校对：张晓蓉
封面设计：路恩中　责任印制：刘　媛
北京富资园科技发展有限公司印刷
2026年1月第2版第16次印刷
184mm×260mm · 13.75印张 · 340千字
标准书号：ISBN 978-7-111-52911-8
定价：35.00元

电话服务　网络服务
客服电话：010-88361066　机　工　官　网：www.cmpbook.com
010-88379833　机　工　官　博：weibo.com/cmp1952
010-68326294　金　书　网：www.golden-book.com

机工教育服务网：www.cmpedu.com

第 2 版前言

自 2009 年 9 月《工程光学复习指导与习题解答》正式出版发行至今，6 年期间共印刷 6 次，受到了众多正在学习“工程光学”课程和相关学科复习考研学生的欢迎，也得到了许多来自教学第一线教师的充分肯定。该书作为“工程光学”系列教材之一，于 2013 年获得天津市教学成果一等奖，并于 2014 年荣幸地入选“十二五”普通高等教育本科国家级规划教材。

本次修订充分借鉴了广大读者的反馈意见和多层次要求，在保持原有基本框架体系不变的前提下新增“光度学和色度学基础”一章，使本书内容与其对应主教材更为一致；在相应章节中修订、补充和完善了若干知识点的表述，对于疑问较多的习题增加了提示内容，更有利于读者的学习和理解；将难度较大、综合性相对较强的题目标注了“*”号，便于有不同层次要求的读者选学选做。本次修订补充例题及各类习题 44 道，同时更正了第 1 版中出现的错误。

本书修订得到了天津大学工程光学课程组教师及机械工业出版社的帮助和支持，研究生武晓宇、丁蕾承担了本书稿的部分文字修订和校正工作，在此一并表示感谢！希望本书能够一如既往地服务广大师生，为国家的光学教育事业尽一份力量。

蔡怀宇

第1版前言

“工程光学”是高等学校光电信息科学与工程、仪器类专业及相近专业的一门重要学科基础课程，作为开展光学理论和光学技术教育的专业基础课面向本科生开设，对于学生学习其他光电专业课程、培养综合能力具有十分重要的意义。该课程主要涵盖几何光学和物理光学两大部分内容，涉及基本概念、基本理论和实际解决工程光学问题等各个方面，其综合性、灵活性和实践性都很强，对初学者来说，具有一定的难度。近年来为了满足课程改革的需要，新知识不断扩充，各校所开设的“工程光学”课程学时都相应地有所增减，习题课明显不足，致使学生学习该课程的困难更加突出；同时由于教育规模的扩充和新办专业的出现，也迫切需要工程光学教材的配套辅导材料，以保证教学质量要求。因此，编写并出版《工程光学复习指导与习题解答》不仅能够为正在学习该课程的学生全面掌握重点知识提供有力的帮助，为准备报考同类专业研究生的学生答疑解惑，也能为新筹办专业的教学质量提供有效的指导和保障。

本书基本遵循天津大学郁道银教授主编的普通高等教育“十五”国家级规划教材《工程光学（第2版）》的体系框架，分十个章节全面系统地总结了工程光学（含几何光学和物理光学）的主要学习要求和重点复习内容，精选典型例题进行了详细分析，并设置自测练习供自查学习效果。此外还针对期末考试和研究生入学考试的不同需要配置了综合仿真试卷，能够帮助读者很好地提升学习效果。

全书共精选分析例题93个，设置自测练习309题（包括多选、填空和计算等多种题型）、各类仿真试卷及参考答案6套。题目一部分来自教材、国内其他参考书籍或部分院校的考试试题，另一部分来源于教学实践经验的积累，如：书中汇总的多重选择题，多数都是根据教学过程中学生们曾经出现的问题或易混淆的概念整理而成。详解例题都经过精心的筛选，不但呼应对应章节的学习要求和重点内容，而且力求做到具有典型性和启发性。在解题过程中特别注重总结知识点、明确解题思路和说明多解方法等。

本书吸收了天津大学几代人的“工程光学”教学传统和经验，得到了来自学院和“工程光学”课程组等各方面的支持。特别是在本书的编写过程中，郁道银教授在百忙之中认真仔细地审阅了1～6章的全部内容，提出了许多中肯的修改意见；谢洪波副教授、江俊峰副教授和任坤讲师审阅校正了1～6章；吕且妮副教授、刘宏利副教授和赵宁波讲师审阅校正了7～10章；研究生范立强、孙立彬、李妍、尤勐为本书的编写进行了部分习题试做和收集资料的工作，在此表示衷心的感谢！同时对所参考书籍的作者、对所选题目的作者表示深切的谢意！

谨以此书作为自己从事连续十年“工程光学”教学工作的小小纪念，希望它能够对我的学生们有所裨益，也希望它不辜负来自同行、学生和家人的期望。

蔡怀宇

目　　录

第一部分

复习重点和例题分析

几何光学篇

第一章　几何光学的基本定律与成像概念

一、学习要求

通过对本章的学习，应掌握几何光学的基本定律（光的直线传播定律、独立传播定律、反射定律和折射定律），光的全反射性质，费马原理、马吕斯定律以及二者与几何光学基本定律之间的关系；明确完善成像概念和相关表述；会熟练应用符号规则进行单个折射球面的光线光路计算，掌握单个折射球面和反射球面的成像公式，包括物像位置、垂轴放大率β、轴向放大率α、角放大率γ、拉赫不变量等公式及其各量的物理意义，并推广到共轴球面系统的成像计算。

二、重点内容

1. 几何光学的基本定律

光是一种电磁波，它在介质中的传播规律可概括为以下四个基本定律，见表 1-1。

折射率是表征透明介质光学性质的重要参量，它可以用来描述介质中的光速v相对于真空中光速c的减慢程度，定义为：$n=c/v$。

费马原理和马吕斯定律从另外的角度描述了光在介质中的传播规律，它们与几何光学的四个基本定律是完全等价的，可以相互推导证明。

费马原理可以表述为：光从一点传播到另一点，其间无论进行了多少次反射和折射，其光程为极值（极大值、极小值或常数）。光是沿着光程取极值的路径传播的。

马吕斯定律的表述是：光线束在各向同性的均匀介质中传播时，始终保持着与波面的正交性，并且入射波面与出射波面对应点之间的光程均为定值。

2. 成像的基本概念与完善成像条件

光学系统的作用之一是对物体成像。若一个物点对应的一束同心光束，经光学系统后仍为同心光束，该光束的中心即为该物点的完善像点。物体上每个点经光学系统后所成完善像点的集合就是该物体经光学系统后的完善像。物所在的空间称为物空间，像所在的空间称为像空间，物像空间的范围均为（$-\infty$，$+\infty$）。物像有虚实之分，由实际光线相交所形成的物或像为实，由光线的延长线相交所形成的物或像为虚。

光学系统成完善像应满足以下三个等价条件之一：①入射波面是球面波时，出射波面也是球面波；②入射光是同心光束时，出射光也是同心光束；③物点及其像点之间任意两条光路的光程相等。

表 1-1　几何光学基本定律

名　　称	内容表述	实　　例	补充说明
直线传播定律	在各向同性的均匀介质中，光是沿直线传播的	影子、日蚀、月蚀	当光传播遇到波长量级的障碍物（如小孔或狭缝）时，会发生“衍射”现象，破坏了该定律的成立条件
独立传播定律	不同光源发出的光，在空间某点相遇时，彼此互不影响，各光束独立传播	两个探照灯的光束交会和分离	当两束光由同一单色点光源发出、经不同路径传播后在空间某点相遇时，会发生“干涉”现象，破坏了该定律的成立条件
反射定律	反射光线位于由入射光线和分界面上入射点的法线所决定的平面内；反射光线和入射光线位于法线的两侧，且反射角和入射角的绝对值相等、符号相反，即：$I''=-I$	平面反射镜改变光线方向	1. 通常情况下，光入射到两种均匀介质分界面上时，会同时出现反射现象和折射现象 2. 若光线从光密介质进入光疏介质，且入射角大于临界角，会出现全反射现象 3. 将 $n'=-n$ 代入折射定律则可推导出反射定律的表达式
折射定律	折射光线位于由入射光线和分界面上入射点的法线所决定的平面内；入射角的正弦与折射角的正弦之比和入射角的大小无关，只与两种介质的折射率有关。折射定律可表示为：$n'\sin I'=n\sin I$	插入水中的筷子看上去是弯折的	

3. 几何光学中的符号规则和单个折射球面的光线光路计算

为保持几何光学公式的一致性和讨论问题的方便，特确定了如下的符号规则：①光线的传播方向由左向右。沿轴线段以折射面顶点为原点度量，若与光线的传播方向相同，其值为正，反之为负；②垂轴线段以光轴为基准，在光轴以上为正，光轴以下为负；③光线与光轴的夹角用由光轴转向光线形成的锐角度量，顺时针为正，逆时针为负；④光线与法线的夹角用由光线转向法线形成的锐角度量，顺时针为正，逆时针为负；⑤光轴与法线的夹角用由光轴转向法线形成的锐角度量，顺时针为正，逆时针为负；⑥折射面间隔从前一面的顶点到后一面的顶点，与光线的传播方向相同，其值为正，反之为负。符号规则是人为规定的，所有公式都在此规则基础上推导出来，因此解题时必须严格遵守。如遇到光线由右向左传播的情况，一定要做适当的变通后，才可使用公式。

如图 1-1 所示，折射球面曲率半径为 r，介质折射率分别为 n 和 n'，若已知光线物方坐标 L 和 U，应用折射定律和三角函数关系，可推导出下列光线光路计算公式：

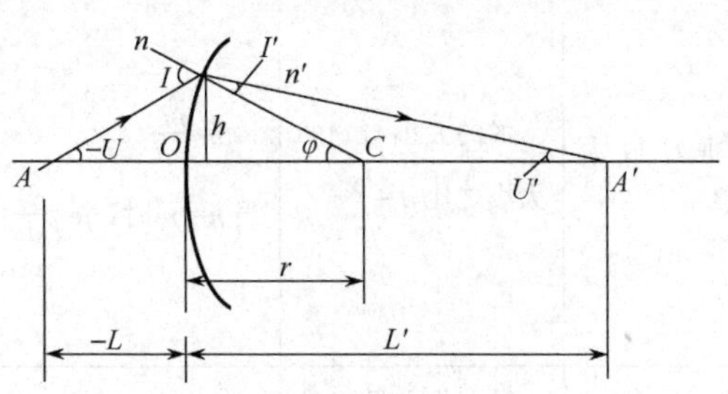

图 1-1　单个折射球面的折射

$$\sin I=(L-r)\frac{\sin U}{r} \tag{1-1}$$

$$\sin I'=\frac{n}{n'}\sin I \tag{1-2}$$

$$U'=U+I-I' \quad (1-3)$$

$$L'=r\left(1+\frac{\sin I'}{\sin U'}\right) \quad (1-4)$$

从而得到光线的像方截距 L' 和孔径角 U'。式（1-4）表明：对于确定的一个轴上物点（L 不变）以不同宽度的成像光束成像时（U 值不同），所得像点的位置不同。

当光线为近轴光线时，式（1-1）～式（1-4）可简化为

$$i=\frac{l-r}{r}u \quad (1-5)$$

$$i'=\frac{n}{n'}i \quad (1-6)$$

$$u'=u+i-i' \quad (1-7)$$

$$l'=r\left(1+\frac{i'}{u'}\right) \quad (1-8)$$

在近轴区，有关系式

$$l'u'=lu=h \quad (1-9)$$

由式（1-5）～式（1-9）可推导出

$$n'\left(\frac{1}{r}-\frac{1}{l'}\right)=n\left(\frac{1}{r}-\frac{1}{l}\right) \quad (1-10)$$

$$n'u'-nu=(n'-n)\frac{h}{r} \quad (1-11)$$

$$\frac{n'}{l'}-\frac{n}{l}=\frac{n'-n}{r} \quad (1-12)$$

式（1-12）表明在近轴区，对于确定的物点存在唯一的一个像点与之对应，由此可确定物像共轭位置关系。

4. 单个折射（反射）球面的成像

为讨论单个折射球面成像的大小、倒正和虚实，引入垂轴放大率、轴向放大率和角放大率的概念。它们的定义、计算公式和物理意义见表 1-2。

表 1-2 单个折射球面的放大率

名　称	定　义	计算公式	物理意义
垂轴放大率 β	像的大小与物的大小之比 $\beta=\frac{y'}{y}$	$\beta=\frac{nl'}{n'l}$ 当 $n=n'$ 时，$\beta=\frac{l'}{l}$	可以确定物体的成像性质，即像的正倒、虚实、放大与缩小： 1. 若 $\beta>0$，即 y' 与 y 同号，表示成正像；反之，y' 与 y 异号，表示成倒像 2. 若 $\beta>0$，l' 与 l 同号，物像位于系统的同侧，表示物像虚实相反；反之，即 l' 与 l 异号，表示物像虚实相同 3. 若 $\|\beta\|>1$，即 $\|y'\|>\|y\|$，成放大的像；反之，$\|y'\|<\|y\|$ 成缩小的像
轴向放大率 α	轴上物点沿光轴做微小移动时，所引起的共轭像点移动量 $\mathrm{d}l'$ 与物点移动量 $\mathrm{d}l$ 的比 $\alpha=\frac{\mathrm{d}l'}{\mathrm{d}l}$	$\alpha=\frac{n'}{n}\beta^2$ 当 $n=n'$ 时，$\alpha=\beta^2$	1. 折射球面的轴向放大率恒为正，表明当物点沿轴移动时，其像点沿光轴同向移动 2. 通常 $\alpha\neq\beta$（除 $\beta=1$ 情况外），表明空间物体成像时要变形，比如一个正方体成像后，将不再是一个正方体

（续）

名　称	定　义	计算公式	物理意义
角放大率 γ	近轴区一对共轭光线，它们与光轴的夹角 u' 和 u 之比 $\gamma=u'/u$	$\gamma=\frac{n}{n'}\cdot\frac{1}{\beta}$ 当 $n=n'$ 时，$\gamma=1/\beta$	表示折射球面有将光束变宽或变窄的能力。它只与共轭点的位置有关，而与光线的孔径角无关
三种放大率之间的关系	$\alpha\gamma=\beta$		

将 $n'=-n$ 代入单个折射球面成像和放大率公式，可得相应的反射球面公式

$$\frac{1}{l'}+\frac{1}{l}=\frac{2}{r}\quad \text{和}\quad \begin{cases}\beta=y'/y=-l'/l\\ \alpha=\mathrm{d}l'/\mathrm{d}l=-(l'/l)^2=-\beta^2\\ \gamma=u'/u=-1/\beta\end{cases} \tag{1-13}$$

拉赫不变量是表征光学系统性能的重要参数，其公式为

$$J=n'u'y'=nuy \tag{1-14}$$

式（1-14）表明：实际光学系统在近轴区成像时，物像共轭面内，物体的大小、成像光束的孔径角和介质折射率的乘积为一个常数。

5. 共轴球面系统的成像

由 k 个折射球面构成的共轴光学系统相邻各面间折射率、孔径角、物像大小、物像距及拉赫不变量之间存在下面过渡关系

$$\begin{cases}n_2=n'_1,\quad n_3=n'_2\cdots\quad n_k=n'_{k-1}\\ u_2=u'_1,\quad u_3=u'_2\cdots\quad u_k=u'_{k-1}\\ y_2=y'_1,\quad y_3=y'_2\cdots\quad y_k=y'_{k-1}\end{cases} \tag{1-15}$$

$$l_2=l'_1-d_1,\quad l_3=l'_2-d_2\cdots\quad l_k=l'_{k-1}-d_{k-1} \tag{1-16}$$

$$h_2=h_1-d_1u'_1,\quad h_3=h_2-d_2u'_2\cdots\quad h_k=h_{k-1}-du'_{k-1} \tag{1-17}$$

$$n_1u_1y_1=n_2u_2y_2=\cdots=n'_ku'_ky'_k=J \tag{1-18}$$

系统的成像放大率为各面放大率的乘积，即

$$\begin{cases}\beta=\frac{y'_k}{y_1}=\frac{y'_1}{y_1}\cdot\frac{y'_2}{y_2}\cdots\frac{y'_k}{y_k}=\beta_1\beta_2\cdots\beta_k\\ \alpha=\frac{\mathrm{d}l'_k}{\mathrm{d}l_1}=\frac{\mathrm{d}l'_1}{\mathrm{d}l_1}\cdot\frac{\mathrm{d}l'_2}{\mathrm{d}l_2}\cdots\frac{\mathrm{d}l'_k}{\mathrm{d}l_k}=\alpha_1\alpha_2\cdots\alpha_k\\ \gamma=\frac{u'_k}{u_1}=\frac{u'_1}{u_1}\cdot\frac{u'_2}{u_2}\cdots\frac{u'_k}{u_k}=\gamma_1\gamma_2\cdots\gamma_k\end{cases} \tag{1-19}$$

三个放大率之间的关系仍为

$$\alpha\gamma=\beta \tag{1-20}$$

三、例题分析

例 1-1　一厚度为 200mm 的平行平板玻璃（设 $n=1.5$），下面放一直径为 1mm 的金属薄片。若在玻璃板上盖一圆形的纸片，使得在玻璃板上方任何方向上都看不到该金属薄片，问纸片的最小直径应为多少？

【提示】　若要从玻璃板上方看不到金属薄片，就应使金属薄片上所有点发出的光线在

玻璃板的上表面纸片遮盖区域以外发生全反射。

【解】 如图 1-2 所示，设纸片的最小直径为 L，考虑边缘光线满足全反射条件时

$$\sin I_2=\frac{n_1}{n_2}\sin 90^\circ=0.666667$$

$$\cos I_2=\sqrt{1-0.666667^2}=0.745356$$

$$x=200\tan I_2=200\times\frac{0.666667}{0.745356}=178.8855$$

$$L=(2x+1)\ \text{mm}=358.77\text{mm}$$

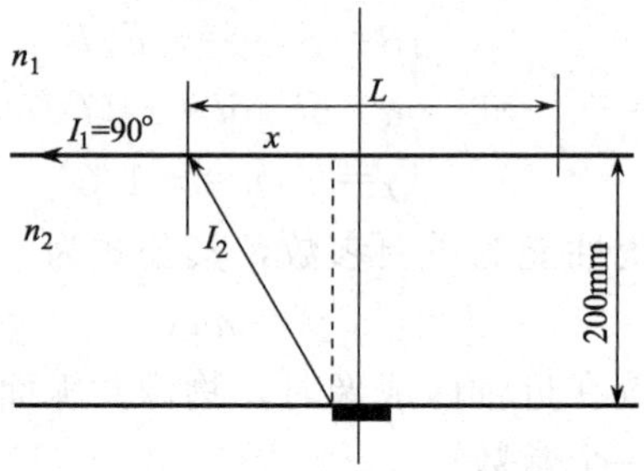

图 1-2 例 1-1 图

例 1-2 一个直径为 400mm，折射率为 1.5 的玻璃球中有两个小气泡，一个位于球心，另一个位于 1/2 半径处，如图 1-3a 所示。沿两气泡连线方向在球的两边观察，问看到的气泡在何处？

【提示】 由于式（1-12）建立在光线从左至右传播的符号规则基础上，使用公式时一定要注意题目条件是否一致。当从右侧观察时，气泡经玻璃球右侧球面成像，符合公式使用条件；而从左侧观察时，气泡经玻璃球左侧球面成像，即物发出的光线由右向左传播成像，不符合公式使用条件，故应做相应变通。具体方法有三种：①将光路倒置，计算后再还原；②根据物像互为共轭关系，将物看成像，将像看成物以使光路符合符号规则；③定义光线从右向左传播为正，重新定义符号推导适用公式，但不推荐使用此方法。

【解】 从右侧观察时，将 $r=-200\text{mm}$，$n=1.5$，$n'=1$ 和物距 $l_A=-300\text{mm}$，$l_B=-200\text{mm}$，分别代入公式$\frac{n'}{l'}-\frac{n}{l}=\frac{n'-n}{r}$，即 $l'=\frac{n'lr}{l(n'-n)+nr}$

解得 $$l'_A=-400\text{mm},\ l'_B=-200\text{mm}$$

物像位置如图 1-3b 所示。

从左侧观察时：

方法 1：将实际位置图 1-3c 等价为图 1-3d，即可采用“从右侧观察时”的方法求解，但求解后还要将结果转换成实际情况。

此时 $l_B=-200\text{mm}$，$l_A=-100\text{mm}$，$r=-200\text{mm}$，$n=1.5$，$n'=1$，分别代入公式求解得

$$l'_A=-80\text{mm},\ l'_B=-200\text{mm}$$

放回原题中得 $l'_A=80\text{mm}$，$l'_B=200\text{mm}$。如图 1-3e 所示。

方法 2：认为 A、B 均为像点，求其物。

此时，将 $r=200\text{mm}$，$n=1$，$n'=1.5$ 和 $l'_A=100\text{mm}$，$l'_B=200\text{mm}$，分别代入公式 $\frac{n'}{l'}-\frac{n}{l}=\frac{n'-n}{r}$ 解得 $l_A=80\text{mm}$，$l_B=200\text{mm}$。如图 1-3f 所示。

由此可见，两种方法得到相同的结果。

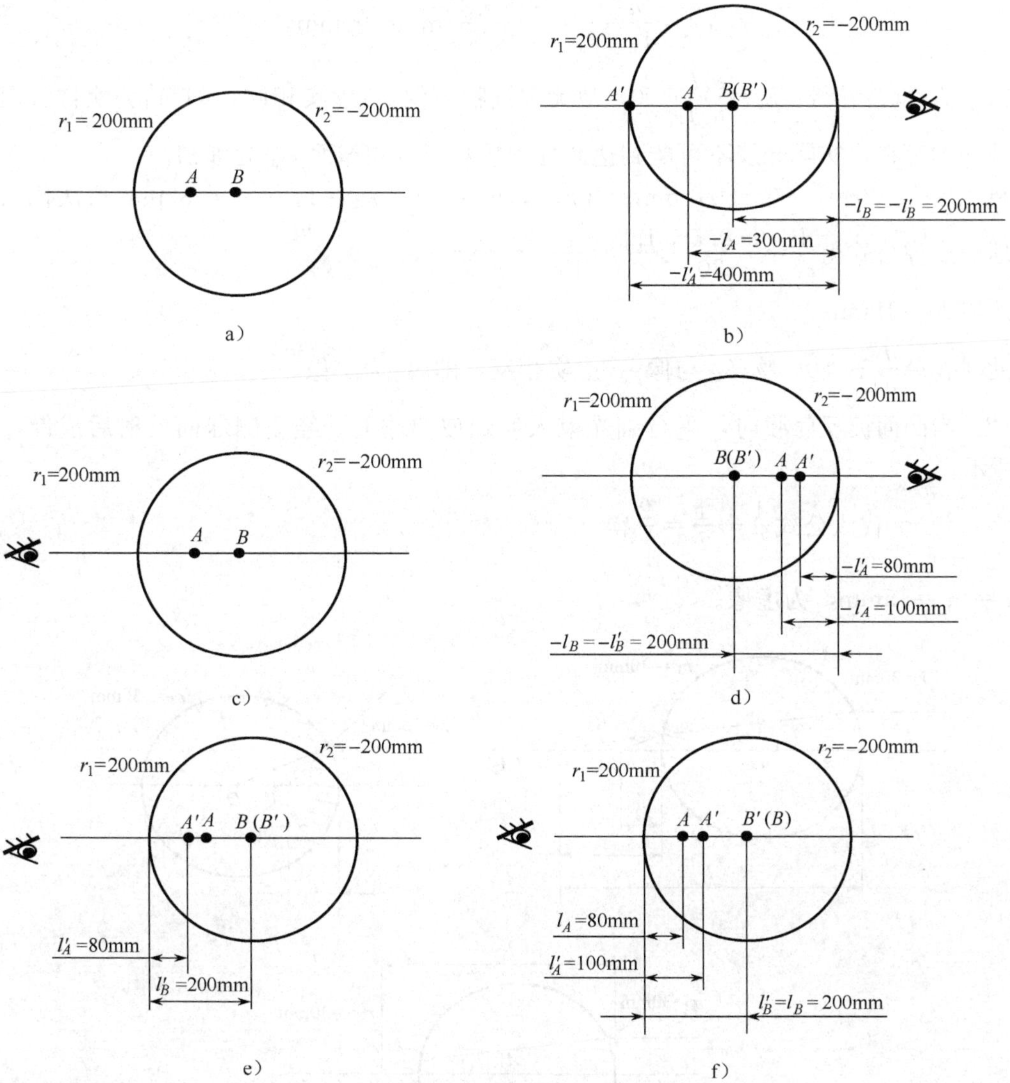

图 1-3　例 1-2 图

例 1-3　一束平行细光束入射到一半径 $r=30\text{mm}$、折射率 $n=1.5$ 的玻璃球上，求经玻璃球折射后会聚点的位置。如果在凸面（第一面）镀反射膜，其会聚点应在何处？如果在凹面（第二面）镀反射膜，则反射光束在玻璃中的会聚点又在何处？反射光束经前表面折射后，会聚点又在何处？说明各个会聚点的虚实。

【提示】　解题时应首先分析清楚成像过程：即经过几个折射球面成像和中间像所在的物像空间。根据物像空间正确选择折射率代入成像公式，物像的虚实可根据 β 的符号性质，也可根据是否是实际光线相交点来判断。

【解】 (1) 此时的成像过程如图 1-4a 所示：平行细光束入射到玻璃球上，经左侧球面折射后形成中间像 A'_1，它又是右侧球面的物 A_2，经右侧球面再次成像于 A'_2。

将 $l_1=-\infty$，$n_1=1$，$n'_1=1.5$，$r_1=30\text{mm}$ 代入单个折射球面成像公式 $\frac{n'}{l'}-\frac{n}{l}=\frac{n'-n}{r}$ 得

$$l'_1=\frac{n'_1 r_1}{n'_1-n_1}=\frac{1.5\times 30}{0.5}\text{mm}=90\text{mm}$$

由于 l_1 和 l'_1 异号，$\beta_1=\frac{n_1 l'_1}{n'_1 l_1}<0$，故无限远物与像 A'_1 虚实相同，即 A'_1 为实像。但由于右侧球面的存在，实际光线不可能到达此处，故对于右侧球面 A_2 为虚物。

将 $l_2=l'_1-2r=(90-60)\text{mm}=30\text{mm}$，$n_2=1.5$，$n'_2=1$，$r_2=-30\text{mm}$ 再次代入单个折射球面成像公式得 $\frac{1}{l'_2}=\frac{-0.5}{-30}+\frac{1.5}{30}=\frac{1}{15}$

所以 $l'_2=15\text{mm}$

此时 $\beta_2=\frac{n_2 l'_2}{n'_2 l_2}>0$，物 A_2 与像 A'_2 虚实相反，即 A'_2 为实像。

(2) 当凸面镀反射膜时，平行细光束入射到玻璃球上，经左侧球面反射后成像，如图 1-4b所示。

将 $l=-\infty$ 代入公式 $\frac{1}{l'}+\frac{1}{l}=\frac{2}{r}$ 得

$l'=\frac{r}{2}=15\text{mm}$，为虚像。

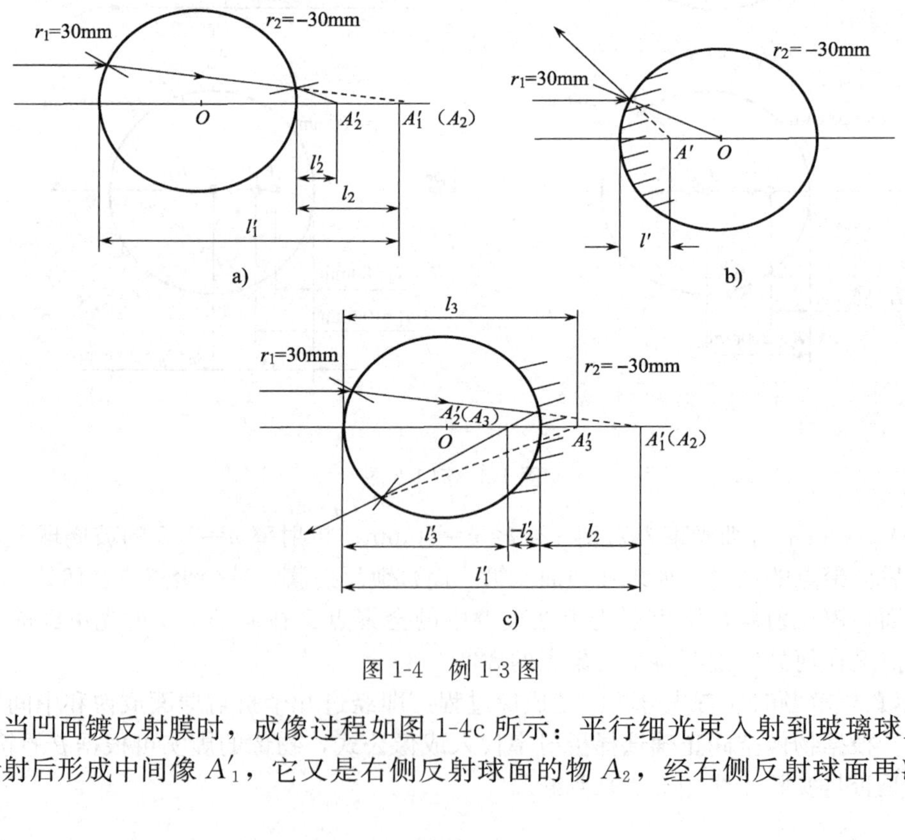

图 1-4 例 1-3 图

(3) 当凹面镀反射膜时，成像过程如图 1-4c 所示：平行细光束入射到玻璃球上，经左侧球面折射后形成中间像 A'_1，它又是右侧反射球面的物 A_2，经右侧反射球面再次成像于

A'_2，再经过前表面折射，最后成像于 A'_3。

由（1）知 $l_2=30\text{mm}$，代入公式 $\frac{1}{l'}+\frac{1}{l}=\frac{2}{r}$ 得

$$\frac{1}{l'_2}+\frac{1}{30}=-\frac{2}{30}$$

所以 $l'_2=-10\text{mm}$，为实像。

（4）再继续经前表面折射时，光线由右向左传播成像，需根据光路的可逆性原理，将物看成像，将像看成物，即将 $l'_3=50\text{mm}$ 代入单个折射球面成像公式得

即 $l_3=\left(\frac{1.5}{50}-\frac{1.5-1}{30}\right)^{-1}=75\text{mm}$，为虚像。

例 1-4 已知一个曲率半径均为 20mm 的双凸透镜，置于空气中。物 A 位于第一球面前 50mm 处，第二面镀反射膜。该透镜所成实像 B 位于第一球面前 5mm 处。若按薄透镜处理，求该透镜的折射率 n。

【提示】 分析成像过程，画出光路图是解决本题的关键。

【解】 如图 1-5 所示。物点 A 经过 3 次成像到达 B。

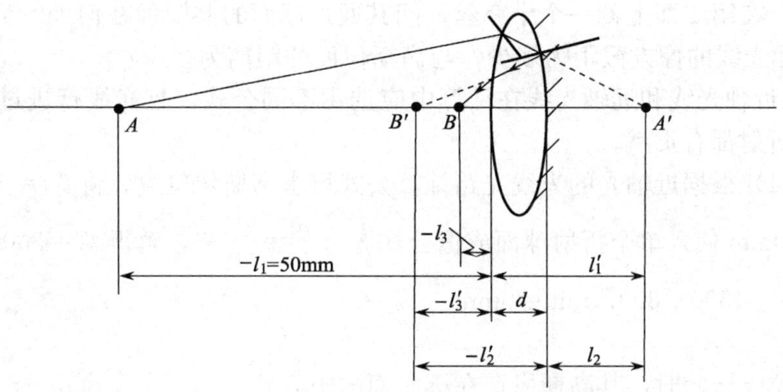

图 1-5 例 1-4 图

物点 A 经 r_1 折射成像在 A' 处，将已知条件 $l_1=-50\text{mm}$ 代入公式 $\frac{n'}{l'}-\frac{n}{l}=\frac{n'-n}{r}$ 得

$$\frac{n}{l'_1}-\frac{1}{-50}=\frac{n-1}{20}$$

A' 经 r_2 反射后，成像于 B' 点。故将 $l_2=l'_1-d=l'_1$，代入反射面公式 $\frac{1}{l'}+\frac{1}{l}=\frac{2}{r}$，得 $\frac{1}{l'_2}+\frac{1}{l'_1}=-\frac{1}{10}$

B' 点再经 r_1 折射成像在 B 点。根据光路的可逆性，将 B 点视为物，B' 点视为像，有 $-l_3=(d+5)\text{mm}=5\text{mm}$，$l'_3=l'_2$，代入折射公式，得 $\frac{n}{l'_2}+\frac{1}{5}=\frac{n-1}{20}$

以上三式联立，解得 $n=1.6$。

例 1-5 一个折射球面 $r=150\text{mm}$，$n=1$，$n'=1.5$，当物距分别为 $-\infty$，-1000mm，-100mm，0，100mm，150mm 和 200mm 时，垂轴放大率各为多少？

【提示】 本题知识点：单个折射球面的放大率。

【解】 由公式$\begin{cases} n'\left(\dfrac{1}{r}-\dfrac{1}{l'}\right)=n\left(\dfrac{1}{r}-\dfrac{1}{l}\right) \\ \beta=\dfrac{nl'}{n'l} \end{cases}$，可得$\beta=\dfrac{nr}{l(n'-n)+nr}$，将已知条件折射球面半径$r=150$mm，折射率$n=1$和$n'=1.5$，及对应的物距代入：

（1）$l=-\infty$时，$\beta=0$

（2）$l=-1000$mm 时，$\beta=-0.429$

（3）$l=-100$mm 时，$\beta=1.5$

（4）$l=0$时，由$l'=\dfrac{n'lr}{l(n'-n)+nr}=\dfrac{n'r}{(n'-n)+nr/l}$解得$l'=0$。说明物和像都位于单个折射球面的顶点处，根据几何光学的性质知，此时$\beta=1$

（5）$l=100$mm 时，$\beta=0.75$

（6）$l=150$mm 时，$\beta=0.667$

（7）$l=200$mm 时，$\beta=0.6$

例 1-6 有平凸透镜$r_1=100$mm，$r_2=\infty$，$d=300$mm，$n=1.5$，当物体在$-\infty$时，求高斯像的位置。在第二面上刻一个十字丝，问其通过球面的共轭像在何处？当入射高度$h=10$mm 时，实际光线的像方截距为多少？与高斯像面的距离为多少？

【提示】 近轴光线和远轴光线在计算中应选用不同公式，且光线行进过程中所有的折射面对光线的折射都有贡献。

【解】 （1）根据近轴光的光线光路计算公式可求高斯像位置。将$l_1=-\infty$，$n'_1=1.5$，$n_1=1$，$r_1=100$mm 代入单个折射球面成像公式$\dfrac{n'}{l'}-\dfrac{n}{l}=\dfrac{n'-n}{r}$，解得$l'_1=300$mm

$l_2=l'_1-d=(300-300)\text{ mm}=0\text{mm}$

所以$l'_2=0$mm

即：物体位于$-\infty$时，其高斯像点在第二面的中心处。

（2）由光路的可逆性可知：第二面上的十字丝，其共轭像在物方$-\infty$处。

（3）当$h_1=10$mm 时，如图 1-6 所示。利用式（1-1）～式（1-4）求解得

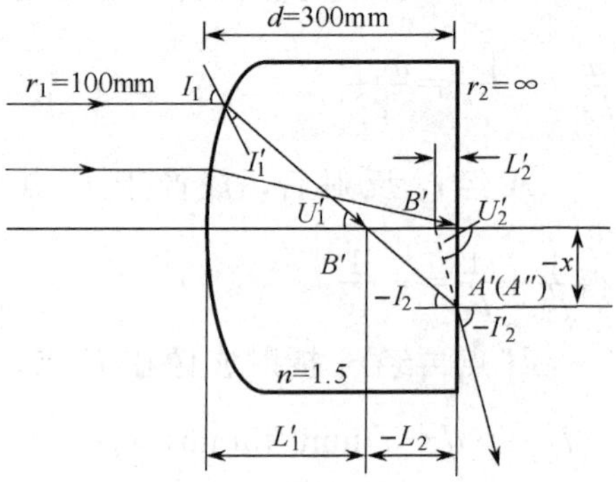

图 1-6 例 1-6 图

光线经第一面折射，$\sin I_1=\dfrac{h_1}{r_1}=\dfrac{10}{100}=0.1$，

$\sin I'_1=\dfrac{n_1}{n'_1}\sin I_1=\dfrac{1}{1.5}\times 0.1=0.06667$

所以$I'_1=\arcsin 0.06667=3.822°$

$U'_1=U_1+I_1-I'_1=(0+5.739-3.822)°=1.9172°$

$L'_1=r_1\times\left(1+\dfrac{\sin I'_1}{\sin U'_1}\right)=100\times\left(1+\dfrac{0.06667}{0.0334547}\right)\text{ mm}=299.374\text{mm}$。

光线再经第二面折射，$L_2=L'_1-d=-0.626$mm，$-I_2=U'_1=1.9172°$，则

$\sin I'_2=\dfrac{n_2}{n'_2}\sin I_2=-1.5\sin 1.9172°=-0.05018$，$I'_2=-2.87647°$

$U'_2=U_2+I_2-I'_2=1.9172°-1.9172°+2.87647°=2.87647°$

由三角关系可得 $x=L_2\tan U'_1=-0.626\tan 1.9172°=-0.02095\text{mm}$，$L'_2=-\dfrac{0.02095}{\tan 2.87467°}=-0.4169\text{mm}$。即它与高斯像面的距离为$-0.4169\text{mm}$。

例 1-7 一个球面镜半径 $r=-100\text{mm}$，求 $\beta=0$，$-0.1^{\times}$，$-0.2^{\times}$，$-1^{\times}$，$1^{\times}$，$5^{\times}$，$10^{\times}$，∞时的物距和像距。

【提示】 当代入公式不能直接求得确定解时，可结合几何光学的性质解决问题。

【解】 将已知条件分别代入球面镜成像公式$\dfrac{1}{l'}+\dfrac{1}{l}=\dfrac{2}{r}$和$\beta=-\dfrac{l'}{l}$

（1）$\beta=0$ 时，解得$\begin{cases}l=-\infty\\ l'=-50\text{mm}\end{cases}$。说明反射球面成像时，无限远轴上物点的共轭像点正好位于 $r/2$ 处。

（2）$\beta=-0.1$ 时，解得 $l=-550\text{mm}$，$l'=-55\text{mm}$

（3）$\beta=-0.2$ 时，解得 $l=-300\text{mm}$，$l'=-60\text{mm}$

（4）$\beta=-1$ 时，解得 $l=-100\text{mm}$，$l'=-100\text{mm}$

（5）$\beta=1$ 时，根据几何光学的性质得 $l=0\text{mm}$，$l'=0\text{mm}$

（6）$\beta=5$ 时，解得 $l=-40\text{mm}$，$l'=200\text{mm}$

（7）$\beta=10$ 时，解得 $l=-45\text{mm}$，$l'=450\text{mm}$

（8）$\beta=\infty$时，根据几何光学的性质得 $l=-50\text{mm}$，$l'=-\infty$

例 1-8 一个物体位于半径为 r 的凹面镜前什么位置时，可分别得到放大 4 倍的实像、放大 4 倍的虚像、缩小 4 倍的实像和缩小 4 倍的虚像。

【提示】 列方程时要特别注意垂轴放大率 β 的符号，它可由系统的性质（折射系统或反射系统）和像的虚实性质得到。

【解】 （1）得到放大 4 倍的实像时，有$\begin{cases}\dfrac{1}{l'}+\dfrac{1}{l}=\dfrac{2}{r}\\ \beta=-\dfrac{l'}{l}=-4\end{cases}$，解方程得$\begin{cases}l=\dfrac{5}{8}r\\ l'=4l=\dfrac{5r}{2}\end{cases}$

（2）得到放大 4 倍的虚像时，有$\begin{cases}\dfrac{1}{l'}+\dfrac{1}{l}=\dfrac{2}{r}\\ \beta=-\dfrac{l'}{l}=4\end{cases}$，解方程得$\begin{cases}l=\dfrac{3}{8}r\\ l'=-4l=-\dfrac{3r}{2}\end{cases}$

（3）得到缩小 4 倍的实像时，有$\begin{cases}\dfrac{1}{l'}+\dfrac{1}{l}=\dfrac{2}{r}\\ \beta=-\dfrac{l'}{l}=-\dfrac{1}{4}\end{cases}$，解方程得$\begin{cases}l=\dfrac{5}{2}r\\ l'=\dfrac{1}{4}l=\dfrac{5r}{8}\end{cases}$

（4）得到缩小 4 倍的虚像时，有$\begin{cases}\dfrac{1}{l'}+\dfrac{1}{l}=\dfrac{2}{r}\\ \beta=-\dfrac{l'}{l}=\dfrac{1}{4}\end{cases}$，解方程得$\begin{cases}l=-\dfrac{3}{2}r\\ l'=-\dfrac{1}{4}l=\dfrac{3r}{8}\end{cases}$

因为 l 与 r 异号，表明物位于凹面镜之后，与已知条件矛盾。故此解应舍去。

例 1-9 由两个同心反射球面（两球面的球心重合）构成的光学系统，按照光线反射的顺序，第一个反射球面是凹的，第二个反射球面是凸的，要求系统的像方焦点恰好位于第一个反射球面的顶点，求两个球面半径 r_1、r_2 和两者之间顶点间隔 d 的关系。

【提示】 本题知识点：反射球面的组合。注意符号规则。

【解】 如图 1-7 所示，光线平行于光轴入射，分别经 r_1、r_2 反射最终成像在 O_1 处。

由几何关系得到 $-r_1=-r_2-d$ 和 $-l'_1=-l_2-d$

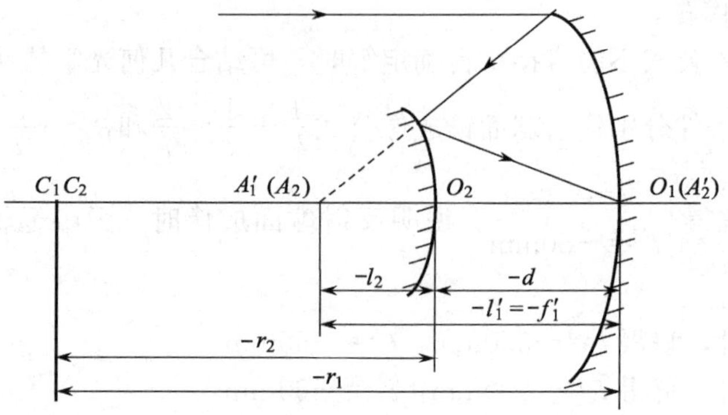

图 1-7 例 1-9 图

根据球面镜的物像位置公式可以得到经 r_1 成像点 A'_1（A_2）的位置 $l'_1=r_1/2$，故 $l_2=l'_1-d=r_1/2-d=$（r_2+d）$/2-d=$（r_2-d）$/2$

将 $l_2=$（r_2-d）$/2$，$l'_2=-d$ 代入公式 $\frac{1}{l'}+\frac{1}{l}=\frac{2}{r}$ 得方程　$r_2^2-dr_2-2d^2=0$

解方程得 $r_2=2d$，$r_2=-d$。显然当 $r_2=-d$ 时，$r_1=r_2+d=0$ 与已知矛盾，应舍去。

则 $r_1=r_2+d=3d$

四、自测练习

（一）多重选择（答案可能不止 1 个）

1. 下面关于几何光学传播定律的正确陈述是

① 在均匀介质中，光是沿直线传播的。

② 若光线从光疏介质进入光密介质中，有可能产生光的全反射现象。

③ 各种波长的光在真空中的传播速度是相同的。

④ 费马原理指出，光沿着光程为极值的路径传播。

2. 下面关于物像及其相关概念的正确陈述是

① 可以用屏直接接收的物（像）即为实物（像），不能用屏直接接收的物（像）即为虚物（像）。

② 成像系统将实际三维空间分成物空间和像空间两个独立的部分。

③ 实物、虚像对应发散同心光束，虚物、实像对应会聚同心光束。

④ 位于成像系统左侧的实际光线是物空间光线，位于成像系统右侧的实际光线是像空间光线。

3. 下面关于单个折射球面的正确陈述是

① 物点发出的同心光束经过单个折射球面后仍为同心光束。

② 若 $n>n'$，则无限远轴上点的共轭像点必位于球面曲率中心的异侧。

③ 若 $n>n'$，则无限远轴上物点经单个折射球面后成虚像。

④ 若 $n>n'$，当 n'变小时，无限远轴上点的共轭像点向球面顶点方向移动。

4. 一个物体经单个折射球面成像时，其垂轴放大率 $\beta>1$，且已知 $n<n'$，则

① 物像位于该折射球面的同侧。

② 角放大率 $\gamma>0$。

③像高大于物高。

④ 该折射球面能把入射光束变窄。

5. 一个物方、像方折射率相同的折射光学系统对实物成像时，其垂轴放大率 $-1<\beta<0$，则

① 成正立放大的虚像。

② 成倒立缩小的虚像。

③ 成倒立缩小的实像。

④ 成正立缩小的实像。

6. 一个物体经反射球面成像时，其垂轴放大率 $\beta>0$，则

① 物像位于系统的同侧。

② 物像虚实性质相反。

③ 角放大率 $\gamma>0$。

④ 轴向放大率 $\alpha<0$。

7. 凸面反射镜对实物只能

① 成倒立放大的实像。

② 成正立缩小的虚像。

③ 成正立放大的实像。

④ 成倒立缩小的虚像。

（二）计算

1. 为了从坦克内部观察外边目标，需要在坦克壁上开一个孔，假定坦克壁厚为200mm，孔宽为120mm，在孔内安装一块折射率 $n=1.5163$ 的玻璃，厚度与装甲厚度相同，问在允许观察者眼睛左右移动的条件下，能看到外界多大的角度范围？

2. 折射率为 $n_1=1.4$，$n_2=1.6$，$n_3=1$ 的三种介质被两平行分界面分开，试求在第二介质中发生全反射时，光线在第一分界面上的入射角。

3. 在圆柱形的木塞中心垂直插入一根大头针，然后把木塞倒放到水面上，调节针插入木塞的深度，使观察者在水面上方不论什么位置都刚好看不到水下的大头针。如果测得大头针露出来的长度为 h，木塞直径为 d，求水的折射率 n。

4. 在公路的转弯处设置一个凸球面反射镜，有一人身高 1.75m，在凸球面镜前 1.75m 处，此人经过凸球面镜所成像在镜后 0.1m 处，求此人经凸球面镜所成的像高 y'和凸球面镜曲率半径 r。

5. 如图 1-8 所示，一个凹面反射镜 A 的曲率半径为 200mm，另一个凸面反射镜 B 的曲率半径为

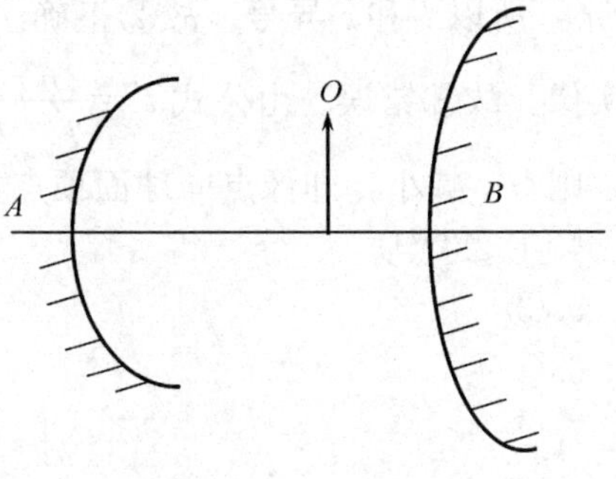

图 1-8　计算题 5 图

500mm，两镜面相对地放置在相距 200mm 的光轴上，一物体高 40mm 垂直位于 A、B 之间的光轴上，物体距 A 150mm，求：(1) 先经 A，后经 B 所成像的位置和大小；(2) 先经 B，后经 A 所成像的位置和大小。

6. 为了把仪器上的刻度放大 2 倍，在它的上面放一平凸透镜，并让透镜的平面与刻度紧贴。假设刻度与球面顶点距离为 30mm，玻璃的折射率为 1.5，求凸面的半径应为多少？

7. 一个透明玻璃小球的半径为 15mm，折射率为 1.720，将它浸没在折射率为 1.360 的透明液体里。若液体中有一束平行光入射到小球上，求这束平行光将在小球的另一侧何处聚焦？

8. 一个玻璃空盒的两端是共轴球面，一端是半径 $r_1=-16.5$mm 的凹面，另一端是半径 $r_2=16.5$mm 的凹面，两顶点间的距离为 18.5mm。将盒在空气中密闭后放入水中。一高为 10mm 的物体距前凹球面的顶点为 100mm。求物体经玻璃盒所成的像。(假设玻璃盒的厚度可以忽略不计。)

9. 一束平行光垂直入射到平凸透镜上（透镜的第 1 面为平面），会聚于透镜后 480mm 处，如在此透镜凸面上镀银，则平行光会聚于透镜前 80mm 处。按薄透镜处理，求透镜折射率和凸面曲率半径。

10. 一束平行细光束入射到一个半径 $r=30$mm、折射率 $n=1.5$ 的玻璃球上，求其会聚点的位置。若将一个半径相同但表面镀反射膜的玻璃球紧挨放置时（见图 1-9），反射光束经玻璃球折射后，会聚点又在何处，说明两个会聚点的虚实，并画图验证。

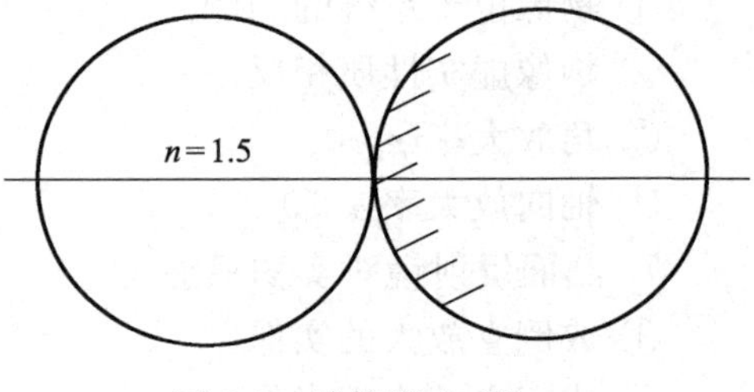

图 1-9　计算题 10 图

参考答案及提示

（一）多重选择（答案可能不止 1 个）

1. ③④

2. ①③ 【提示】陈述④对折射系统成立，但对反射系统不成立。

3. ②④ 【提示】由公式 $\frac{n'}{l'}-\frac{n}{l}=\frac{n'-n}{r}$ 得：当 $l=-\infty$ 时，$l'=\frac{n'r}{n'-n}$，又因为 $n'>0$，$n>n'$，所以 l' 和 r 异号。故②正确。此时若 $r>0$，则 $l'<0$，成虚像；若 $r<0$，则 $l'>0$，成实像。故③错误。由公式 $l'=\frac{n'r}{n'-n}=\frac{-r}{n/n'-1}$，式中 $\frac{n}{n'}>1$，当 n' 变小时，式中分母值增大，则 $|l'|$ 减小，即像点向球面顶点方向移动，故④正确。

4. ①②③④

5. ③

6. ②④

7. ②

（二）计算

1. 102.54°

2. 45.58°

3. $n=\sqrt{\dfrac{4h^2+d^2}{d^2}}$

4. $y'=0.1\text{m}$，$r=0.2121\text{m}$

5. $l'_B=-166.6667\text{mm}$，$y'=-133.33\text{mm}$；$l'_A=170.5882\text{mm}$，$y'=-23.53\text{mm}$

6. 20mm

7. 最后一面右侧 20.83mm

8. 后凹面右侧 48.1mm 处成高为 5.5mm 的缩小倒立实像

9. $n=1.5$，$r=-240\text{mm}$

10. $l'=15\text{mm}$（实像）；$l'=-15\text{mm}$（实像）。两种情况成像分别如图 1-10a、b 所示。

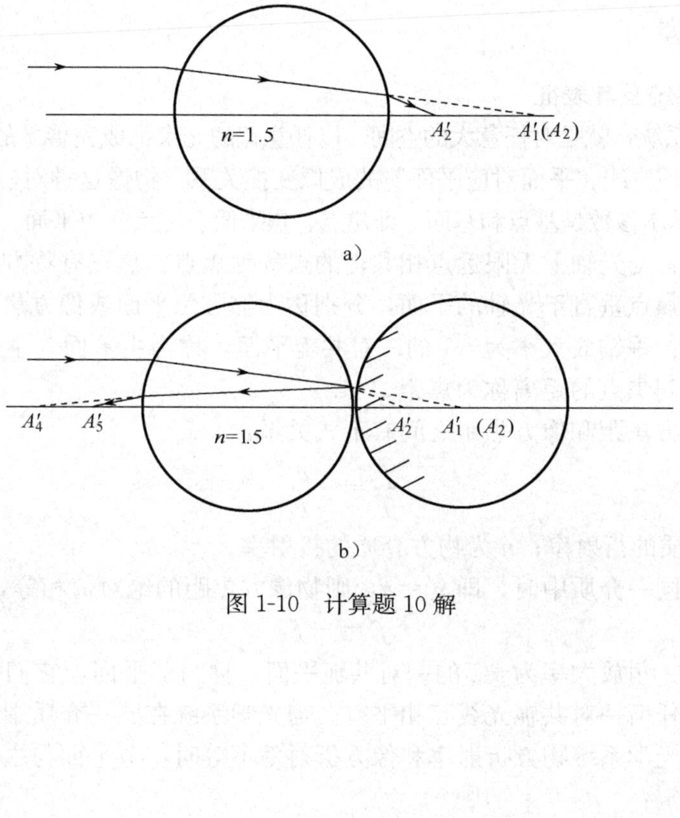

图 1-10　计算题 10 解

第二章 理想光学系统

一、学习要求

通过对本章的学习，应掌握理想光学系统的概念、成像性质、基点基面及其系统的表示；会用图解法和解析法求像，重点掌握高斯公式和牛顿公式及其理想光学系统的放大率公式；会灵活运用理想光学系统的组合公式求组合系统的焦距、基点和基面；掌握两种典型的光组组合及其性质；会求透镜的焦距、基点和基面位置，并了解透镜的分类和性质。

二、重点内容

1. 理想光学系统及其表征

所谓理想光学系统，就是对任意大的空间，以任意宽的光束都成完善像的光学系统，它具有"点对应点、直线对应直线、平面对应平面"的成像变换关系。物像这种对应关系称为共轭。表征理想光学系统的基本参数是基点和基面，即焦点、焦平面、主点、主平面、节点和节平面。

焦点、焦平面：与光轴上无限远点相共轭的点称为焦点。焦点有物方焦点和像方焦点之分。过物方或像方焦点垂直于光轴的平面，分别称为物方焦平面或像方焦平面。

主点、主平面：垂轴放大率为+1 的一对共轭平面，称为主平面。主平面与光轴的交点称为主点。由主点到焦点的距离称为焦距。

光学系统的物方焦距和像方焦距之间有下式关系：

$$\frac{f'}{f}=-\frac{n'}{n} \tag{2-1}$$

式中，n'为像方介质的折射率；n 为物方介质的折射率。

当光学系统在同一介质中时，即 $n'=n$，则物像方焦距的绝对值相等，符号相反，有

$$f'=-f \tag{2-2}$$

节点、节平面：角放大率为+1 的一对共轭平面，称为节平面，它们与光轴的交点称为节点。经过节点的任何一对共轭光线互相平行。当光学系统在同一介质中时，系统的节平面与主平面重合。若光学系统物方折射率和像方折射率不等时，节平面与主平面不再重合，其位置关系由下式确定：

$$x_J=f',\ x'_J=f \tag{2-3}$$

式中，x_J、x'_J分别为从焦点 F、F'到节点 J、J'的距离。

对理想光学系统而言，基点和基面的位置确定以后，系统的成像性质也就确定了。通常可用一对主平面和一对焦点来表示一个理想光学系统。

2. 图解法求像

利用理想光学系统基点和基面的性质，可通过作图法求物体在确定系统中的像。图解法求像时常用的光学性质有：①无限远轴上物点发出的光线一定通过像方焦点。②无限远轴外

物点发出的光线一定通过像方焦面上一点。③物方焦点发出的光线经光学系统后平行于光轴。④物方焦面上一点发出的光线经光学系统后相互平行。⑤物方主平面上光线的入射高度与其共轭光线在像方主平面上的出射高度相等。⑥经过节点的任何一对共轭光线互相平行。

3. 理想光学系统的物像位置公式

当理想光学系统确定后，已知物的位置（l 或 x）就可以求出像的位置（l'或 x'）。常用物像位置公式有两种，一是以焦点为坐标原点的牛顿公式；二是以主点为坐标原点的高斯公式。两者在解题中的作用是等价的。

牛顿公式：

$$xx'=ff' \tag{2-4}$$

高斯公式：

$$\frac{f'}{l'}+\frac{f}{l}=1 \tag{2-5}$$

若光学系统位于同一介质（如空气）中，式（2-5）可写成

$$\frac{1}{l'}-\frac{1}{l}=\frac{1}{f'} \tag{2-6}$$

式中各参量如图 2-1 所示。

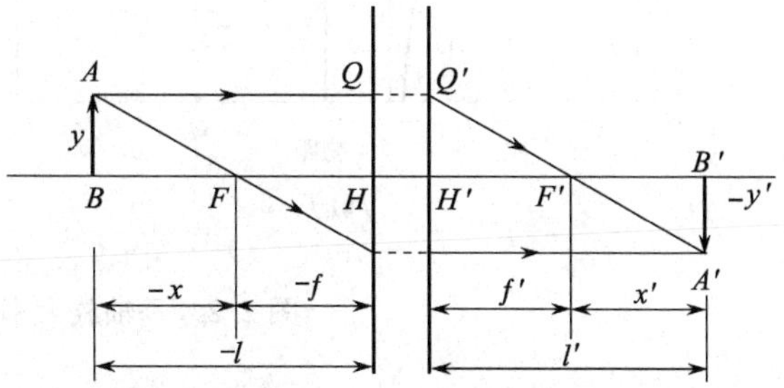

图 2-1　理想光学系统的物像位置关系

4. 理想光学系统的放大率

物体经理想光学系统成像的大小、正倒和虚实，可用光学系统的放大率表示。光学系统有三种放大率，分别是垂轴放大率 β、轴向放大率 α 和角放大率 γ，它们的名称、定义、计算公式和物理意义见表 2-1。

表 2-1　理想光学系统的放大率

名　　称	定　　义	计算公式	物理意义
垂轴放大率 β	像的大小与物的大小之比 $\beta=\frac{y'}{y}$	$\beta=-\frac{f}{x}=-\frac{x'}{f'}$ $\beta=-\frac{f}{f'}\frac{l'}{l}=\frac{nl'}{n'l}$ 当 $n=n'$时，$\beta=l'/l$	1. β 随物体位置而异，某个 β 只对应一个物像共轭位置，因此物与像是相似的 2. 根据 β 值可分析理想光学系统的成像性质（像的正倒、虚实、放大与缩小），参见表 2-2
轴向放大率 α	当物平面沿光轴做微量移动 dx 或 dl 时，其像平面就移动一相应的距离 dx'或 dl'，两者之比 $\alpha=\frac{dx'}{dx}=\frac{dl'}{dl}$ 若轴上点移动有限距离 Δx，相应像点移动距离为 $\Delta x'$，则 $\bar{\alpha}=\frac{\Delta x'}{\Delta x}=\frac{x'_2-x'_1}{x_2-x_1}$	$\alpha=-\frac{x'}{x}$，$\alpha=-\frac{f'}{f}\beta^2=\frac{n'}{n}\beta^2$ 当 $n=n'$时，$\alpha=\beta^2$ $\bar{\alpha}=\frac{n'}{n}\beta_1\beta_2$（$\beta_1$ 和 β_2 分别为物位于 x_1 和移动 Δx 后位于 x_2 处的垂轴放大率）	1. 轴向放大率恒为正，表明当物平面沿轴向移动时，其共轭像平面沿光轴同向移动 2. 通常 $\alpha\neq\beta$（除 $\beta=1$ 情况外），表明空间物体成像时要变形，比如一个正方体成像后，将不再是一个正方体
角放大率 γ	过光轴上一对共轭点的任意一对共轭光线，它们分别与光轴的夹角 U'和 U 的正切之比 $\gamma=\tan U'/\tan U$	$\gamma=\frac{n}{n'}\frac{1}{\beta}$ 当 $n=n'$时，$\gamma=\frac{1}{\beta}$	在确定的光学系统中，角放大率仅随物像位置而异，在同一对共轭点上，任意一对共轭光线与光轴之间夹角的正切比恒为常数
三种放大率之间的关系	$\alpha\gamma=\beta$		

垂轴放大率 β 随物距 l 的变化关系如图 2-2 所示，由图可知光学系统对不同物距处物体成像时垂轴放大率的变化趋势。依据 β 值可分析成像性质，见表 2-2。

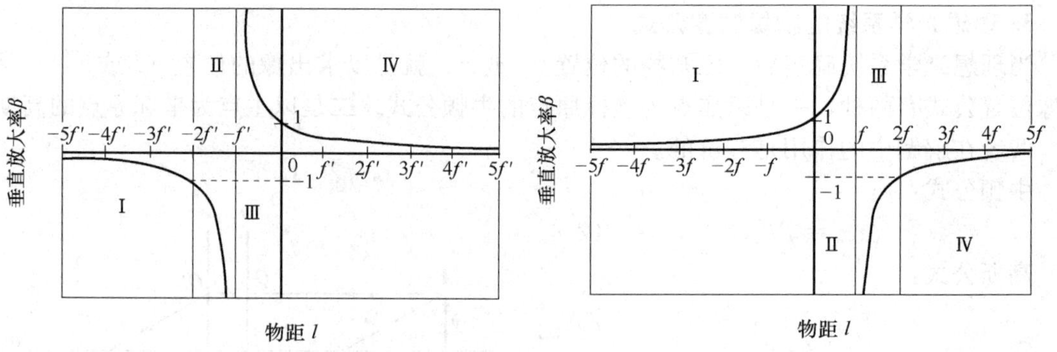

a) $f'>0$　　b) $f'<0$

图 2-2　垂轴放大率 β 随物距 l 的变化关系

表 2-2　光学系统成像性质分析

焦距	$f'>0$				$f'<0$			
区域 (l)	Ⅰ $(-\infty, -2f')$	Ⅱ $(-2f', -f')$	Ⅲ $(-f', 0)$	Ⅳ $(0, \infty)$	Ⅰ $(-\infty, 0)$	Ⅱ $(0, f)$	Ⅲ $(f, 2f)$	Ⅳ $(2f, \infty)$
β	负 绝对值 小于 1	负 绝对值 大于 1	正 绝对值 大于 1	正 绝对值 小于 1	正 绝对值 小于 1	正 绝对值 大于 1	负 绝对值 大于 1	负 绝对值 小于 1
物	实	实	实	虚	实	虚	虚	虚
像	倒立 缩小 实	倒立 放大 实	正立 放大 虚	正立 缩小 实	正立 缩小 虚	正立 放大 实	倒立 放大 虚	倒立 缩小 虚

5. 理想光学系统的组合

若两个理想光学的焦距分别为 f'_1 和 f'_2（对应光焦度为 $\Phi_1=1/f'_1$ 和 $\Phi_2=1/f'_2$），组合后系统的焦距、光焦度、焦点位置和主平面位置分别由式（2-7）～式（2-10）得到

$$f'=-\frac{f'_1 f'_2}{\Delta},\ f=\frac{f_1 f_2}{\Delta} \tag{2-7}$$

$$\Phi=\Phi_1+\Phi_2-d\Phi_1\Phi_2 \tag{2-8}$$

$$l'_F=f'\left(1-\frac{d}{f'_1}\right),\ l_F=-f'\left(1+\frac{d}{f_2}\right) \tag{2-9}$$

$$l'_H=-f'\frac{d}{f'_1},\ l_H=f\frac{d}{f_2} \tag{2-10}$$

式中各参量的物理意义如图 2-3 所示。

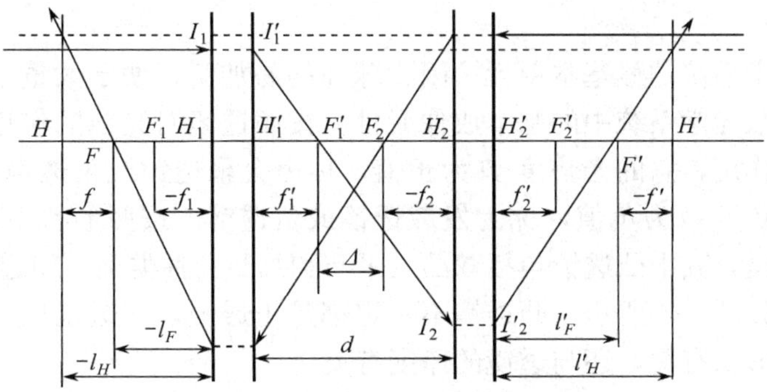

图 2-3　两光组组合

当求 k（$k \geqslant 3$）个光组组合系统的参数时，往往使用如下正切计算法公式

$$\begin{cases} \tan U_1' = \tan U_2 = h_1/f_1' \\ h_2 = h_1 - d_1 \tan U_1' \\ \tan U_2' = \tan U_3 = \tan U_2 + h_2/f_2' \\ \vdots \\ h_k = h_{k-1} - d_{k-1} \tan U_{k-1}' \\ \tan U_k' = \tan U_k + h_k/f_k' \end{cases} \tag{2-11}$$

求出 $\tan U_k'$ 和 h_k，再代入公式

$$f' = h_1/\tan U_k',\ l_F' = h_k/\tan U_k' \tag{2-12}$$

即可求出组合系统的焦距和焦点位置。式中，h_i、f_i'、U_i、U_i'、d_i（$i=1, 2, \cdots, k$）分别为第 i 个理想光学系统的光线入射高度、焦距、物方孔径角、像方孔径角和它与后一个理想光学系统之间的间隔。

6. 两种典型的光组组合及其性质

远摄型光组和反远距型光组的组成、结构特点和典型应用见表 2-3。

表 2-3　两种典型光组组合的组成、结构特点和典型应用

名　称	结　构　图	结构特点和组合特性	应　用
远摄型光组	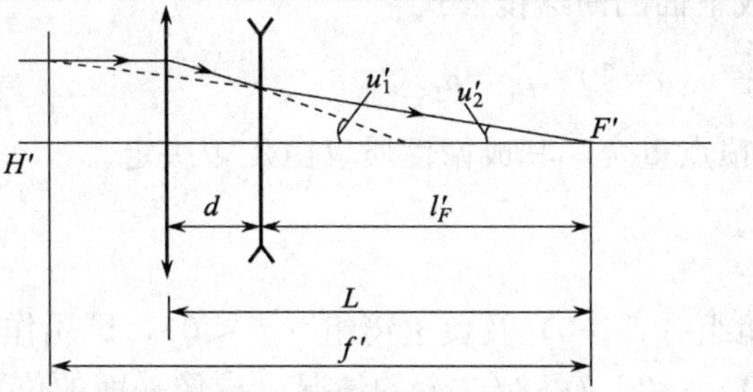	1. 正负光组组合，其中正光组在前，负光组在后 2. 组合焦距大于机械筒长 $f' > L$	用在长焦距镜头中，缩小机械尺寸
反远距型光组	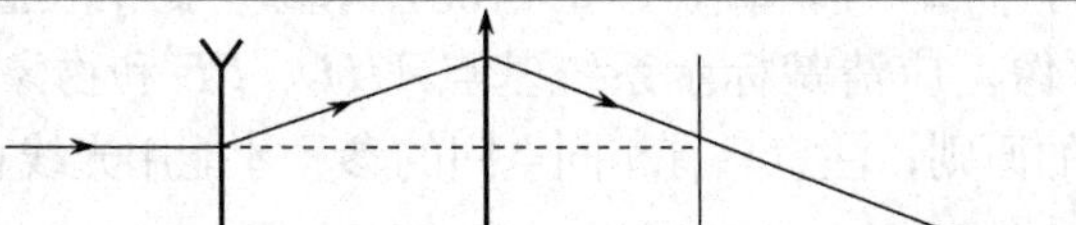	1. 正负光组组合，其中负光组在前，正光组在后 2. 工作距大于焦距 $l_F' > f'$	用在需要短焦距、大工作距的镜头中，如：显微物镜

7. 透镜

透镜是构成光学系统的最基本单元。因为球面的易加工、便于大量生产和检验的特性，球面透镜成为大多数光学系统中的基本成像元件。按照透镜对光线的作用可以分为两大类，一类对光线起会聚作用，它的光焦度 Φ 为正值，称为会聚透镜或正透镜；另一类对光线起发散作用，它的光焦度 Φ 为负值，称为发散透镜或负透镜。按照形状不同，透镜又可分为凸透镜和凹透镜两类，其中凸透镜包括双凸、平凸和月凸三种类型；凹透镜包括双凹、平凹和月凹三种类型，如图 2-4 所示。凸透镜不一定都是正透镜，凹透镜也不一定都是负透镜，透镜的正负不仅与形状有关，还与透镜的厚度有关。

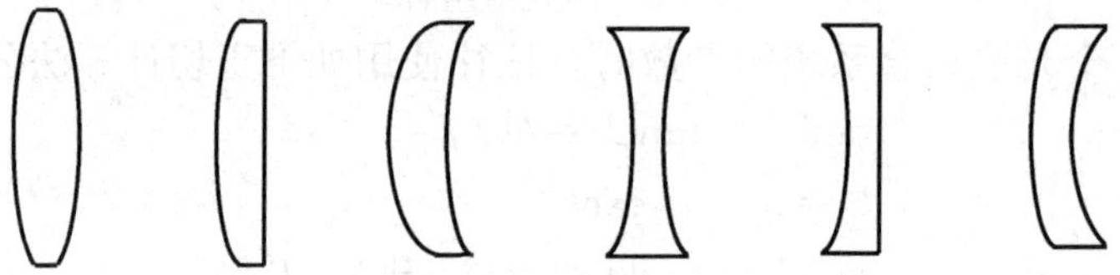

图 2-4　各种形状的透镜

在空气介质中，单个透镜的焦距表达式为

$$f'=\frac{nr_1r_2}{(n-1)\left[n(r_2-r_1)+(n-1)d\right]} \tag{2-13}$$

式中，n 为透镜的折射率；r_1、r_2 分别是透镜两个表面的曲率半径；d 为透镜的厚度。

用透镜的光焦度来表示时，则有

$$\Phi=1/f'=(n-1)(\rho_1-\rho_2)+\frac{(n-1)^2}{n}d\rho_1\rho_2 \tag{2-14}$$

式中，$\rho_1=1/r_1$，$\rho_2=1/r_2$ 分别为两个折射球面的曲率。

当透镜的厚度与其焦距或曲率半径相比很小时，d 可略去不计。略去 d 的透镜称为薄透镜。当 $d=0$ 时，式（2-14）可以写成下面的薄透镜公式

$$\Phi=(n-1)(\rho_1-\rho_2) \tag{2-15}$$

对于单个薄透镜，两主面与球面顶点重合，其成像性质仅由焦距决定。

三、例题分析

例 2-1　针对位于空气中的正透镜组（$f'>0$）及负透镜组（$f'<0$），试用作图法分别对物距 $l=-\infty$，$-2f$，$-f$，$-f/2$，0，$f/2$，f，$2f$，∞的情况，求像平面的位置。

【提示】　本题知识点：图解法求像。应清楚标示系统基点 HH'、FF'和物像点 AA'（可实可虚）位置；坚持光线由左向右传播的原则；注意只有相同空间的参量才能用光线直接相连。

【解】　见表 2-4。

例 2-2　设一个系统位于空气中，垂轴放大率 $\beta=-10^{\times}$，由物面到像面的距离（共轭距离）为 7200mm，物镜两焦点间距离为 1140mm。求该物镜焦距，并绘出基点位置图。

【提示】　本题知识点：理想光学系统的成像和放大率。

表 2-4 例 2-1 图解

物距 / 系统	$l=-\infty$	$l=-2f=2f'$	$l=-f=f'$	$l=-f/2=f'/2$	$l=0$
正透镜 $f'>0$	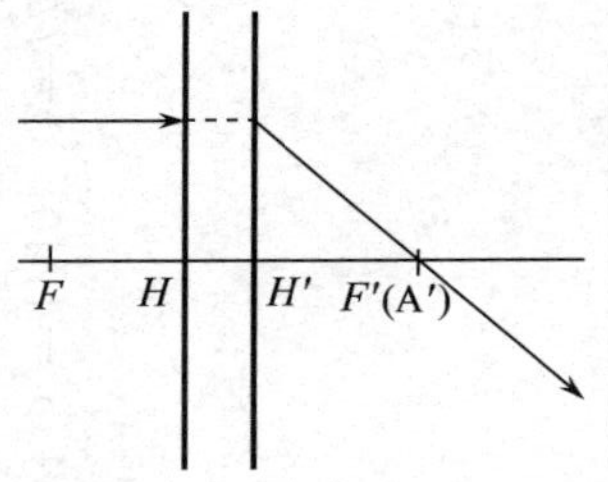	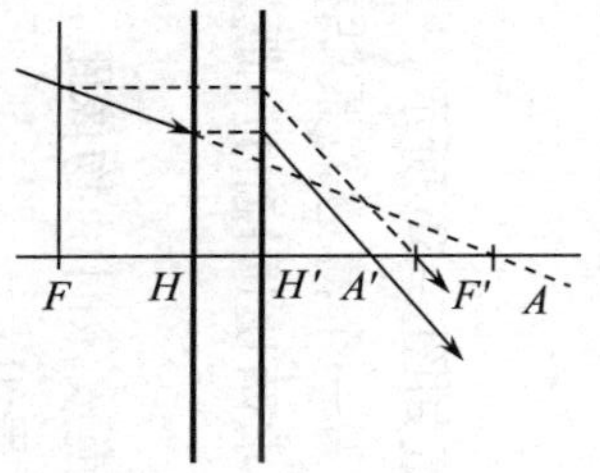	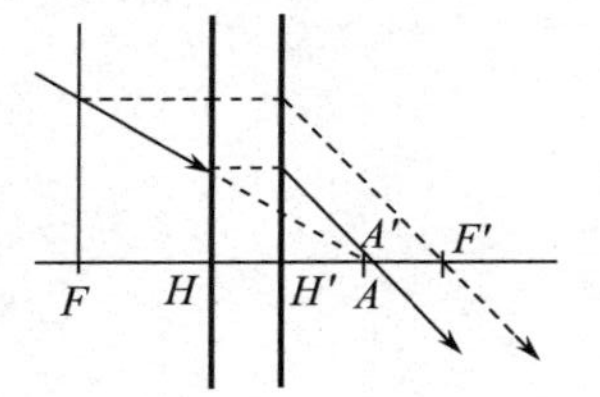	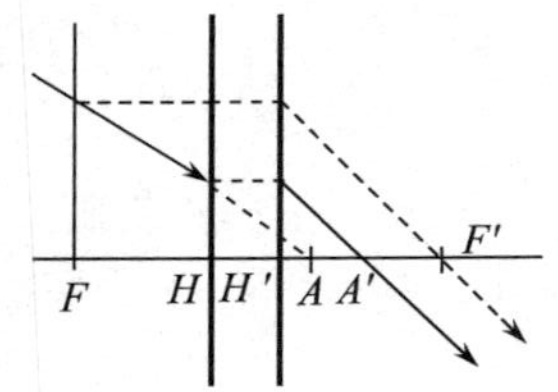	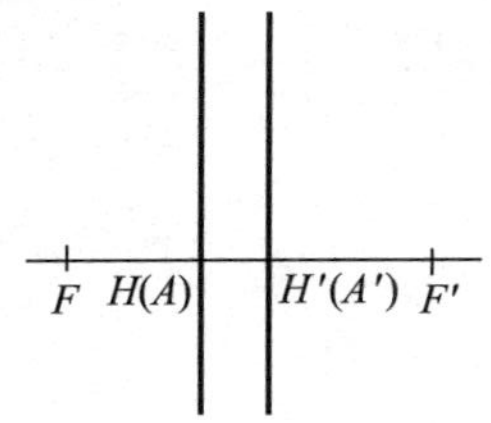
负透镜 $f'<0$	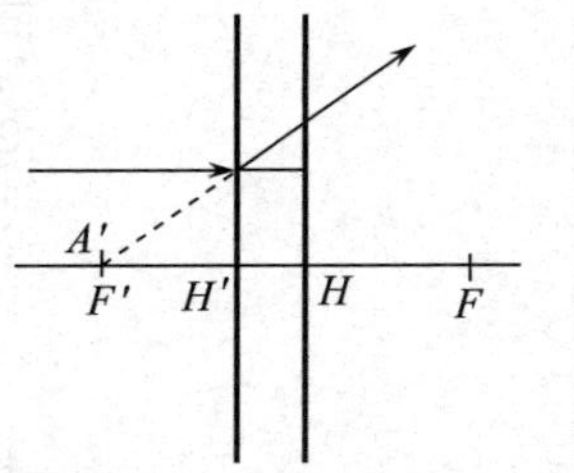	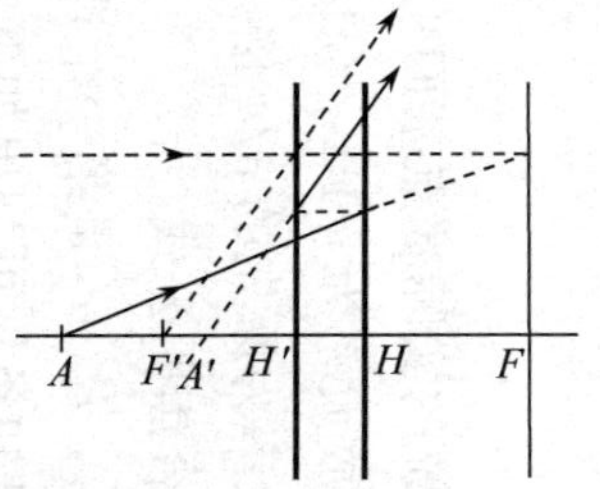	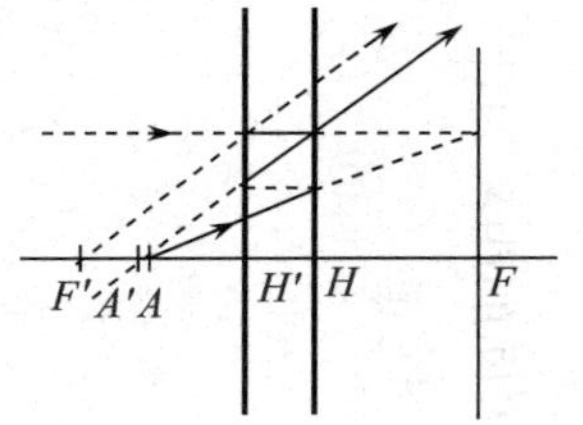	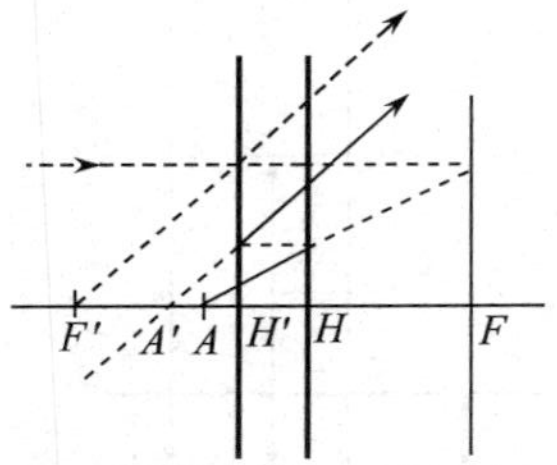	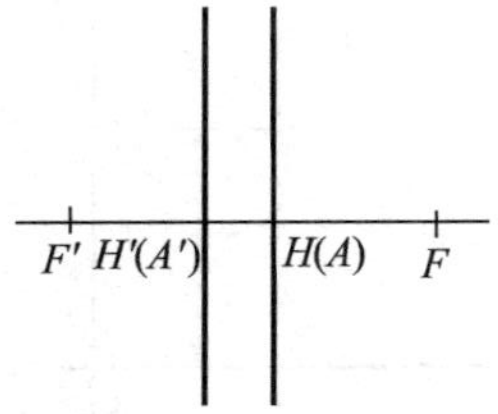

物距 / 系统	$l=f/2=-f'/2$	$l=f=-f'$	$l=2f=-2f'$	$l=\infty$	
正透镜 $f'>0$	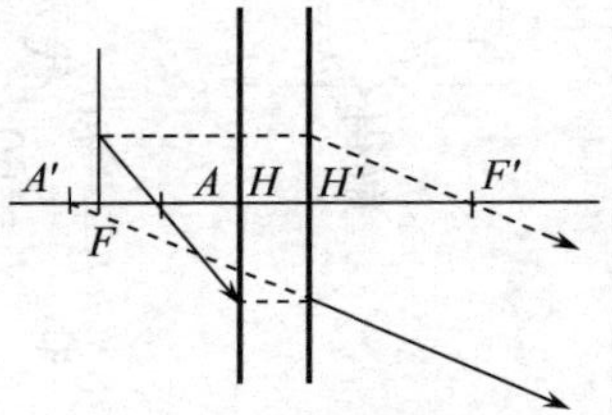	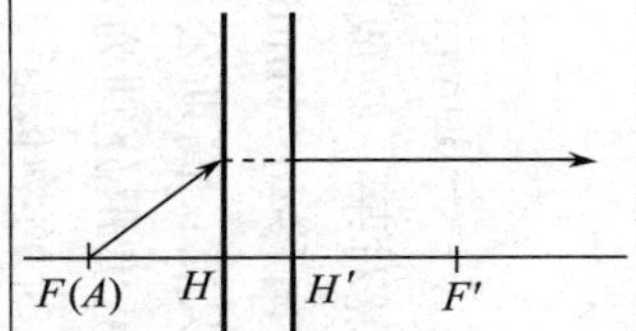	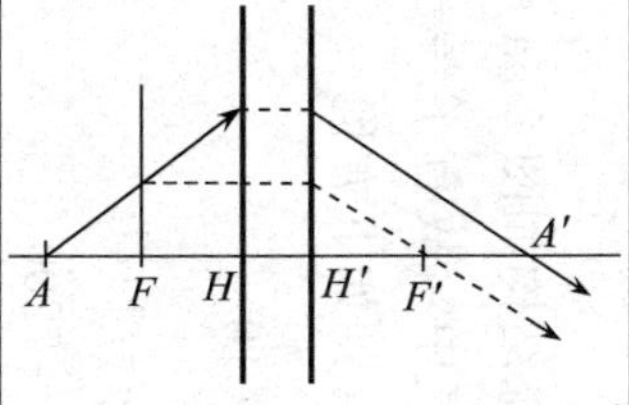	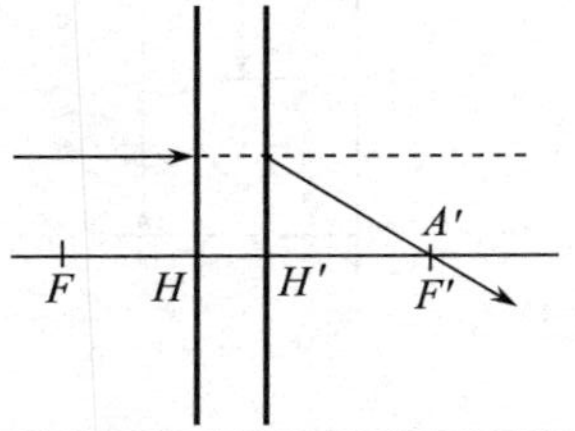	
负透镜 $f'<0$	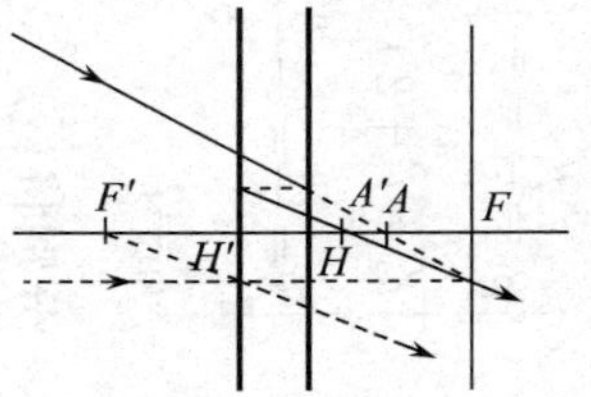	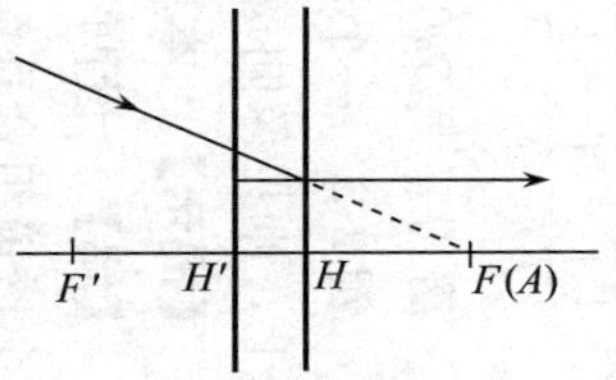	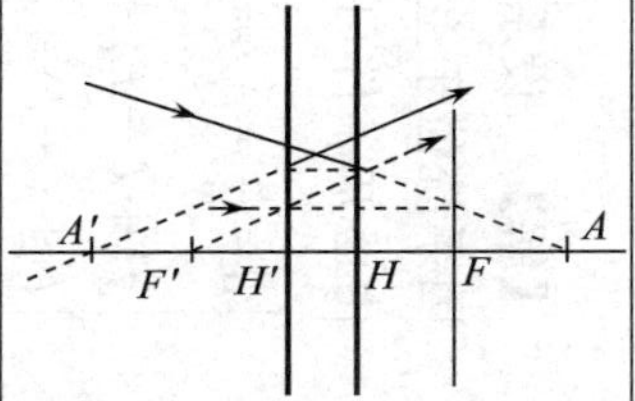	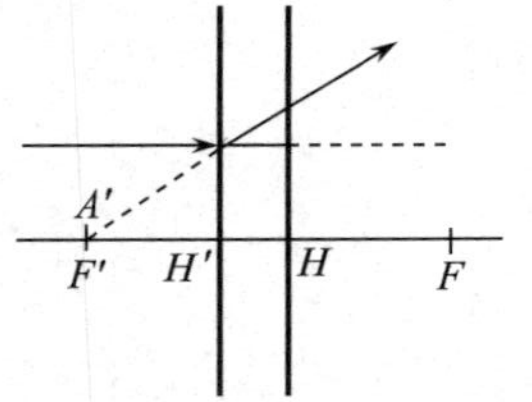	

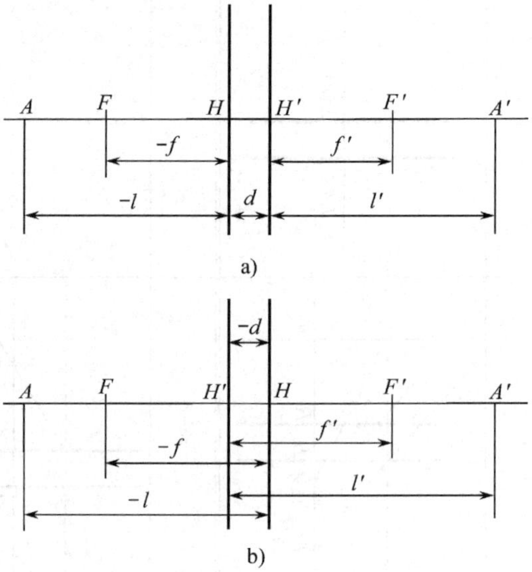

图 2-5　例 2-2 图

【解】　设系统结构如图 2-5a 所示，HH'间的距离为 d。

因系统位于空气中，故有 $f'=-f$

由已知条件可得到如下方程

$$\begin{cases}\beta=\dfrac{y'}{y}=\dfrac{l'}{l}=-10\\ f'+(-f)+d=1140\\ l'+(-l)+d=7200\\ \dfrac{1}{l'}-\dfrac{1}{l}=\dfrac{1}{f'}\end{cases}$$

解得 $f'=600$mm，$d=-60$mm。该系统的实际基点基面位置如图 2-5b 所示。

例 2-3　一个薄透镜对某一物成实像，放大率为$-1^{\times}$，今以另一个薄透镜紧贴在第一透镜上，则见像向透镜方向移动 20mm，放大率为原先的 3/4 倍，求两块透镜的焦距为多少？

【提示】　本题知识点：高斯公式和组合焦距公式。

【解】　设两个透镜焦距分别为 f'_1、f'_2，l_1、l'_1是第一个透镜成像时的物像距，l'、l'是两个透镜组合系统成像时的物像距。根据已知条件可列出如下方程组：

$$\begin{cases}\beta_1=\dfrac{l'_1}{l_1}=-1\\ l'_1=l'+20\\ \beta=\dfrac{l'}{l}=-\dfrac{3}{4}\\ l_1=l\end{cases}\quad 解得\begin{cases}l_1=-80\\ l'_1=80\\ l=-80\\ l'=60\end{cases}$$

分别将$\begin{cases}l_1=-80\\ l'_1=80\end{cases}$和$\begin{cases}l=-80\\ l'=60\end{cases}$代入公式$\dfrac{1}{l'_i}-\dfrac{1}{l_i}=\dfrac{1}{f'_i}=\Phi_i$，可得 $\Phi_1=1/40$，$\Phi=7/240$

对于薄透镜有 $\Phi=\Phi_1+\Phi_2$ 成立，故可得 $\Phi_2=\Phi-\Phi_1=1/240$

即 $f'_1=40$mm，$f'_2=240$mm

例 2-4 希望得到一个对无限远成像的长焦距物镜，焦距 $f'=1200\text{mm}$，由物镜顶点到像面的距离（筒长）$L=700\text{mm}$，由系统最后一面到像平面距离（工作距）为 $l'_F=400\text{mm}$，按最简单结构的薄透镜系统考虑，求系统结构并画出光路图。

【提示】 本题知识点：远摄型光组。由题意 $f'>L$，即组合焦距大于系统机械筒长知系统一定是远摄型光组，可采用正切计算公式或透镜组合焦距公式求解。

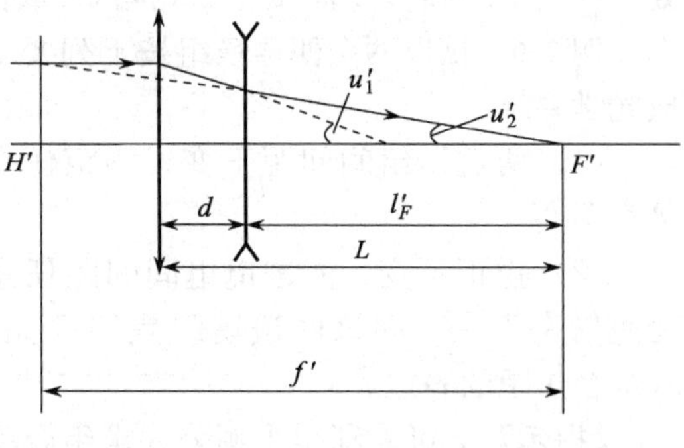

图 2-6 例 2-4 图

【解】 先画出光路如图 2-6 所示。

方法 1：由已知筒长 $L=d+l'_F=700\text{mm}$，$l'_F=400\text{mm}$ 和 $f'=1200\text{mm}$，得 $d=L-l'_F=300\text{mm}$

$$由\begin{cases} f'=\dfrac{h_1}{\tan u'_2} \\ \tan u'_2=\dfrac{h_2}{l'_F} \end{cases} \quad 解得\frac{h_1}{h_2}=\frac{f'}{l'_F}=\frac{1200}{400}=3$$

$$由\begin{cases} \tan u'_1=\dfrac{h_1}{f'_1} \\ h_2=h_1-d\tan u'_1 \end{cases} \qquad 整理得 \quad f'_1=\frac{d}{(1-h_2/h_1)}=\frac{300}{(1-1/3)}=450\text{mm}$$

将 $\Phi=1/1200$，$\Phi_1=1/450$，$d=300\text{mm}$ 代入公式 $\Phi=\Phi_1+\Phi_2-d\Phi_1\Phi_2$ 可得 $\Phi_2=-5/1200$，即 $f'_2=-240\text{mm}$

方法 2：利用组合透镜的焦距公式求解。将 $d=L-l'_F=300\text{mm}$，$f'=1200\text{mm}$ 和 $l'_F=400\text{mm}$ 代入公式 $l'_F=f'\left(1-\dfrac{d}{f'_1}\right)$，整理得

$$f'_1=\frac{d}{(1-l'_F/f')}=\frac{300}{1-400/1200}\text{mm}=450\text{mm}$$

再将 $f'=1200\text{mm}$，$f'_1=450\text{mm}$ 和 $d=300\text{mm}$ 代入公式 $f'=-\dfrac{f'_1f'_2}{\Delta}=-\dfrac{f'_1f'_2}{d-f'_1-f'_2}$，得到

$$f'_2=\frac{d-f'_1}{(1-f'_1/f')}=\frac{300-450}{1-450/1200}\text{mm}=-240\text{mm}$$

例 2-5 一个薄透镜焦距为 100mm 和另一个焦距为 50mm 的薄透镜组合，其组合焦距仍为 100mm，问两薄透镜的相对位置，并求基点位置，以图解法校核之。

【提示】 本题知识点：光组的组合。

【解】 因为 $\Phi=\Phi_1+\Phi_2-d\Phi_1\Phi_2$

$$d=\frac{\Phi_1+\Phi_2-\Phi}{\Phi_1\Phi_2}=\frac{1/100+1/50-1/100}{(1/100)\times(1/50)}\text{mm}=100\text{mm}$$

$$l'_F=f'\left(1-\frac{d}{f'_1}\right)=100\times\left(1-\frac{100}{100}\right)=0$$

$$l_F=-f'\left(1+\frac{d}{f_2}\right)=-100\times\left(1+\frac{100}{-50}\right)\text{mm}=100\text{mm}$$

$$l'_H=-f'\frac{d}{f'_1}=-100\times\frac{100}{100}\text{mm}=-100\text{mm}$$

$l_H=-f'\dfrac{d}{f_2}=-100\times\dfrac{100}{-50}\text{mm}=200\text{mm}$

图解如图 2-7 所示。H 在 O_2 右侧 100mm 处，H' 与 O_1 重合，F'_1、F'、F 均与 O_2 重合。

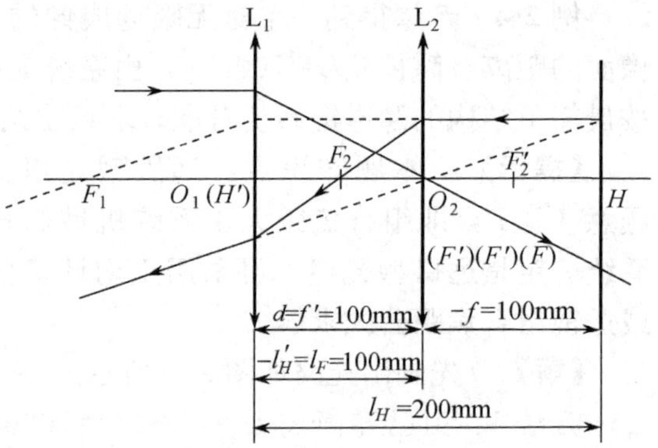

图 2-7　例 2-5 图

例 2-6　试以两个薄透镜组按下列要求组成光学系统：

（1）两透镜组间间距不变，物距任意而倍率不变。

（2）物距不变，两透镜组间间距任意改变而倍率不变。问该两透镜组焦距间关系，求组合焦距的表达式。

【提示】　可先利用牛顿公式求组合系统的垂轴放大率与物距和两透镜间隔的函数关系，再分情况讨论。

【解】　因为 $x'_1=\dfrac{f_1f'_1}{x_1}$，$x_2=x'_1-\Delta$

$\beta_1=-\dfrac{f_1}{x_1}$，$\beta_2=-\dfrac{f_2}{x_2}$

所以 $\beta=\beta_1\beta_2=-\dfrac{f_1}{x_1}\cdot\dfrac{-f_2}{\dfrac{f_1f'_1}{x_1}-\Delta}=\dfrac{f_1f_2}{f_1f'_1-x_1\Delta}$

（1）若 d 不变时，x_1 变而 β 不变，则 $\Delta=0$。系统构成无焦系统，此时 $\beta=\dfrac{f_2}{f'_1}=-\dfrac{f'_2}{f'_1}$

（2）若 x_1 不变，d 改变时而 β 不变，则 $x_1=0$。即物位于第一个透镜的物方焦平面上。

例 2-7　两个薄透镜的焦距为 $f'_1=50$mm，$f'_2=100$mm，相距 50mm。若一个高为 25mm 的物体位于第一透镜前 150mm 处，求最后所成像的位置和大小。

【提示】　本题知识点：组合系统求像。可有两种方法求解：

1）按两个系统考虑，利用透镜成像公式和过渡公式依次求像。

2）先求组合系统的等效理想光学系统参数，再把已知物距转换成理想光学系统物距求解像距，最后换算出实际系统参数表示的像距。

【解】　采用方法 1)，先求经 L_1 所成的像。将 $l_1=-150$mm，$f'_1=50$mm 代入透镜成像公式 $\dfrac{1}{l'}-\dfrac{1}{l}=\dfrac{1}{f'}$ 及放大率公式 $\beta=\dfrac{l'}{l}$ 可得　$l'_1=\left(\dfrac{1}{f'_1}+\dfrac{1}{l_1}\right)^{-1}=75$mm，$\beta_1=\dfrac{75}{-150}=-0.5$

即物在 L_1 右侧 75mm 处成缩小的实像。

经 L_1 所成的实像作为 L_2 的虚物，将 $l_2=l'_1-d=25$mm，$f'_2=100$mm 代入透镜成像公式和放大率公式得　$l'_2=\left(\dfrac{1}{f'_2}+\dfrac{1}{l_2}\right)^{-1}=\left(\dfrac{1}{100}+\dfrac{1}{25}\right)^{-1}=20$mm，$\beta_2=\dfrac{20}{25}=0.8$

则 $\beta=\beta_1\beta_2=-0.4$　故 $y'_2=\beta y_1=-10$mm，即物体最后在 L_2 右侧 20mm 处成高 10mm 的倒像。

例 2-8　一块厚透镜 $n=1.6$，$r_1=120$mm，$r_2=-320$mm，$d=30$mm，试求该透镜焦距和基点位置。如果物距 $l_1=-5$m 时，问像在何处？如果平行光入射时，使透镜绕一和光轴垂直的轴转动，而要求像点位置不变，问该轴应装在何处？

【提示】 首先应明确物（像）距的概念。对于理想光学系统，物（像）距一般指主面到物（像）的距离，即 l 和 l'；对于实际光学系统，物（像）距一般指透镜第一面顶点（最后一面顶点）到物（像）的距离，即 l_1 和 l'_k。通常有两种方法求解实际光学系统中像的位置：

1）先将透镜等效为一个理想光学系统，求出系统的基点和基面位置；把透镜系统物距 l_1 转换为理想光学系统物距 l 求解，求出像距值 l' 后再转换到透镜系统中。

2）可按照两个单个折射球面依次成像求解。

【解】 采用方法 1），先求厚透镜的等效理想光学系统模型：

$$f'=\frac{nr_1r_2}{(n-1)[n(r_2-r_1)+(n-1)d]}=\frac{1.6\times120\times(-320)}{(1.6-1)\times[1.6\times(-320-120)+(1.6-1)\times30]}$$
$$=149.27\text{mm}$$

$$l'_F=f'(1-\frac{n-1}{n}d\rho_1)=149.27\times\left[1-\frac{(1.6-1)\times30}{1.6\times120}\right]=135.28\text{mm}$$

$$l_F=-f'(1+\frac{n-1}{n}d\rho_2)=-149.27\times\left[1+\frac{(1.6-1)\times30}{1.6\times(-320)}\right]=-144.02\text{mm}$$

$$l'_H=-f'\frac{n-1}{n}d\rho_1=-149.27\times\frac{(1.6-1)\times30}{1.6\times120}=-13.99\text{mm}$$

$$l_H=-f'\frac{n-1}{n}d\rho_2=-149.27\times\frac{(1.6-1)\times30}{1.6\times(-320)}=5.25\text{mm}$$

各参数如图 2-8 所示。

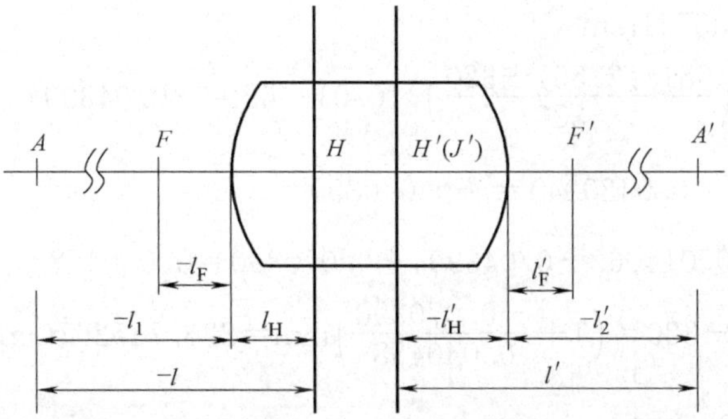

图 2-8　例 2-8 图

根据高斯公式求像点位置：

$l=l_1-l_H=-5000-5.25=-5005.25\text{mm}$

代入公式 $\frac{1}{l'}-\frac{1}{l}=\frac{1}{f'}$ 得 $l'=153.86\text{mm}$

$l'_2=l'+l'_H=153.86-13.99=139.89\text{mm}$

根据节点的性质，绕子午面内过像方节点 J'（H'）的垂直于光轴的轴旋转可满足要求。

例 2-9 如上题中的透镜第一面在水中，求基点位置及物、像方焦距。当 $l_1=-5\text{m}$ 时，问像面应在何处？当平行光入射时，转轴装在何处，可使像点不移动？

【解】 （1）采用光路追迹方法求解基点位置，光路如图 2-9 所示。

1）正向光路追迹，求像方基点位置。设初始参数 $h_1=10\text{mm}$，$l_1=-\infty$，$u_1=0$

$$i_1=\frac{h_1}{r_1}=\frac{10}{120}=0.083333$$

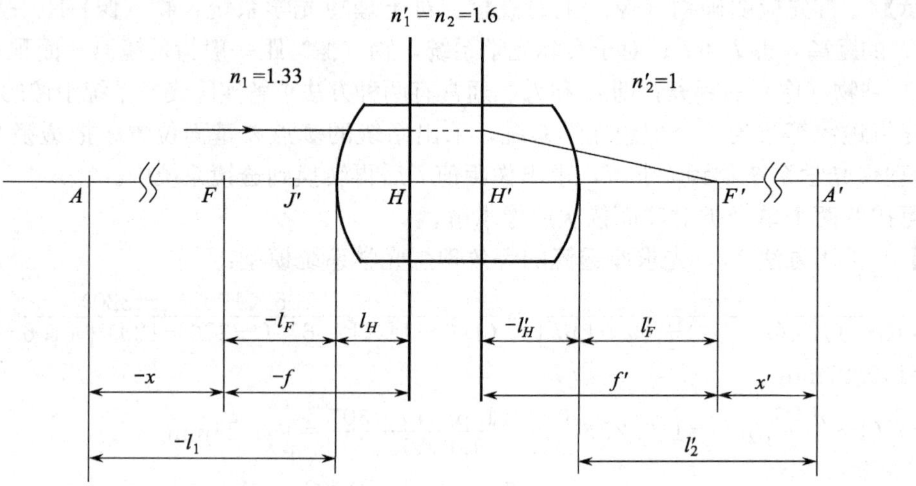

图 2-9　例 2-9 图

$i'_1=\frac{n_1}{n'_1}i_1=\frac{1.33}{1.6}\times 0.083333=0.069271$

$u'_1=u_1+i_1-i'_1=0.014062=u_2$

$l'_1=r_1\left(1+\frac{i'_1}{u'_1}\right)=120\times\left(1+\frac{0.069271}{0.014062}\right)\text{mm}=711.133551\text{mm}$

$l_2=l'_1-d=681.133551\text{mm}$

$i_2=\left(\frac{l_2-r_2}{r_2}\right)u_2=\left(\frac{681.133551+320}{-320}\right)\times 0.014062=-0.043994$

$i'_2=\frac{n_2}{n'_2}i_2=1.6\times(-0.043994)=-0.070390$

$u'_2=u_2+i_2-i'_2=0.014062-0.043994+0.070390=0.040458$

$l'_2=r_2\left(1+\frac{i'_2}{u'_2}\right)=-320\times\left(1+\frac{-0.070390}{0.040458}\right)\text{mm}=236.745267\text{mm}$

$f'=\frac{h_1}{u'_2}=247.169905\text{mm}$

$l'_F=l'_2=236.745267\text{mm}$

所以 $l'_H=l'_F-f'=-10.424638\text{mm}$

2）反向光路追迹，求物方基点位置。设初始参数 $h_1=10\text{mm}$，$l_1=-\infty$，$u_1=0$

$i_1=\frac{h_1}{r_1}=\frac{10}{320}=0.031250$

$i'_1=\frac{n_1}{n'_1}i_1=\frac{1}{1.6}\times 0.031250=0.019531$

$u'_1=u_1+i_1-i'_1=0.011719=u_2$

$l'_1=r_1\left(1+\frac{i'_1}{u'_1}\right)=320\times\left(1+\frac{0.019531}{0.011719}\right)\text{mm}=853.315129\text{mm}$

$l_2=l'_1-d=823.315129\text{mm}$

$i_2=\left(\frac{l_2-r_2}{r_2}\right)u_2=\left(\frac{823.315129+120}{-120}\right)\times 0.011719=-0.092123$

$i'_2=\frac{n_2}{n'_2}i_2=\frac{1.6}{1.33}\times(-0.092123)=-0.110825$

$u'_2=u_2+i_2-i'_2=0.011719-0.092123+0.110825=0.030421$

$l'_2=r_2\left(1+\frac{i'_2}{u'_2}\right)=-120\times\left(1+\frac{-0.110825}{0.030421}\right)\text{mm}=317.165116\text{mm}$

$f'=\frac{h_1}{u'_2}=328.720292\text{mm}$

$l'_F=l'_2=317.165116\text{mm}$

所以 $l'_H=l'_F-f'=-11.555176\text{mm}$

综合 1)、2）结果可知，透镜等效的理想光学系统基点参数为

$$\begin{cases}f'=247.169905\text{mm}\\l'_F=236.745267\text{mm}\\l'_H=-10.424638\text{mm}\end{cases},\quad\begin{cases}f=-328.720292\text{mm}\\l_F=-317.165116\text{mm}\\l_H=11.555176\text{mm}\end{cases}$$

（2）$x=l_1-l_F=$（$-5000+317.165116$）mm$=-4682.834884$mm 代入牛顿公式 $xx'=ff'$ 得 $x'=17.350551$mm，所以 $l'_2=l'_F+x'_2=254.095818$mm

（3）轴应装在像方节点位置上。根据公式 $x'_J=f$ 求得节点位置为 $x'_J=f=-328.720292$mm

所以 $l'_J=l'_F+x'_J=$（$236.745267-328.720292$）mm$=-91.975025$mm，即应在第二面的顶点左侧 91.975025mm 处装轴。

例 2-10 有三个薄透镜，其焦距分别为 $f'_1=100$mm，$f'_2=50$mm，$f'_3=-50$mm，其间隔 $d_1=10$mm，$d_2=10$mm，求组合系统的基点位置。

【提示】 对于两个以上光组的组合，使用正切计算法比较方便。

【解】 如图 2-10a 所示，进行正向光路追迹。

设 $h_1=10$mm，$l_1=-\infty$，$u_1=0$

$\tan u'_1=\tan u_1+\frac{h_1}{f'_1}=\frac{10}{100}=0.1=\tan u_2$

$h_2=h_1-d_1\tan u'_1=10-10\times0.1=9\text{mm}$

$\tan u'_2=\tan u_2+\frac{h_2}{f'_2}=0.1+\frac{9}{50}=0.28=\tan u_3$

$h_3=h_2-d_2\tan u'_2=9-10\times0.28=6.2\text{mm}$

$\tan u'_3=\tan u_3+\frac{h_3}{f'_3}=0.28-\frac{6.2}{50}=0.156$

因为 $\tan u'_3=\frac{h_1}{f'}$ 所以 $f'=\frac{10}{0.156}=64.1025\text{mm}$

$l'_F=\frac{h_3}{\tan u'_3}=\frac{6.2}{0.156}\text{mm}=39.7435\text{mm}$

$-l'_H=f'-d_1-d_2-l'_F=64.1025-10-10-39.7435=4.359\text{mm}$

即主面位于第一个薄透镜左侧 4.359mm。

光路倒置，如图 2-10b 所示，进行反向光路追迹。

设 $h_1=10$mm，$l_1=-\infty$，$u_1=0$

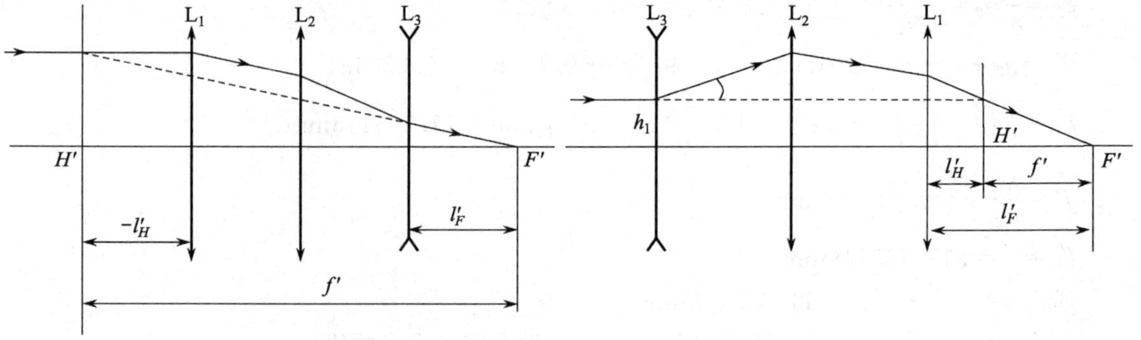

图 2-10　例 2-10 图

$\tan u'_1=\tan u_1+\dfrac{h_1}{f'_1}=\dfrac{10}{-50}=-0.2=\tan u_2$

$h_2=h_1-d_1\tan u'_1=10+10\times0.2=12\text{mm}$

$\tan u'_2=\tan u_2+\dfrac{h_2}{f'_2}=-0.2+\dfrac{12}{50}=0.04=\tan u_3$

$h_3=h_2-d_2\tan u'_2=(12-10\times0.04)\ \text{mm}=11.6\text{mm}$

$\tan u'_3=\tan u_3+\dfrac{h_3}{f'_3}=0.04+\dfrac{11.6}{100}=0.156$

所以 $f'=\dfrac{h_1}{\tan u'_3}=\dfrac{10}{0.156}\text{mm}=64.1025\text{mm}$

$l'_F=\dfrac{h_3}{\tan u'_3}=\dfrac{11.6}{0.156}\text{mm}=74.358974\text{mm}$

$l'_H=l'_F-f'=10.2564\text{mm}$

将此参数放回原光路中，得 $f=-64.1025\text{mm}$，$l_H=-10.2564\text{mm}$

四、自测练习

（一）多重选择（答案可能不止 1 个）

1. 有一个无限远物点，经某一理想光学系统成像，则正确的陈述是

①其像点必在理想光学系统的像方焦点处。

②其像点必在理想光学系统的像方焦平面上。

③该物点与像方无穷远点共轭。

④该物点与其像点可作为此理想光学系统的一对常用基点。

2. 有一个 $f'>0$ 的理想光学系统，则：

① 节点与主点总是重合。

② 像方主点位于像方焦点左侧。

③ 对平行光束起会聚作用。

④ 共轭光线在主面上的投射高度相等。

3. 如图 2-11 所示，有一个 $f'<0$ 的理想光学系统置于空气中，$l=2f$，试找出下面正确的光路图

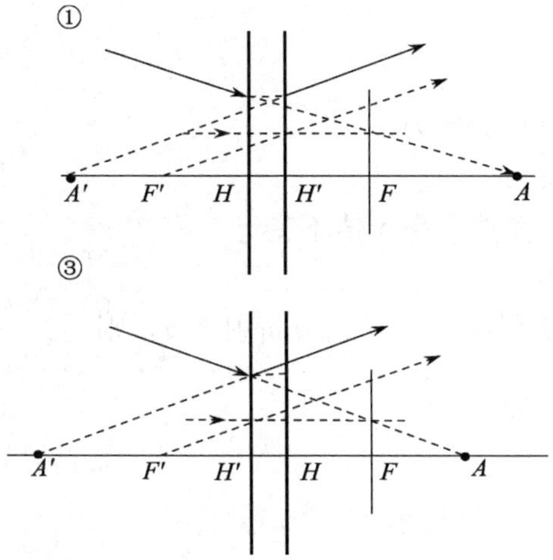

图 2-11　多选题 3 图

4. 如图 2-12 所示，有一个 $f'>0$ 的理想光学系统置于空气中，$l=-2f$，试找出下面正确的光路图

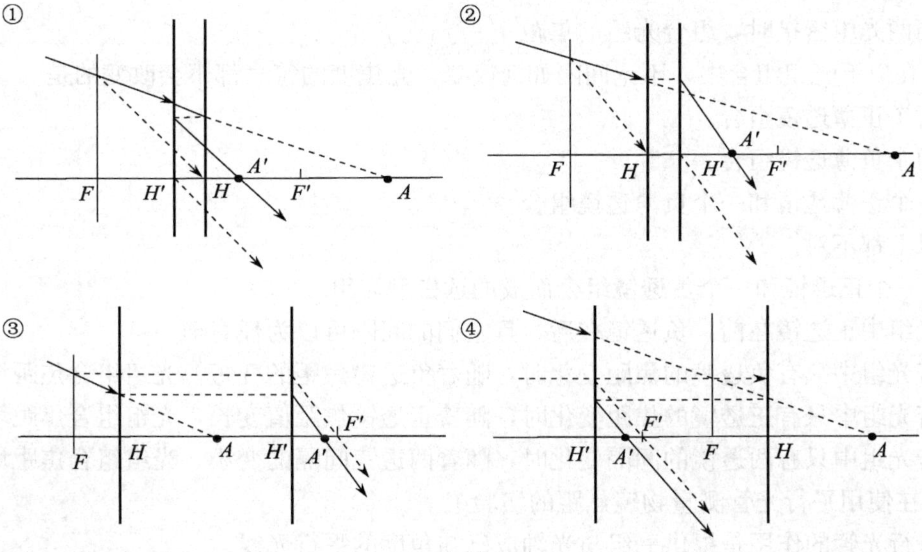

图 2-12　多选题 4 图

5. 有一个置于空气中的理想光学系统，其垂轴放大率 $\beta>0$，则

①物像位于系统的同侧。

②角放大率 $\gamma>0$。

③像高大于物高。

④光学系统的焦距为正。

6. 一物体经理想光学系统后成放大的实像，当物体向光学系统方向移动一微小距离时

①其像变大。

②垂轴放大率 β 的绝对值变小。

③角放大率 γ 的绝对值变小。

④轴向放大率 α 的绝对值变小。

7. 理想光学系统的角放大率 γ

①反映了理想光学系统能够把光束变宽或变窄的能力。

②角放大率 γ 的大小取决于物像共轭面位置。

③改变理想光学系统物像方折射率的大小，角放大率 γ 值不变。

④垂轴放大率 β 值越大，角放大率 γ 值越小。

8. 有一个 $f'<0$ 的理想光学系统，其像方折射率 n' 大于物方折射率 n，则

①像方焦距 f' 的值大于物方焦距 f 的值。

②物方节点位于物方焦点的右侧。

③像方节点位于像方主点的左侧。

④两节点间的距离与两主点间的距离相等。

9. 将两个焦距分别为 f'_1 和 f'_2 的已知光组组合在一起

①若 f'_1 和 f'_2 均为正值，则组合后的光组焦距 f' 为正。

②当光学间隔 $\Delta=0$ 时，组合后光组的光焦度为 0。

③当光学间隔 Δ 增大时，组合后光组的焦距值变小。

④当两光组密接时，组合光组的焦距 $f'=f'_1+f'_2$。

10. 在以下光组组合中，不论间隔如何改变，光焦度的符号都不会改变的是

①两个正薄透镜组合。

②两个负薄透镜组合。

③一个正薄透镜和一个负薄透镜组合。

④以上都不对。

11. 一个正透镜和一个负透镜组合而成的远摄型光组

①光组中正透镜在前，负透镜在后，且它们的间隔可以为任意值。

②若光组中只有负透镜的焦距变化时，随着负透镜焦距的变短，光组组合焦距增大。

③若光组中只有正透镜的焦距变化时，随着正透镜焦距值变长，光组组合焦距增大。

④若光组中只有两透镜的间隔变化时，随着两透镜间隔的变小，光组组合焦距增大。

12. 在使用平行光管测量物镜焦距的实验中

①平行光管的作用是提供一组与光轴成已知角度的平行光线。

②实验调整中应保证平行光管、待测物镜和测微目镜沿轴方向上有确定的位置。

③平行光管焦距选择与待测物镜的焦距范围有关，当待测物镜的焦距值较大时，应选用短焦距的平行光管。

④当平行光管参数一定时，对于珀罗板上的同一对刻线，通过待测物镜所成的像越大，说明其焦距越长。

13. 双凸透镜

①一定是正透镜。

②两个主面均位于透镜内。

③其两个面的曲率半径都大于 0。

④以上说法全不正确。

（二）填空

1. 一个 $f'>0$ 的理想光学系统，其物方折射率 n 大于像方折射率 n'，则像方节点相对于像方焦点的距离是（　　），且位于像方主点的（　　）侧。

2. 一个折射率为 1.52 的双凸薄透镜，其中一个折射面的曲率半径是另一个折射面的 2 倍，且其焦距为 5cm，则这两个折射面的曲率半径分别是（　　）cm 和（　　）cm。

3. *一个薄透镜折射率为 1.5，光焦度为 500D。将它浸入某液体，光焦度变成 −1.00D，则此液体的折射率为（　　）。

4. 反远距型光组由（　　）组成，其特点是（　　）。

5. 远摄型光组由一个（　　）和一个（　　）组成，其主要特点是（　　），因此该组合系统常用在（　　）的设计中。

6. 空气中的薄透镜，其主点位置位于（　　），当物体与主平面重合时，轴向放大率 α 等于（　　）。

7*. 空气中光焦度为 Φ_1（$\Phi_1 \geqslant 0$）的薄透镜置于水中成像时，其光焦度值将（　　），会聚能力将（　　）。

（三）计算

1. 已知照相物镜的焦距 $f'=75\text{mm}$，被摄景物位于（以 F 点为坐标原点）$x=-\infty$，−10m，−8m，−6m，−4m，−2m 处，试求照相底片应分别放在离物镜的像方焦面多远的地方。

2. 离水面 1m 深处有一条鱼，现用 $f'=75\text{mm}$ 的照相物镜拍摄该鱼，照相物镜的物方焦点离水面 1m。试求：

（1）垂轴放大率。

（2）照相底片离照相物镜像方焦点 F' 多远？

3. 已知一个透镜把物体成像为放大 $-3^{\times}$ 的实像。当透镜向物体移近 18mm 时，物体将被成像为放大 $-4^{\times}$ 的实像，试求透镜的焦距，并用图解法校核之。

4. 有一个正薄透镜对某一物成倒立的实像，像高为物高的一半，今将物体向透镜移近 100mm，则所得实像与物大小相等，求该正透镜组的焦距。

5. 一个正透镜焦距为 100mm，一个指针长 40mm，沿透镜的光轴放置，指针中点距离透镜 200mm。求：

（1）指针像的长短。

（2）指针绕中心转90°时，它的成像位置和大小。

6. 一个短焦距物镜，已知其焦距为 35mm，筒长 $L=65\text{mm}$，工作距离 $l'_F=50\text{mm}$，按最简单的薄透镜系统考虑，求系统结构。

7. 已知一个透镜 $r_1=-200\text{mm}$，$r_2=-300\text{mm}$，$d=50\text{mm}$，$n=1.5$，求其焦距、光焦度和基点位置。

8. 一个对称的双凸薄透镜置于空气中，焦距为 120mm。透镜材料的折射率是 1.5。

（1）试求这双凸薄透镜表面的曲率半径。

（2）如将该透镜置于折射率为 1.62 的液体中，求这时该系统的焦距。

9. 有一平凸透镜，中心厚 3mm，采用 K9 玻璃（$n=1.5163$）制成。若将凸面对准 1km 远的霓虹灯，则在平面后 15mm 处可得到清晰实像。试求凸面曲率半径。

10. 由两个薄透镜组成一个成像系统，两薄透镜组焦距分别为 f'_1、f'_2，间隔为 d，物平面位于第一透镜组的焦平面上，求此系统的垂轴放大率、焦距及基点位置的表达式。

11. 由已知 $f'_1=50\text{mm}$，$f'_2=-150\text{mm}$ 的两个薄透镜组成的光学系统，对一个实物成一个放大 4 倍的实像，并且第一透镜的放大率 $\beta_1=-2^{\times}$，试求：

（1）两透镜的间隔。

（2）物像之间的距离。

（3）保持物面位置不变，移动第一透镜至何处时，仍能在原像面位置得到物体的清晰像？与此相应的垂轴放大率为多大？

12. 有一个光学系统，已知 $f'=-f=100\text{mm}$，总厚度（第一面到最后一面的距离）为 15mm，$l'_F=96\text{mm}$，$l_F=-97\text{mm}$，求此系统对实物成放大 10 倍的实像时，物距（离第一面）l_1、像距（离最后一面）l'_K 及物像共轭距 L 各为多少？

13. 有一个三片型光学系统，已知：$f'_1=100\text{mm}$，$f'_2=-250\text{mm}$，$f'_3=800\text{mm}$，入射平行光在三个透镜上的入射高度分别为：$h_1=1.5\text{mm}$，$h_2=1\text{mm}$，$h_3=0.9\text{mm}$，试求合成焦距 f' 和间隔 d_1、d_2 的值。

参考答案及提示

（一）多重选择（答案可能不止 1 个）

1.② 2.②③④ 3.① 4.①②③ 5.①② 6.①③ 7.①②④

8.①③④ 9.②③ 10.② 【提示】因为此时光学间隔 Δ 始终大于 0

11.②③④ 12.①④ 13.④

（二）填空

1.（$|f|$）（左）

2.（7.8）（−3.9）或（3.9）（−7.8）

3*.（1.502） 【提示】薄透镜（折射率为 n_L）在介质（折射率为 n）中的光焦度公式为 $\Phi=\left(\frac{n_L}{n}-1\right)\left(\frac{1}{r_1}-\frac{1}{r_2}\right)$，利用两种情况下的比例关系即可求解。

4.（一个负透镜和一个正透镜）（工作距大于组合焦距）

5.（正透镜）（负透镜）（焦距大于筒长）（长焦距镜头）

6.（透镜顶点处）（1）

7*.（变小）（变弱）

（三）计算

1.0；0.5625mm；0.7031mm；0.9375mm；1.4063mm；2.8125mm

2.$\beta=-0.0428$，$\Delta x'=3.21\text{mm}$

3.216mm

4.100mm

5.$\Delta l=41.7\text{mm}$；像位于透镜后 200mm 处，大小为 40mm

6. $f'_1=-35\text{mm}$，$f'_2=25\text{mm}$

7. $f'=-1440\text{mm}$，$l'_F=-1560\text{mm}$，$l_F=1360\text{mm}$，$l'_H=-120\text{mm}$，$l_H=-80\text{mm}$

8. （1）120mm，−120mm；（2）−810mm

9. 7.744mm

10. $\beta=\dfrac{f'_2}{f_1}=-\dfrac{f'_2}{f'_1}$，$f'=\dfrac{f'_1f'_2}{f'_1+f'_2-d}$，$l'_F=\dfrac{f'_2(d-f'_1)}{d-f'_1-f'_2}$，$l_F=\dfrac{f'_1(f'_2-d)}{d-f'_1-f'_2}$，$l'_H=\dfrac{df'_2}{d-f'_1-f'_2}$，$l_H=\dfrac{-df'_1}{d-f'_1-f'_2}$

11. （1）75mm；（2）300mm；（3）新的透镜位置在原位置之后 75mm 处，$\beta=-1^{\times}$

12. $l_1=-107\text{mm}$，$l'_K=1096\text{mm}$，$L=1218\text{mm}$

13. $f'=123.71\text{mm}$，$d_1=33.33\text{mm}$，$d_2=9.091\text{mm}$

第三章　平面与平面系统

一、学习要求

通过对本章的学习，应掌握平面系统的基本作用和种类，掌握平面反射镜、平行平板、反射棱镜和折射棱镜等典型平面系统的性质和作用。了解有关光学材料的基本知识。

二、重点内容

平面光学元件是指工作面均为平面的光学零件，包括平面反射镜、平行平板、反射棱镜和折射棱镜等，其作用是改变光路方向、使倒像转换为正像或产生用于光谱分析的色散现象。

1. 平面反射镜

（1）平面镜的性质　平面反射镜是唯一能够成完善像的最简单光学元件。

单个平面镜成像具有以下性质：①像与物对称于平面镜，即像距与物距的值相等。②像与物的大小相等，虚实相反，成“镜像”。③当物体旋转时，其像反方向旋转相同的角度。

若经奇数个平面镜反射，则最终像和物成“镜像”；若经偶数个平面镜反射，则最终像与物完全一致。它们与共轴球面系统组合后，可改变光路方向，但不会改变像的大小和形状，也不影响像的清晰度。

平面镜还有一个重要的性质，即当入射光线方向不变，而平面镜转动 α 角时，反射光线将转动 2α 角，如图 3-1 所示。

（2）平面镜的应用　利用平面镜转动性质，可以测量微小角度和位移，其原理（亦称光学杠杆原理）如图 3-2 所示。刻有标尺的分划板位于准直物镜 L 的物方焦平面上，标尺零位点（设与物镜焦点 F 重合）发出的光束经透镜 L 后平行于光轴。若平面镜 M 与光轴垂直，则平行光经平面镜反射后沿原光路返回，重新会聚于 F 点。若平面镜 M 转动 θ 角，则平行光束经平面镜后与光轴成 2θ 角，反射回来的像点 F_1 与 F 点不重合。此时由分划板读得偏移量 FF_1 就可以计算出平面镜的微小倾角 θ。它们之间的关系为：

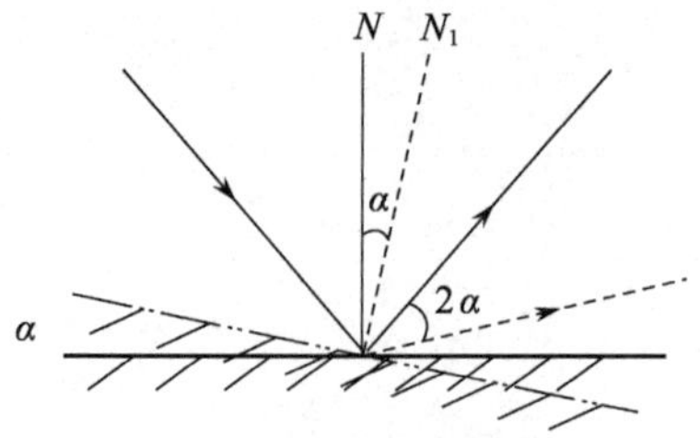

图 3-1　平面镜转动性质

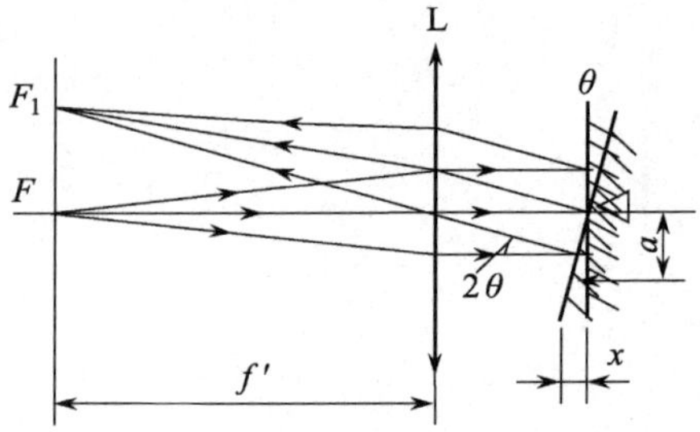

图 3-2　平面镜用于小角度和位移测量

$$FF_1 = f'\tan 2\theta \approx 2f'\theta \tag{3-1}$$

式中，f'为透镜 L 的焦距。

若平面镜的转动是由测杆的移动引起的，设测杆支点到光轴的距离为 a，测杆移动量 x 可从下式求出：

$$FF_1 = (2f'/a)\ x \tag{3-2}$$

2. 平行平板

平行平板是由两个相互平行的折射平面所构成的光学元件，如分划板、微调平板等。物点 A 经平行平板成像在 A_2点的情况如图 3-3 所示，平行平板成像具有以下性质：

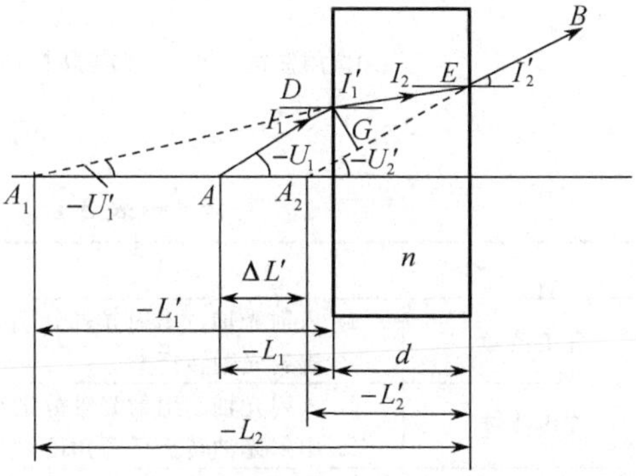

图 3-3　平行平板成像

1）光线经平行平板折射后方向不变，出射光线 EB 与入射光线 AD 互相平行，即 $U'_2 = U_1$。

2）由放大率公式可知，$\gamma = \dfrac{\tan U'_2}{\tan U_1} = 1$，$\beta = \dfrac{1}{\gamma} = 1$，$\alpha = \beta^2 = 1$，则平行平板不使物体放大或缩小。

3）光线经平行平板折射后虽然方向不变，但产生了侧向位移 ΔT 和轴向位移 $\Delta L'$

$$\Delta T = DG = d\sin I_1\left(1 - \frac{\cos I_1}{n\cos I'_1}\right),\ \Delta L' = d\left(1 - \frac{\tan I'_1}{\tan I_1}\right) \tag{3-3}$$

式中，d 为平行平板的厚度；n 为平行平板的折射率；I_1、I'_1分别为光线在第一面上的入射角和折射角。

可见轴向位移 $\Delta L'$随入射角 I_1（孔径角 U_1）不同而变化，即轴上点发出的同心光束变成了非同心光束，说明平行平板不能成完善像。

平行平板在近轴区以细光束成像时，轴向位移量为

$$\Delta l' = d\left(1 - \frac{1}{n}\right) \tag{3-4}$$

表明，在近轴区轴向位移 $\Delta l'$只与平行平板的厚度 d 和折射率 n 有关，成像是完善的。

3. 反射棱镜

将一个或多个反射面磨制在同一块玻璃上的光学元件称为反射棱镜，在光学系统中主要用于转折光路、转像、倒像和扫描等。光学系统的光轴在棱镜中的部分称为棱镜的光轴，反射棱镜的工作面为两个折射面和若干个反射面，工作面的交线称为棱镜的棱，与各个棱垂直的截面为棱镜的主截面。讨论棱镜的成像问题，是在包含光轴的棱镜主截面内进行的。

（1）反射棱镜的分类　反射棱镜可分为以下四类：

1）简单棱镜：它只有一个主截面，且所有工作面都与主截面垂直。根据反射面数目不同，又分为一次反射棱镜、二次反射棱镜和三次反射棱镜。

一次反射棱镜使物体成镜像，与单个平面镜对应，其种类如图 3-4 所示，基本性质见表3-1。

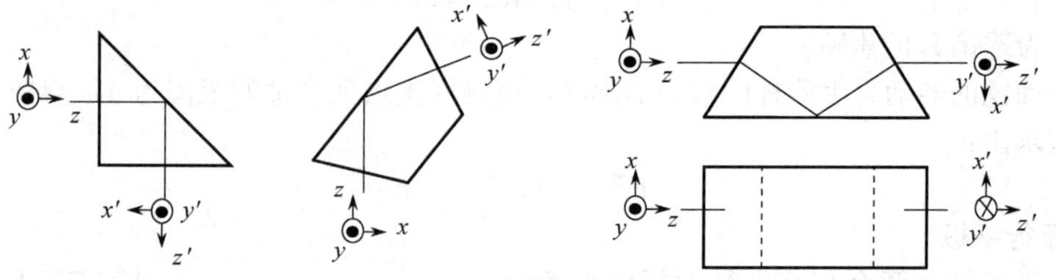

a)直角棱镜　　b)等腰棱镜　　c)道威棱镜

图 3-4　一次反射棱镜

表 3-1　一次反射棱镜的性质和作用

名　称	性　质	应　用
直角棱镜	1. 入射光轴、出射光轴分别垂直于入射面和出射面 2. 出射光轴转折 90°	转折光路
等腰棱镜	1. 入射光轴、出射光轴分别垂直于入射面和出射面 2. 出射光轴转折任意角度（与等腰棱镜的顶角有关）	转折光路
道威棱镜	1. 入射光轴、出射光轴不与入射面和出射面垂直，故只能应用于平行光路中 2. 出射光轴与入射光轴方向不变 3. 当棱镜绕光轴转 α 角时，反射像同方向转 2α 角	周视瞄准仪

在二次反射棱镜中，入射光轴垂直于入射面，经两个反射面依次反射后，反射光轴相对于入射光轴偏转的角度是两个反射面间夹角的 2 倍，像与物一致。常用二次反射棱镜和光轴转折情况如图 3-5 所示。

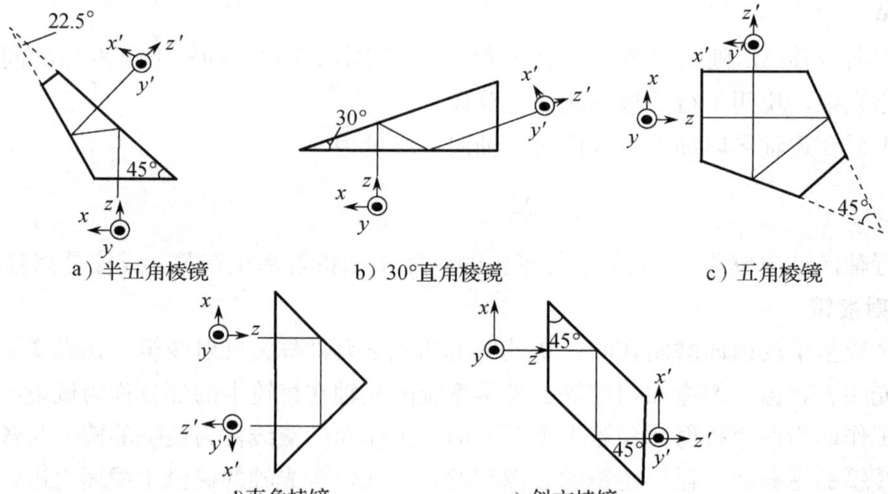

a）半五角棱镜　　b）30°直角棱镜　　c）五角棱镜

d)直角棱镜　　e) 斜方棱镜

图 3-5　二次反射棱镜

图 3-6 所示为三次反射棱镜，称为斯密特棱镜。它能够使入射光转折 45°，并使物成镜像。因为光线在棱镜中的光路很长，可起到折叠光路，使仪器结构紧凑的目的。

2）屋脊棱镜：用交线位于棱镜光轴面内的两个相互垂直的反射面来代替其中一个反射面就构成了屋脊棱镜，这两个相互垂直的反射面叫做屋脊面，如图 3-7 所示。屋脊棱镜除能保持原棱镜的出射光轴方向外，还能使垂直于主截面的分量发生倒转，使原棱镜的总反射次数由奇数次变为偶数次，从而使像与物完全一致，它可以单独作为倒像棱镜使用。常用的屋脊棱镜有直角屋脊棱镜、半五角屋脊棱镜、五角屋脊棱镜和斯密特屋脊棱镜等。

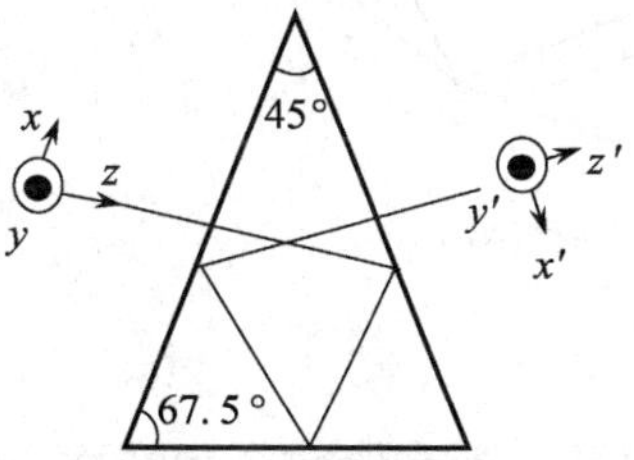

图 3-6　斯密特棱镜

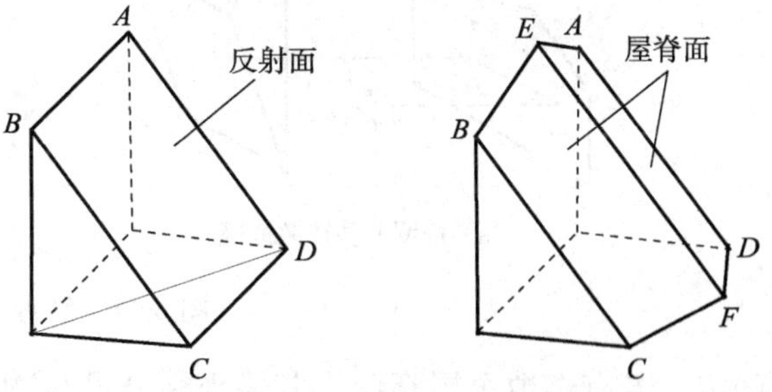

图 3-7　直角棱镜和直角屋脊棱镜

3）立方角锥棱镜：由正立方体切下一个角而形成，如图 3-8 所示。其三个反射工作面相互垂直，底面为一个等边三角形。当光线以任意方向从底面入射时，经过三个直角面的依次反射，出射光线始终与入射光线平行。当立方角锥棱镜绕其顶点旋转时，出射光方向不变，仅产生一个侧向位移。

4）复合棱镜：由两个或两个以上的棱镜组合而成。常用的复合棱镜包括：分光棱镜、分色棱镜和转像棱镜等。

图 3-9 所示为分光棱镜，它可将一束光分成强度相等或强度为确定值的两束光，且这两束光在棱镜内的光程相等。

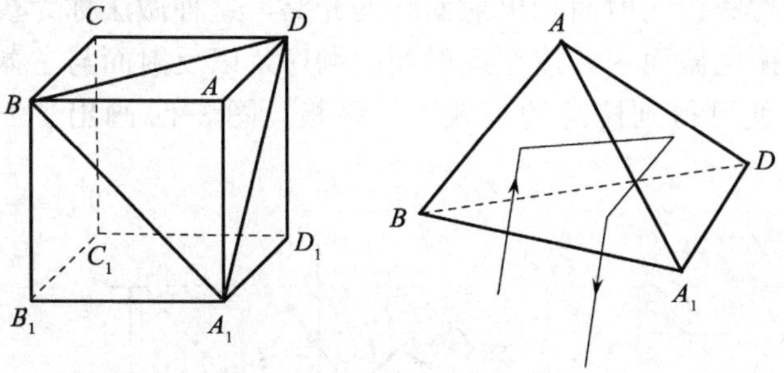

图 3-8　立方角锥棱镜

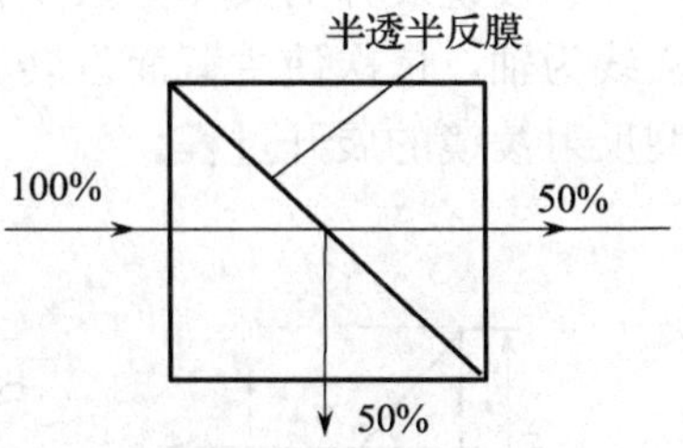

图 3-9　分光棱镜

图 3-10 所示为分色棱镜。由于 a、b 面分别镀有反蓝透红绿和反红透绿介质膜，白光经过它后，可分解为红、绿、蓝三种色光。分色棱镜主要应用于彩色电视摄像机或 3－CCD 高档数码相机中。

图 3-11 所示为转像棱镜，其主要特点是出射光轴与入射光轴平行，实现完全倒像，并能在棱镜中折叠很长的光路，可用于望远系统中实现倒像。

（2）反射棱镜成像的判断原则

1）首先根据光轴的折射与反射，确定沿光轴方向上像的坐标分量。

2）垂直于主截面的坐标分量方向应视屋脊面的

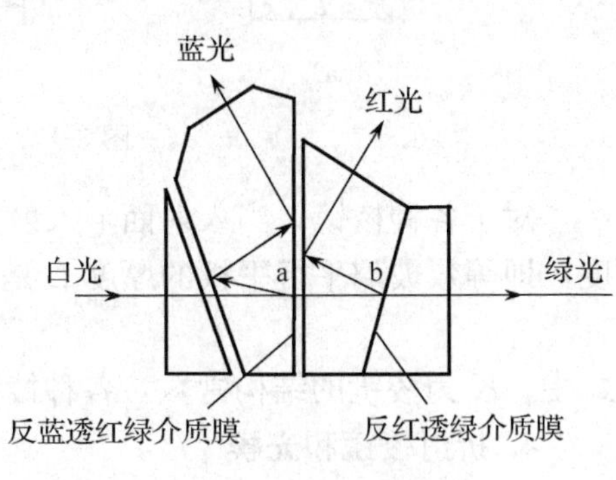

图 3-10　分色棱镜

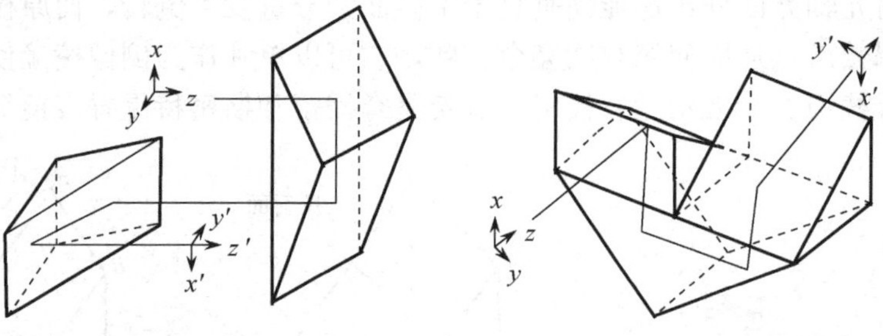

a）普罗Ⅰ型转像棱镜　　b）普罗Ⅱ型转像棱镜

图 3-11　转像棱镜

个数确定：若有奇数个屋脊面，其像坐标分量与物坐标方向相反；若有偶数个屋脊面，其像坐标分量与物坐标方向一致。

3）平行于主截面的坐标分量方向应视反射面的总个数确定（1 个屋脊面相当于 2 个反射面）：若共有奇数个反射面，则在像与物成镜像的前提下确定该分量的坐标方向；若共有偶数个反射面，则在像与物成像一致的前提下确定该分量的坐标方向。

上述原则只在同一光轴面内适用，对于光轴不在同一平面内的复合棱镜，要分别考虑各光轴面内的成像情况。由于整个光学系统的成像是由透镜成像特性和棱镜转像特性共同决定的，因此还必须考虑系统中透镜对成像的影响。一般情况是，物镜成倒像，目镜成正像。

（3）反射棱镜的等效作用与展开

在光学系统中反射棱镜的作用相当于平面反射镜和附加平行平板的组合。光路计算中，常用一对等效平行平板来取代光线在反射棱镜入射面和出射面间的光路，这种做法称为棱镜的展开。棱镜展开的具体方法是：在棱镜主截面内，按照反射面的顺序，以反射面与主截面的交线为轴，依次使主截面翻转 180°，便可得到棱镜的等效平行平板。图 3-12 画出了三种典型反射棱镜的展开过程。

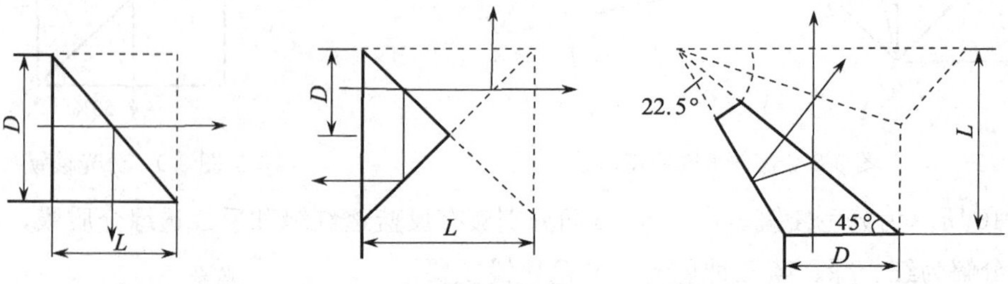

a）　　b）　　c）

图 3-12　三种典型反射棱镜的展开过程

对于各种棱镜，当入射面上入射光束的通光口径 D 确定以后，光线在棱镜中的光路长度，即等效玻璃平行平板的厚度 L 是一个常数。其数值可用通光口径 D 的 K 倍来表示

$$L=KD \tag{3-5}$$

式中，K 为棱镜的结构常数，各种棱镜的 K 值均可在光学仪器设计手册中查得。

4. 折射棱镜和光楔

折射棱镜是通过两个折射表面对光线的折射进行工作的，其在光学系统中的作用一是用于偏折光束的方向，二是用以产生色散。两折射面的交线为折射棱，两折射面间的二面角 α 称为折射棱镜的折射角。同样，垂直于折射棱的平面称为主截面。

（1）折射棱镜　如图 3-13 所示，入射光线 AB 经棱镜折射后的出射光线为 DE，其偏向角 δ 的计算公式为

$$\sin\frac{\alpha+\delta}{2}=\frac{n\sin\frac{\alpha}{2}\cos\frac{1}{2}(I_1'+I_2)}{\cos\frac{1}{2}(I_1+I_2')} \tag{3-6}$$

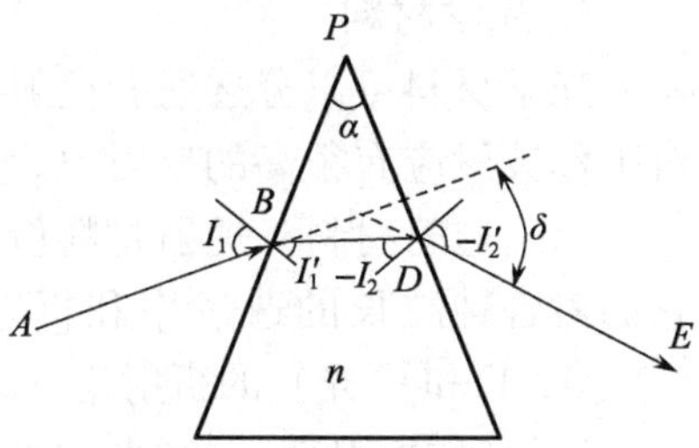

图 3-13　折射棱镜

式中，α 为棱镜的折射角；n 为玻璃材料的折射率；I_1、I_1'、I_2、I_2'分别为光线在两个折射面的入射角和折射角。

式（3-6）表明：光线经棱镜折射以后，所产生的偏向角 δ 是 I_1、α 和 n 的函数。单色光照明时，δ 角仅随 I_1 而变化；复色光照明时会产生色散。

当 $I_1=-I_2'$，$I_1'=-I_2$ 时，偏向角 δ 有最小值 δ_m，满足公式

$$\sin\frac{\alpha+\delta_m}{2}=n\sin\frac{\alpha}{2} \tag{3-7}$$

常利用测量最小偏向角的方法测量玻璃材料的折射率。

（2）光楔及其应用　折射角 α 很小的折射棱镜称为光楔，如图 3-14 所示。光楔的偏向角计算公式为

$$\delta=\alpha(n-1) \tag{3-8}$$

表明：当光线垂直或近似垂直入射到光楔上时，所产生的偏向角只与折射角 α 和折射率 n 有关。

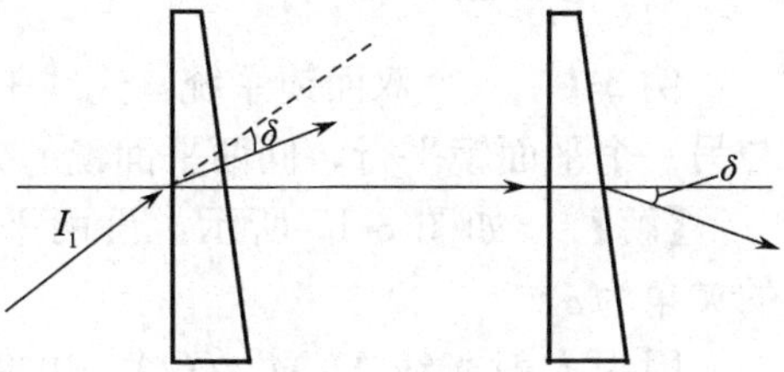

图 3-14　光楔

光楔在小角度和微位移测量中有十分重要的应用。如图 3-15 所示，双光楔相隔一微小间隙，当两光楔主截面平行同向放置时，所产生的偏向角最大，为两个光楔偏向角之和；当一个光楔绕光轴旋转 180°时，所产生的偏向角为 0；当两光楔绕光轴相对旋转 φ（$\varphi\in[0, 2\pi]$）角时，两光楔产生的总偏向角为

$$\delta=2\alpha(n-1)\cos\varphi \tag{3-9}$$

由此即可通过两光楔间较大的相对转动角 φ，测量出光线经过双光楔后产生的微小偏向角 δ。

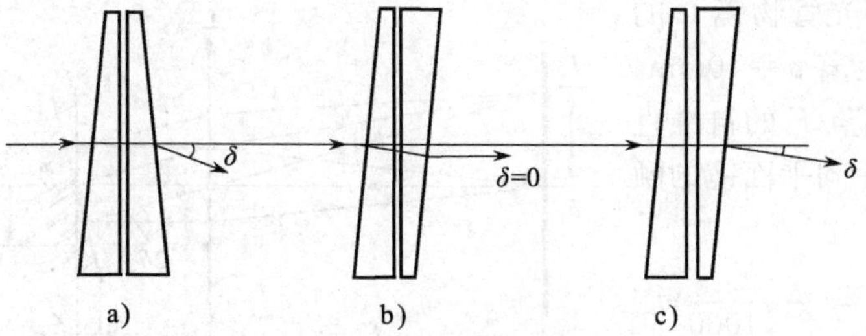

图 3-15　双光楔的旋转测微

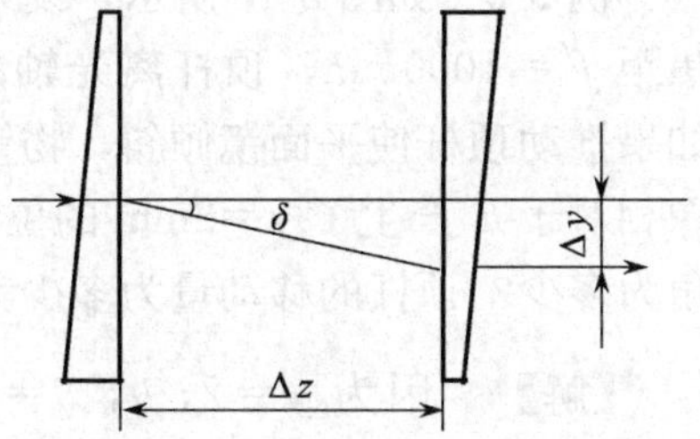

图 3-16　双光楔的移动测微

如图 3-16 所示的双光楔移动测微系统，当两光楔沿轴相对移动 Δz 时，出射光线相对入射光线在垂轴方向产生的平移为

$$\Delta y=\Delta z\delta=\alpha(n-1)\Delta z \tag{3-10}$$

于是，可将垂轴方向的微小位移 Δy 转换为沿轴方向的大位移量 Δz 进行测量。

5. 光学材料

光学材料可以分透射和反射两大类。透射材料对工作波段应有良好的透过率，反射材料对工作波段应有很高的反射率。

（1）透射材料　透射材料包括光学玻璃、光学晶体和光学塑料三类，其光学特性主要由它们对各种波长的透过率和折射率决定。透射材料的折射特性一般以夫朗和费特征谱线（D、d、F 和 C 光）的折射率（n_D、n_d、n_F 和 n_C）表示。几种光学常数定义如下：

1）平均折射率 n_D 和平均色散 $d_n=n_F-n_C$。

2）阿贝常数：$\nu_D=(n_D-1)/(n_F-n_C)$，也叫平均色散系数。阿贝常数越大，色散越低，反之色散越大。

3）部分色散：任意一对谱线的折射率之差，$n_{\lambda1}-n_{\lambda2}$。

4）相对色散：部分色散与平均色散之比，$(n_{\lambda1}-n_{\lambda2})/(n_F-n_C)$。

（2）反射材料　反射不存在色散，因此反射材料的光学特性只由光谱反射比决定。各种材料的光谱反射比不同，同种材料的光谱反射比随入射波长不同而变化。

三、例题分析

例 3-1　一个双面镜系统，光线平行于其中一个平面镜入射，经两次反射后，出射光线与另一个平面镜平行，问两平面镜的夹角为多少？

【解】　如图 3-17 所示，设两平面镜 OA、OB 的夹角为 α。

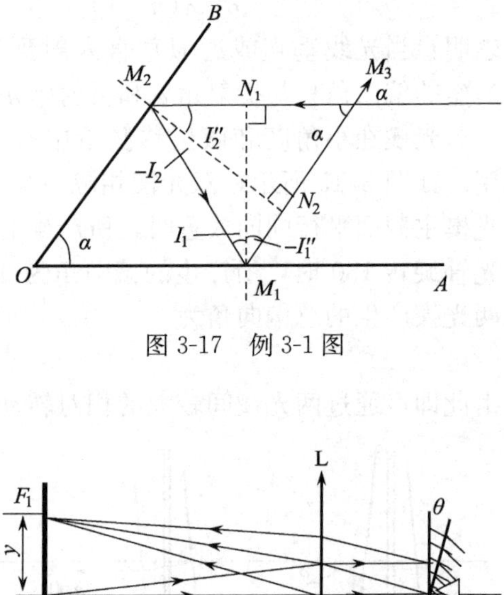

图 3-17　例 3-1 图

因为入射光线 $M_2M_3 /\!/ OA$，出射光线 $M_1M_3 /\!/ OB$，四边形构成平行四边形，所以$\angle M_2M_3M_1=\alpha$。

因为 OA 的法线 $M_1N_1 \perp M_2M_3$，且 $I_1=-I''_1$，所以$(-I_2+I_2'')=\alpha$（等角的余角相等）。

同理可得 $I_1+(-I_1'')=\alpha$

在 $\Delta M_1M_2M_3$ 中

$\alpha+(I''_2-I_2)+(I''_1-I_1)=3\alpha=180°$

所以 $\alpha=60°$

例 3-2　如图 3-18 所示，设平行光管物镜 L 的焦距 $f'=1000\text{mm}$，顶杆离光轴的距离 $a=10\text{mm}$。如果推动顶杆使平面镜倾斜，物镜焦点 F 的自准直像相对于 F 产生了 $y=2\text{mm}$ 的位移，问平面镜的倾角为多少？顶杆的移动量为多少？

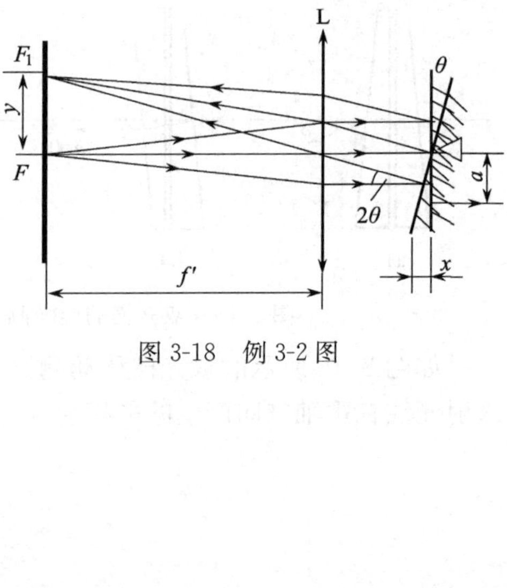

图 3-18　例 3-2 图

【解】　因为 $y=2f'\theta$，$\theta=\dfrac{y}{2f'}=\dfrac{2}{2\times1000}\text{rad}$ $=0.001\text{rad}$

又 $\theta=\dfrac{x}{a}$，

所以 $x=a\theta=(10\times0.001)\text{mm}=0.01\text{mm}$

例 3-3 一个光学系统由一个透镜和一个平面镜组成。平面镜 M 与透镜光轴垂直交于 D 点，透镜前方离平面镜 600mm 有一物体 AB，经透镜和平面镜后，所成虚像 $A''B''$位于平面镜后 150mm 处，且像高为物高的一半。试分析透镜焦距的正负，确定透镜的位置和焦距，并画出光路图。

【解】 根据题意画出光路，如图 3-19 所示。由平面镜性质可得 $A'B'$的位置在平面镜前 150mm 处，$A''B''$为虚像，$A'B'$为实像。

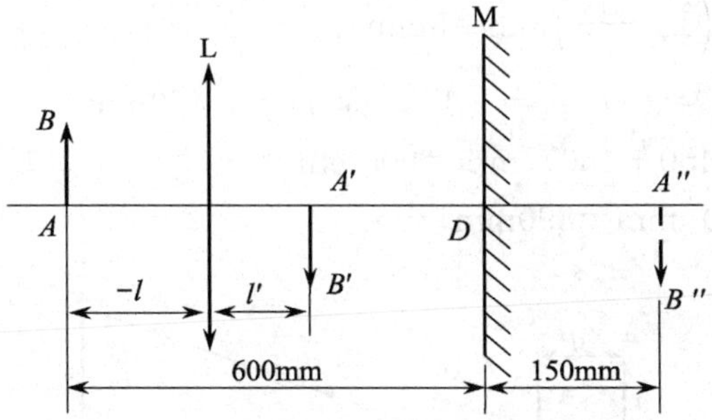

图 3-19 例 3-3 图

则有 $\beta_1=\frac{l'}{l}=-\frac{1}{2}$，$l'-l=600-150=450$

解得 $l=-300$，$l'=150$

代入公式$\frac{1}{l'}-\frac{1}{l}=\frac{1}{f'}$解得 $f'=100\text{mm}$

例 3-4 平行平板的折射率为 n，厚度为 d，入射光线 A 平行于光轴，当平行平板绕 D 点旋转 φ 角时，如图 3-20 所示，求光线位移 d'的表达式。

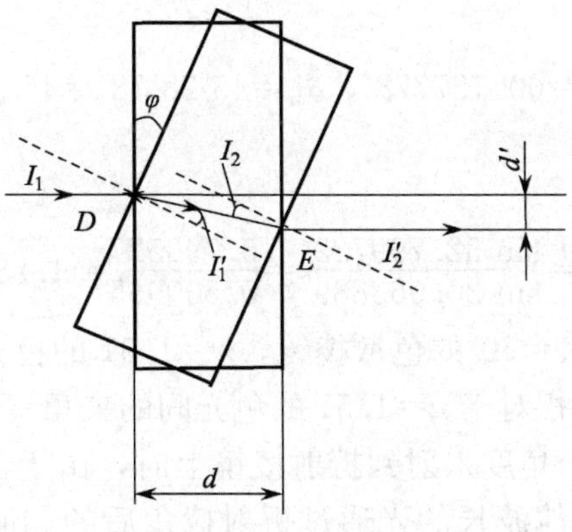

图 3-20 例 3-4 图

【解】 由图可知 $DE=\frac{d}{\cos I'_1}$

$d'=DE\sin(I_1-I'_1)=\frac{d}{\cos I'_1}\sin(I_1-I'_1)=\frac{d}{\cos I'_1}(\sin I_1\cos I'_1-\cos I_1\sin I'_1)$

根据旋转关系知 $I_1=\varphi$

由折射定律得 $\sin I'_1=\frac{\sin I_1}{n}=\frac{\sin\varphi}{n}$，$\cos I'_1=\sqrt{1-\frac{\sin^2\varphi}{n^2}}=\frac{1}{n}\sqrt{n^2-\sin^2\varphi}$，代入上式得

$$d'=\frac{d}{\cos I'_1}(\sin I_1\cos I'_1-\cos I_1\sin I'_1)=d\sin I_1\left(1-\frac{\cos I_1}{n\cos I'_1}\right)=d\sin\varphi\left(1-\frac{\cos\varphi}{\sqrt{n^2-\sin^2\varphi}}\right)$$

例 3-5 用焦距 $f'=450\text{mm}$ 的翻拍物镜拍摄文件，文件上压一块折射率 $n=1.5$，厚度 $d=15\text{mm}$ 的玻璃平板，若拍摄倍率 $\beta=-1^\times$。试求物镜主面到平板玻璃第一面的距离。

【解】 如图 3-21 所示，物点 A_1 经平行平板成像在 $A'_1(A_2)$ 处，且

$$\Delta l=d\left(1-\frac{1}{n}\right)=15\left(1-\frac{1}{1.5}\right)\text{mm}=5\text{mm}$$

A_2 经透镜成像，有 $\beta=-f/x_2=-1^\times$，即 $x_2=-450\text{mm}$

$-l_2=-x_2-f=(450+450)\ \text{mm}=900\text{mm}$

$\Delta L=(900+5-15)\ \text{mm}=890\text{mm}$

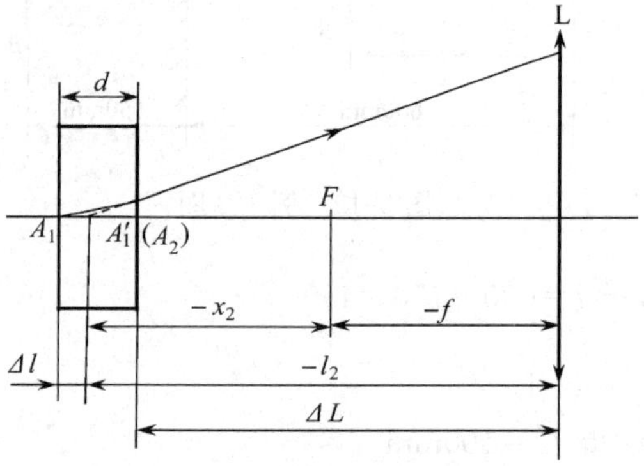

图 3-21 例 3-5 图

例 3-6 棱镜折射角 $\alpha=60°7'40''$，c 光的最小偏向角 $\delta=45°28'18''$，试求棱镜光学材料的折射率。

【解】 将 $\alpha=60°7'40''=60.127778°$，$\delta_m=45°28'18''=45.471667°$ 代入公式

$\sin\frac{\alpha+\delta_m}{2}=n\sin\frac{\alpha}{2}$，得

$$n=\frac{\sin[(\alpha+\delta_m)/2]}{\sin(\alpha/2)}=\frac{\sin 52.799723°}{\sin 30.063889°}=\frac{0.796527}{0.500965}=1.589985$$

例 3-7 白光经过顶角 $\alpha=60°$ 的色散棱镜，$n=1.51$ 的色光处于最小偏向角。试求其最小偏向角及 $n=1.52$ 的色光相对于 $n=1.51$ 的色光间的夹角。

【提示】 当白光以某个角度入射到折射棱镜上时，由于色散作用，只有一种波长的光满足最小偏向角条件，而其他波长的光通过折射棱角后的偏向角均大于特定波长的最小偏向角。

【解】 (1) 将 $\alpha=60°$，$n=1.51$ 代入公式 $\sin\frac{\alpha+\delta_m}{2}=n\sin\frac{\alpha}{2}$ 得

$$\delta_m=[2\arcsin(n\sin\alpha/2)]-\alpha=[2\arcsin(1.51\sin 30°)]-60°=38.05°$$

(2) 当满足最小偏向角条件时，光线光路对称于折射棱镜，如图 3-22 所示。此时有 $I_1=-I'_2$，$I'_1=-I_2$

又因为 $\alpha=180°-\angle BCD=180°-[180°-(I'_1-I_2)]=I'_1-I_2$，所以 $I'_1=-I_2=30°$

由折射定律 $\sin I_1=n\sin I'_1$ 解得

白光入射角 $I_1=\arcsin(n_1\sin I'_1)=\arcsin(1.51\sin 30°)=49.025370°$

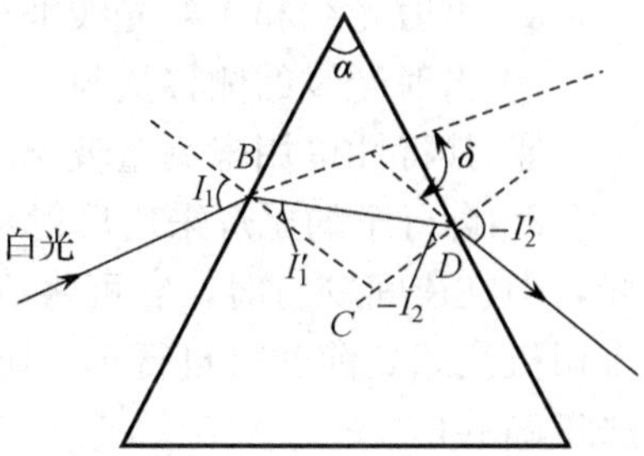

图 3-22　例 3-7 图

对于 $n=1.52$ 的色光，$I'_1=\arcsin\left(\frac{1}{n_2}\sin I_1\right)=\arcsin\left(\frac{1}{1.52}\sin 49.025370°\right)=29.997927°$，$I_2=I'_1-\alpha=-30.002073°$，$I'_2=\arcsin(n_2\sin I_2)=-49.906393°$

将 $I_1=49.025370°$，$I'_1=29.997927°$，$I_2=-30.002073°$，$I'_2=-49.906393°$，$n=1.52$ 和 $\alpha=60°$ 代入公式 $\sin\frac{\alpha+\delta}{2}=\frac{n\sin\frac{\alpha}{2}\cos\frac{1}{2}(I'_1+I_2)}{\cos\frac{1}{2}(I_1+I'_2)}$ 解得 $\delta_2=38.9314°$

$\delta_2-\delta_m=0.8814°=52'53''$

例 3-8　如图 3-23a 所示，光线以 45°角入射到平面镜上反射后通过折射率 $n=1.5163$，顶角为 4°的光楔。若使入射光线与最后的出射光线成 90°，试确定平面镜所应转动的方向和角度值。

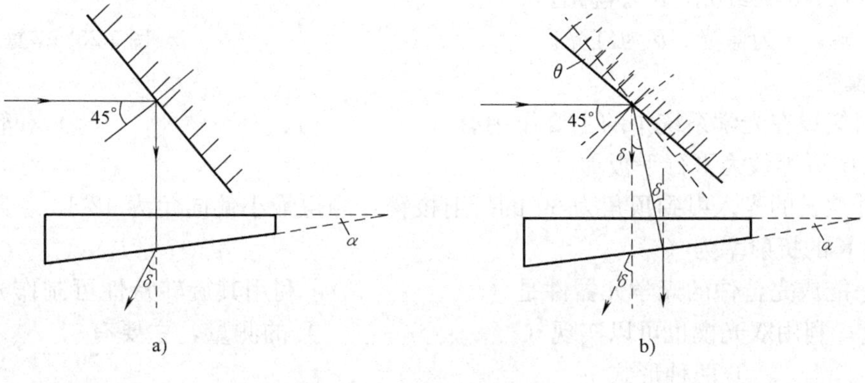

图 3-23　例 3-8 图

【解】　若要使光线垂直向下出射，需要满足如图 3-23b 所示光路条件。光楔产生的偏向角为

$\delta=\alpha(n-1)=4°\times(1.5163-1)=2.0652°$

根据平面镜的旋转性质知，逆时针方向旋转角度 $\theta=\delta/2=1.0326°=1°1'57''$。

四、自测练习

（一）多重选择（答案可能不止 1 个）

1. 白光倾斜入射到一块平行平板上，则

① 各种色光在平行平板内部即发生色散。

② 出射光线和入射光线平行。

③ 出射光线的侧移量与折射率、入射角和平行平板的厚度有关。

④ 其特性可用来测量玻璃的折射率。

2. 自行车的尾灯采用反射棱镜的原理制成。尾灯虽然本身不发光，但在夜间骑行时，它可将后面汽车发出的强光反射回去，使汽车司机注意到前面有自行车。尾灯的主截面如图 3-24 所示，以下说法正确的是

图 3-24　多重选择题 2 图

① 汽车的灯光应从左边射过来在尾灯的左表面发生全反射。

② 汽车的灯光应从右边射过来在尾灯的左表面发生全反射。

③ 汽车的灯光应从左边射过来在尾灯的右表面发生全反射。

④ 汽车的灯光应从右边射过来在尾灯的右表面发生全反射。

3. 以下光学系统能成与物一致完善像的有

①斜方棱镜　　　②直角屋脊棱镜　　　③望远物镜加转像棱镜　　　④双平面镜

4. 一细束红光和一细束蓝光平行入射到一个折射棱镜上，经折射后会聚于光屏上同一点 M，如图 3-25 所示。设两束光的折射率分别为 n_a 和 n_b，以下说法中正确的是：

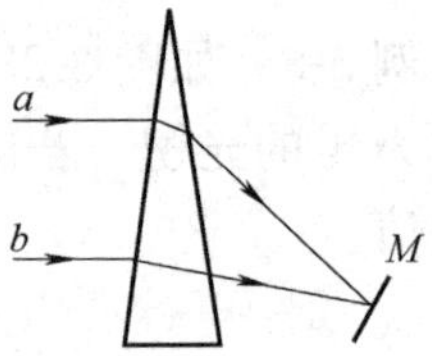

图 3-25　多重选择题 4 图

① $n_a<n_b$，a 为红光，b 为蓝光。

② $n_a<n_b$，a 为蓝光，b 为红光。

③ $n_a>n_b$，a 为红光，b 为蓝光。

④ $n_a>n_b$，a 为蓝光，b 为红光。

（二）填空

1. 反射棱镜在光学系统中的主要作用有（　　　　）、（　　　　　）和转像、倒像等，在光路中可等效为平行平板加（　　　　　）。

2. 某种波长的光入射到顶角为 60°的折射棱镜，测得最小偏向角为 42°15′，则该种玻璃对于入射波长的折射率为（　　　　）。

3. 唯一能成完善像的光学元器件是（　　　　），利用其旋转特性可制作光学杠杆进行放大测量；利用双光楔也可以实现（　　　　　）的测量，主要有（　　　　　）和（　　　　　）两种形式。

4. 用于制作光学零件的光学材料包括光学玻璃、（　　　　　）和（　　　　　）三类。选用光学玻璃时的两个重要参数是（　　　　）和（　　　　　）。

5. 一个右手坐标的虚物，经一个直角屋脊棱镜反射后，成（　　　）坐标的（　）像。

（三）问答或画图

1＊. 如图 3-26 所示，图 a 中一个单光楔在物镜前沿光轴移动；图 b 中一个双光楔在物镜前绕光轴等速相对转动；图 c 中一块平行平板在物镜前绕光轴转动。问无限远轴上物点通过这三个系统后的像点位置有什么变化？

2. 判断如图 3-27 所示棱镜或棱镜系统的转像情况，画出相应的输出坐标系。

3＊. 一成像光学系统如图 3-28 所示，虚线框中为一个棱镜，其物、像方坐标系分别为 $oxyz$ 和 $o'x'y'z'$。试确定在虚线框中应选用何种棱镜（请在图中绘出），并说出理由。

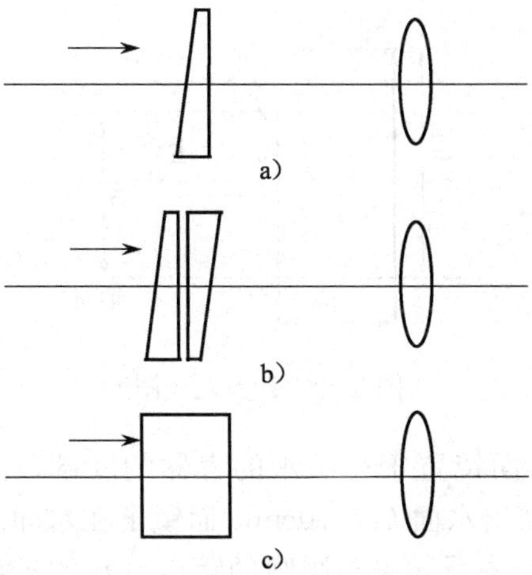

图 3-26　问答或画图题 1 图

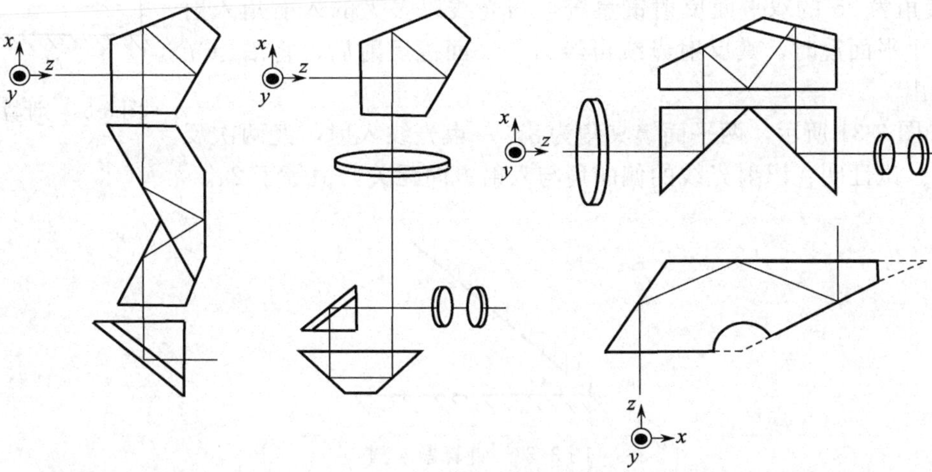

图 3-27　问答或画图题 2 图

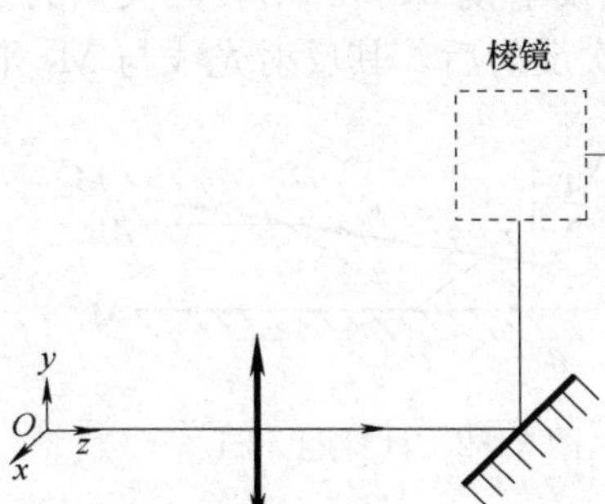

图 3-28　问答或画图题 3 图

（四）计算

1. 如图 3-29 所示，长 1m 的平面镜挂在墙上，镜的上边离地 2m，一个人立于镜前，其眼离地 2.5m，离墙 1.5m。求此人能在镜内看到的地面上最近和最远点分别离墙的距离。

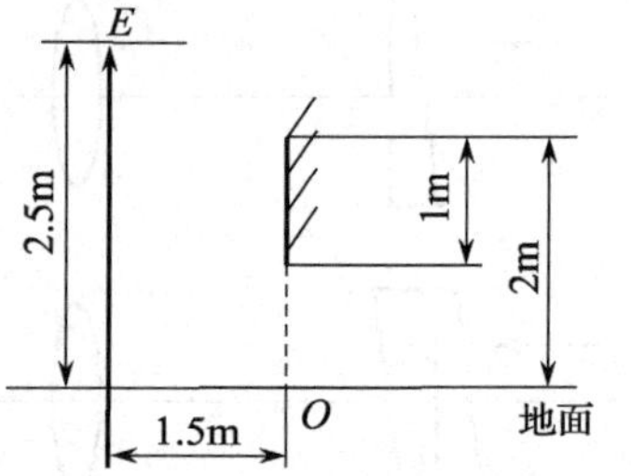

图 3-29　计算题 1 图

2. 如图 3-30 所示，一平面镜置于充满水的容器的底部，人俯视平面镜看自己的像，设眼睛高出水面 $h_1=10\text{cm}$，而镜子在水面之下深 $h_2=66.5\text{cm}$。试求眼睛在镜子中看起来与眼睛的距离（水的折射率为 4/3）。

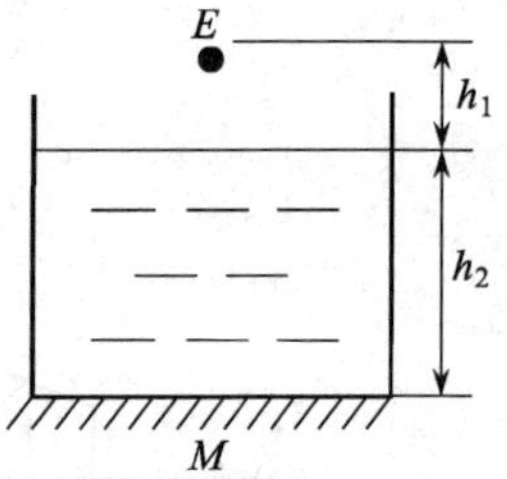

图 3-30　计算题 2 图

3. 夹角为 35°的双平面反射镜系统，当光线以多大的入射角入射于其中一个平面镜时，其反射光线再经另一平面镜反射后，将沿原光路反向射出？

4. 如图 3-31 所示，两平面镜夹角为 α，一束光线入射，经两次反射后出射。试证明：出射光线的偏向角与入射方向无关，恒等于 2α。

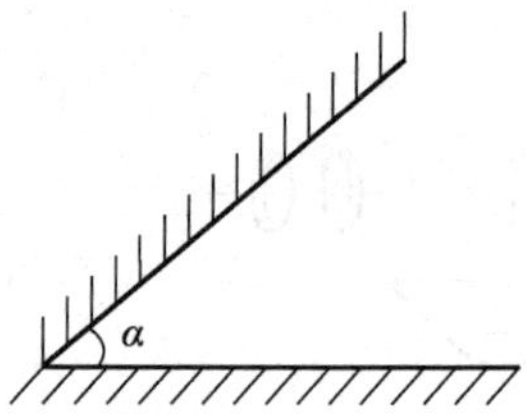

图 3-31　计算题 4 图

5. 如图 3-32 所示，有两个平面反射镜 M_1 和 M_2，其夹角为 α。在两个反射镜之间有一条光线以42°入射到 M_1 上，经过 4 次反射后，其反射光线与 M_1 平行，求 α 的大小。

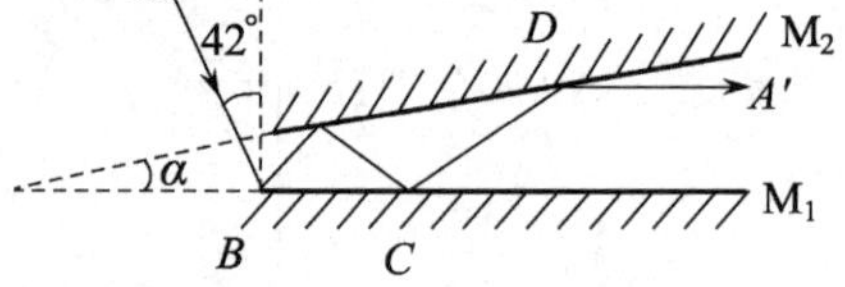

图 3-32　计算题 5 图

6. 有一等边折射棱镜，其折射率为 1.52，求光线经该棱镜的两个折射面折射后产生最小偏向角时的最小偏向角值和入射角。

7. （1）已知某三棱镜的顶角为 60°，在空气中测得最小偏向角 53°14″，求此棱镜材料的折射率。（2）一顶角为 50°的三棱镜，在空气中测得最小偏向角为 35°，如果将它浸在水中，试求最小偏向角等于多少（水的折射率为 1.33）？

参考答案及提示

(一) 多重选择（答案可能不止1个）

1. ①②③④　　2. ②　　3. ④　　4. ④【提示】图3-25中b光线通过折射棱镜后偏折角较小，因此折射率较小，是红光。

(二) 填空

1.（折叠光路）（转折光路）（平面反射镜）

2.（1.557）

3.（平面反射镜）（微小角度或微小位移）（双光楔旋转测微）（双光楔移动测微）

4.（光学晶体）（光学塑料）（折射率）（阿贝常数）

5.（右手）（虚）

(三) 问答或画图

1*. 图a像点位于物镜像方焦平面上轴外一点，不动；图b像点位于物镜像方焦平面上，往复直线运动；图c像点位于物镜像方焦点处，不动。【提示】入射到光楔上的光线都会向着光楔底的方向偏折，偏折后光线经透镜成像在透镜焦平面上一点。图b情况，两光楔等速相对转动时，像面上像点的运动轨迹等于两个光楔分别作用产生像点位移的矢量和。迎着光线观察，建立坐标如图3-33所示，设两棱镜的初始位置重合于y轴，相对转过角度大小为θ，光楔P_1、P_2分别作用产生的位移为$\vec{S}_1$，$\vec{S}_2$，其和位移为$\vec{S}$，像点位置为A。可见在$0\leqslant\theta\leqslant360°$范围内（两光楔等速相对转动一周），像点在$y$轴上往复运动1次。

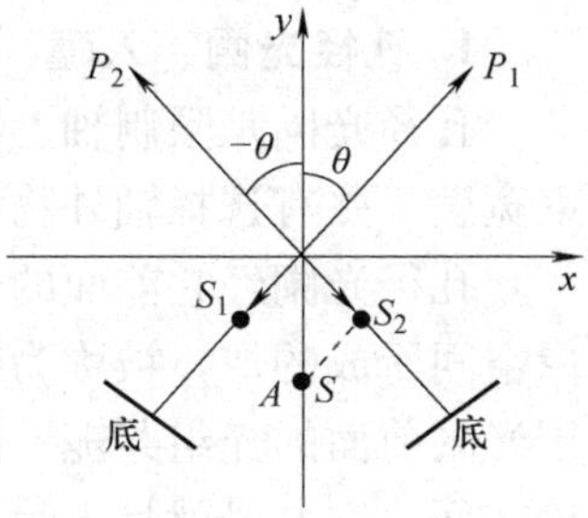

图 3-33

2. 图略

3*. 五角屋脊棱镜。【提示】经过物镜后坐标系为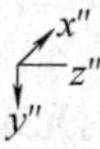，再经过反射镜后坐标系变为，它与最终出射像比较发现，经过未知元件后，垂直主截面分量（x）改变方向，说明有屋脊存在，右手坐标转换为左手坐标，说明经过奇数次反射作用（其中屋脊面算2次反射），同时使出射光轴方向旋转90°，综合以上作用即可确定未知元件为五角屋脊棱镜。

(四) 计算

1. 最远点6m，最近点1m

2. 119.75cm

3. 入射角35°

4. 证明略

5. 12°

6. $\delta_m=38.9°$，$I_1=49.5°$

7. 1.67；$\delta_m=11°3'23''$

第四章　光学系统中的光束限制

一、学习要求

通过对本章的学习，应掌握孔径光阑、入射光瞳（入瞳）、出射光瞳（出瞳）、视场光阑、入射窗（入窗）、出射窗（出窗）、孔径角、视场角、渐晕和渐晕系数等基本概念；明确孔径光阑、视场光阑和渐晕光阑的作用和关系；掌握照相系统、望远系统和显微系统中光束限制情况；明确物方远心光路和场镜的定义和作用；明确光学系统景深的概念、公式和影响因素。

二、重点内容

1. 孔径光阑、入瞳、出瞳和孔径角

孔径光阑是限制轴上物点成像光束立体角（孔径角）大小，或者说限制轴上物点成像光束宽度、并有选择轴外物点成像光束位置作用的光阑。

孔径光阑经它前面的光组在物空间所成的像，被称为入瞳。孔径光阑经它后面的光组在像空间所成的像，被称为出瞳，因此入瞳和出瞳关于整个光学系统共轭。入瞳和孔径光阑关于光阑前面的光组共轭；出瞳和孔径光阑关于光阑后面的光组共轭。若孔径光阑位于系统的最前面，它本身就是入瞳；若孔径光阑位于系统的最后面，它本身就是出瞳。

物方孔径角是轴上物点对入瞳边缘的连线与光轴的夹角；像方孔径角是轴上像点对出瞳边缘的连线与光轴的夹角。当物（像）位于无限远时，物（像）方孔径角为 0。

孔径光阑、入瞳、出瞳和孔径角的关系如图 4-1 所示。

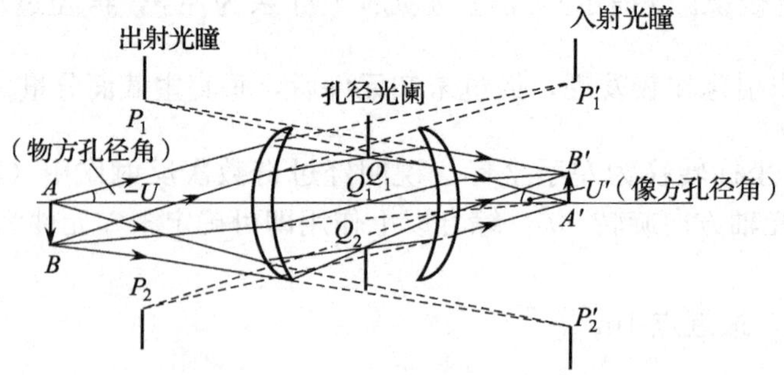

图 4-1　孔径光阑、入瞳、出瞳和孔径角的关系

2. 视场光阑、入窗、出窗和视场角

视场光阑是限定物平面上或物空间中成像范围的光阑。

视场光阑经它前面的光组在物空间所成的像称为入窗；视场光阑经它后面的光组在像空间所成的像称为出窗，因此入窗和出窗关于整个光学系统共轭。入窗和视场光阑关于光阑前

面光组共轭；出窗和视场光阑关于光阑后面光组共轭。若视场光阑位于系统的最前面，它本身就是入窗；若视场光阑位于系统的最后面，它本身就是出窗。

光学系统的视场根据物所在的位置通常有两种表示方法：当物体位于无限远或准无限远时，其视场用视场角表示，如望远系统或照相系统等；当物位于有限距离时，常用物高表示视场大小，称为线视场，如显微系统。

物方视场角是入瞳中心对入射窗边缘的张角；像方视场角是出瞳中心对出射窗边缘的张角。由物（像）方视场角确定的物（像）面边缘点的渐晕系数刚好为50%。

视场光阑、入窗、出窗和视场角的关系如图4-2所示。系统由透镜L_1和L_2组成，其中L_2是系统的视场光阑和出窗，孔径光阑位于L_1和L_2之间，其对应的入瞳和出瞳中心分别是P和P'，根据定义可找到物、像方视场角ω和ω'。

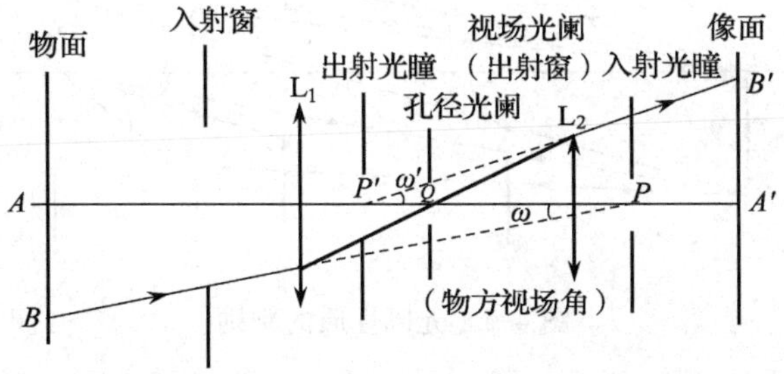

图4-2　视场光阑、入窗、出窗和视场角的关系

3. 渐晕、渐晕系数和渐晕光阑

轴外点发出的充满入瞳的光束被光学系统中的其他光孔或框所遮拦，造成轴外点实际成像光束的宽度比轴上点窄，像面边缘比中心暗的现象被称为渐晕。

渐晕的程度用渐晕系数度量。轴外点成像光束与轴上点成像光束在光瞳面上的线度之比，称为渐晕系数。渐晕系数的范围为0～1，一般情况下，光学系统的渐晕系数$K=0.5$是可以接受的。

在光学系统中起渐晕作用的光阑即为渐晕光阑。图4-3表示了物面上的渐晕情况，由物面上B_1点发出的充满入瞳的光束$P_1B_1P_2$全部能够通过入窗M_1M_2参与成像，因此$2AB_1$范围内的物点成像时，渐晕系数$K=1$；物面上B_2点发出的充满入瞳的光束$P_1B_2P_2$有一半被入窗M_1M_2所遮拦不能参与成像，因此B_2的渐晕系数$K=0.5$；物面上B_3点发出的充满入瞳的光束$P_1B_3P_2$全部被入窗M_1M_2所遮拦不能参与成像，因此B_3的渐晕系数$K=0$。显然图中入射窗所对应的视场光阑同时也是渐晕光阑。

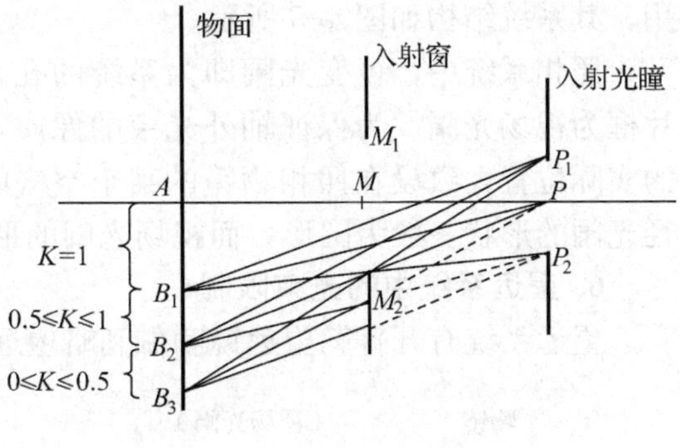

图4-3　物平面上的渐晕

4. 光学系统中光阑性质的判别

任何一个光学系统至少有一个孔径光阑和一个视场光阑，但可能有多个渐晕光阑。系统中光阑的判别步骤如图4-4所示：

1）首先将光学系统中所有的光孔或框在物空间成像，求出其大小和位置。

2）由轴上物点（A）向各光孔或框在物空间的像（P_1、P_2、P_3 和 P_4）的边缘张角，张角最小的（P_4）即为入瞳，与之对应的实际光孔或框就是孔径光阑。

3）由入瞳的中心（M）向其余光孔或框在物空间的像（P_1、P_2 和 P_3）的边缘张角，张角最小的（P_1）即为入窗，与之对应的实际光孔或框就是视场光阑。

4）由物的边缘（B）向入瞳（P_4）的边缘张角，与起拦光作用的光孔或框在物空间的像（P_1、P_2）相对应的实际光孔或框就是渐晕光阑。

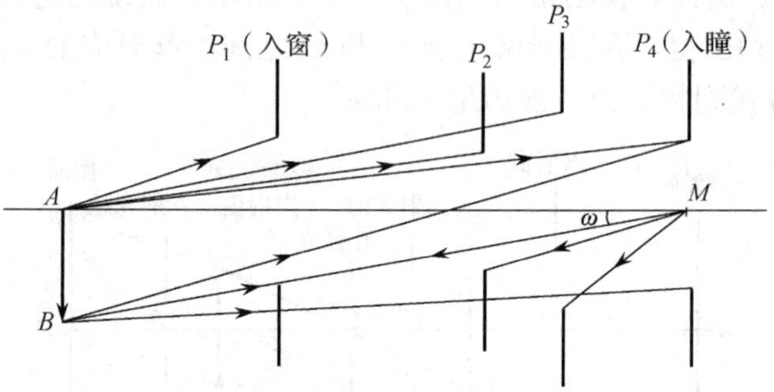

图 4-4　光阑性质的判别

根据几何光学中的物像共轭性质，也可将光学系统中所有的光孔或框在像空间成像，求出其大小和位置，再按上述方法在像空间判断光阑性质。

光学系统中，光阑的性质有可能随着物距（或像距）的改变而变化，所以考虑光阑的性质时一定要结合具体的光学系统和应用条件。这一点可参照例 4-2 和例 4-3 加深理解。

5. 照相系统中的光束限制

照相系统主要由照相物镜、可变光阑和感光底片三部分组成。照相物镜将景物成像在感光底片上，可变光阑起到调节光能量以适应外界不同照明条件的作用。其系统结构如图 4-5 所示。

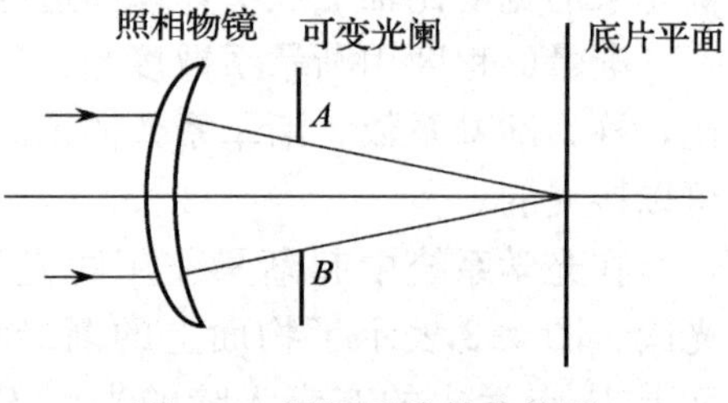

图 4-5　照相系统结构简图

照相系统中，可变光阑即为系统的孔径光阑，底片框为视场光阑。为保证轴外光束的像质，可变光阑的实际位置大致设在照相物镜的某个空气间隔中。孔径光阑的形状一般为圆形，而视场光阑的形状为圆形或矩形等。

6. 望远系统中的光束限制

望远系统有开普勒望远镜和伽利略望远镜两种型式，分别如图 4-6 和图 4-7 所示。

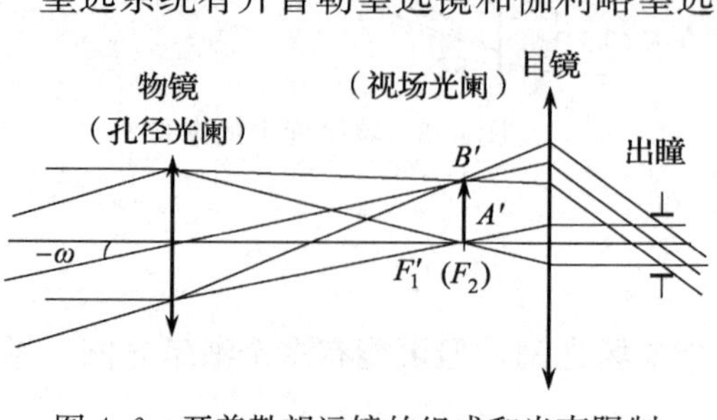

图 4-6　开普勒望远镜的组成和光束限制

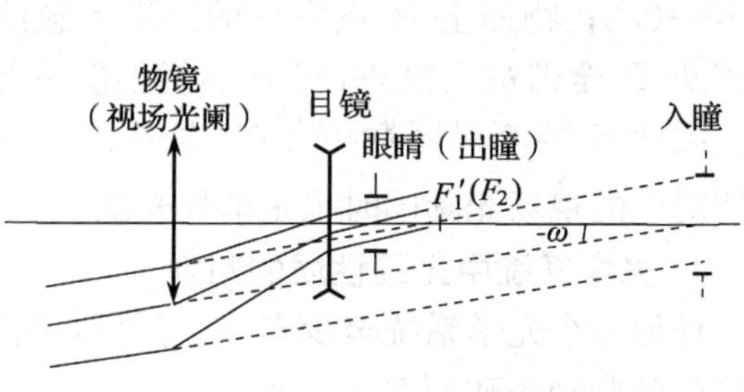

图 4-7　伽利略望远镜的组成和光束限制

开普勒望远镜是由两个正透镜组组成的无焦系统，且物镜焦距大于目镜焦距。对无限远物体成倒立的像，机械筒长为两焦距之和。物镜框是系统的孔径光阑，置于一次实像面处的分划板是视场光阑，目镜往往是渐晕光阑，其大小影响轴外点成像的渐晕系数。

伽利略望远镜是由 1 个正透镜组和 1 个负透镜组组成的无焦系统，无一次实像面，对无限远物体成正立的像，机械筒长为两焦距之差，机械尺寸较小。伽利略望远镜一般以人眼作为孔径光阑，同时又是望远镜的出瞳。物镜框为视场光阑，同时又是望远镜的入窗。由于系统的视场光阑不与物面（或像面）重合，因此对大视场一般存在渐晕。

7. 显微系统中的光束限制和物方远心光路

显微系统由两个正透镜组组成，其光学结构特点是：物镜和目镜焦距都较小；光学间隔 Δ 很大。

显微系统按照使用条件的不同有如下两种光束限制情况，解题时应首先给予区分。

1）生物显微镜或称一般显微镜：光束限制情况如图 4-8 所示。物镜框是系统的孔径光阑，置于一次实像面处的分划板是视场光阑，目镜往往是渐晕光阑，其大小影响轴外点成像的渐晕系数。

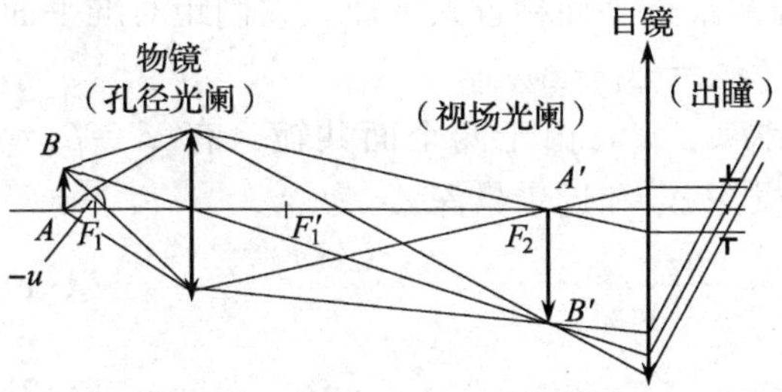

图 4-8　生物显微镜的光束限制

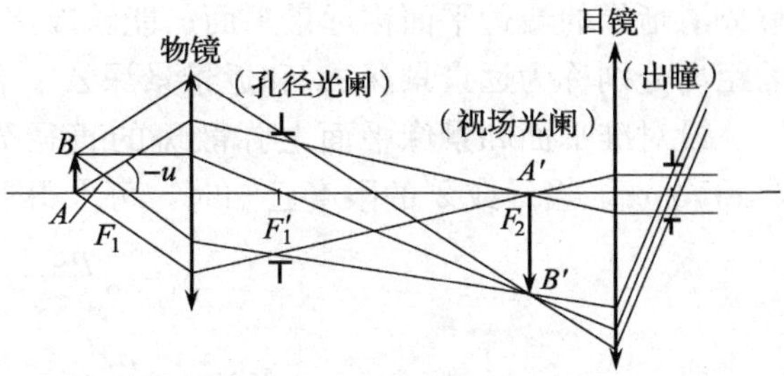

图 4-9　测量显微镜的光束限制

2）测量显微镜：光束限制情况如图 4-9 所示。系统的孔径光阑位于物镜的像方焦平面上，设在一次实像面处的分划板是视场光阑，物镜和目镜往往是渐晕光阑，其大小影响轴外点成像的渐晕系数。

当孔径光阑位于物镜的像方焦面上时，系统的入瞳位于物方无限远处，此时构成物方远心光路。测量显微镜采用物方远心光路可避免由于调焦不准造成的测量误差，其原理如图 4-10 所示。图 b 所示物方远心光路中，不论物位于何处，轴外点参与成像的主光线相同，所以其像投影在接收面上的弥散斑中心间隔不变，从而克服了调焦不准误差。而图 a 所示系统中由于物所处位置不同，接收器上测得的像高不等。

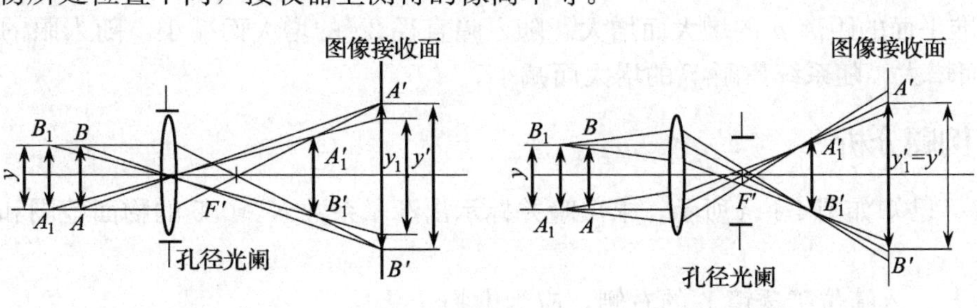

图 4-10　物方远心光路原理

8. 场镜及其在光学系统中的作用

光学系统中置于实像或实像面附近的透镜被称为场镜，它能够压缩入射光线在后续光组上的投射高度，从而减小后续光组的通光口径。

由于场镜所放置的特殊位置，它对成像不起作用，但对光瞳有影响，需要满足新的光瞳衔接要求。

光瞳衔接原则是：在多光组组合使用时，前一光组的出瞳或出窗要与后一光组的入瞳或入窗的位置重合、大小匹配，以避免产生光瞳切割现象。

9. 空间物成像和景深

许多光学系统能够把空间中的物成像在一个像平面上，称为平面上的空间像，如：望远镜和照相物镜系统等。成像时，与成像面（景像平面）共轭的物面称为对准平面。当光瞳大小一定时，对准平面外的空间物点以充满入瞳的光束进入光学系统成像，在景像平面上得到其对应空间像点沿主光线投影的弥散斑。由于光瞳位置的影响会导致空间物点成像的透视失真，随视场的变化，成像会产生景像畸变。

在景像平面上所获得的能够成清晰像的物空间深度称为成像空间的景深，简称景深。能够成清晰像的最远平面称远景平面；能够成清晰像的最近平面称近景平面。它们距对准平面的距离分别称为远景景深 Δ_1 和近景景深 Δ_2。故景深 $\Delta=\Delta_1+\Delta_2$。

设对准平面和景像平面上弥散斑的直径分别为 z、z'，由于两个面共轭，有 $z'=\beta z=(-f/x)z$。当 z 或 z' 的限度已知时，可求得远景景深 Δ_1 和近景景深 Δ_2 为

$$\Delta_1=\frac{pz}{2a-z},\ \Delta_2=\frac{pz}{2a+z} \tag{4-1}$$

或

$$\Delta_1=\frac{pz'}{2a|\beta|-z'},\ \Delta_2=\frac{pz'}{2a|\beta|+z'} \tag{4-2}$$

式中，p 为入瞳到对准平面的距离；$2a$ 为入瞳直径；β 为垂轴放大率。

显然远景景深 Δ_1 大于近景景深 Δ_2。当考虑目视系统中人眼观察时的极限分辨角 ε 和正确透视关系，可得到 $z=p\varepsilon$，则式（4-1）可表示为

$$\Delta_1=\frac{p^2\varepsilon}{2a-p\varepsilon},\ \Delta_2=\frac{p^2\varepsilon}{2a+p\varepsilon} \tag{4-3}$$

$$\Delta=\Delta_1+\Delta_2=\frac{4ap^2\varepsilon}{4a^2-p^2\varepsilon^2} \tag{4-4}$$

由式（4-1）～式（4-4）知：影响景深大小的因素有入瞳到对准平面的距离 p、入瞳直径 $2a$、人眼的极限分辨角 ε 和系统焦距 f'。若其他影响因素不变时，可得到以下关系：景深 Δ 随对准平面的距离 p 的增大而增大，随入瞳直径 $2a$ 的增大而减小，随人眼的极限分辨角 ε 增大而增大，随系统焦距 f' 的增大而减小。

三、例题分析

例 4-1 已知如图 4-11a 所示，求出瞳并标示出渐晕系数 $K\geqslant 0.5$ 的物面范围和此时的物方视场角。

【提示】 入瞳位于透镜 L 的右侧，应为虚物。

【解】 先根据物像关系，求出入瞳经过 L 所成的像，即出瞳。再连接入瞳中心和 L 的边缘，从而确定 $K=0.5$ 的视场角 2ω 和物面范围 AB，结果如图 4-11b 所示。

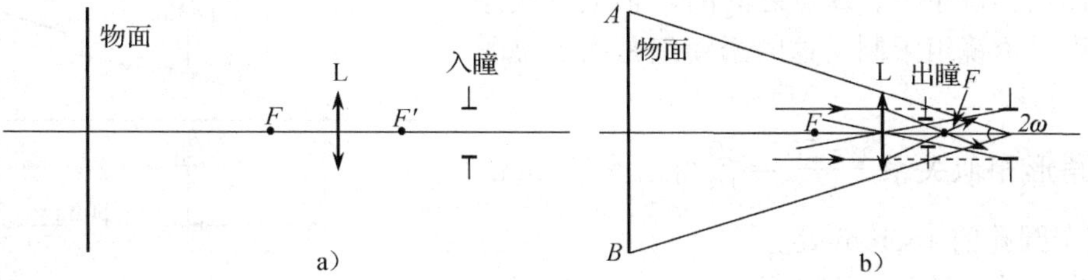

图 4-11　例 4-1 图

例 4-2　如图 4-12a 所示，一个由薄透镜 L_1 和 L_2 组成的光学系统置于空气中，透镜 L_1 和 L_2 的直径相等。F_1 是 L_1 的物方焦点，F'_2 是 L_2 的像方焦点，两透镜之间的距离 d 小于两个透镜的焦距。试用作图法讨论物在 P_1 和 P_2 位置时，系统的孔径光阑、入瞳及出瞳的位置。

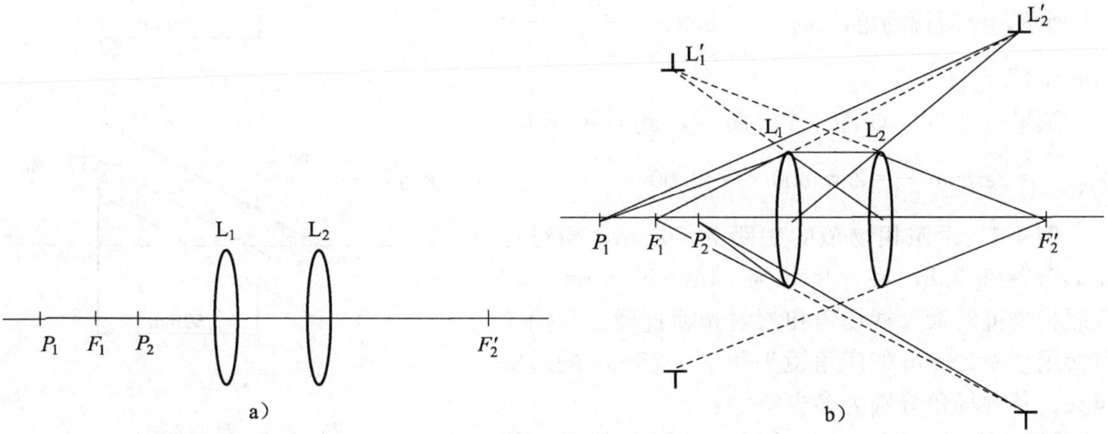

图 4-12　例 4-2 图

【提示】　根据“重点内容 4”判断光阑性质时，需要在同一物像空间内讨论。

【解】　先用作图法求出 L_2 通过 L_1 在物空间所成的像 L'_2 和 L_1 通过 L_2 在像空间所成的像 L'_1。由于 P_1 与 L_1 的张角小于 P_1 与 L'_2 的张角，故物在 P_1 位置时，系统的入瞳是透镜 L_1，孔径光阑也是 L_1、出瞳为 L'_1。物在 P_2 位置时，P_2 与 L_1 的张角大于 P_2 与 L'_2 的张角，故此时系统的入瞳为 L'_2，孔径光阑和出瞳为透镜 L_2。结果如图 4-12b 所示。

例 4-3　有一个 $f'=120$mm 的薄透镜组，通光口径为 40mm，在镜组前 50mm 处有一个直径为 30mm 的圆孔，问：

(1) 实物位于圆孔前什么范围时，圆孔为入瞳？处于圆孔前什么位置时，镜组本身是入瞳？

(2) 对 $l=-\infty$ 的物体，镜组无渐晕成像时的视场角为多少？渐晕一半时视场角又为多少？

【提示】　光学系统中，光阑的性质会随着物距的改变而变化，所以考虑光阑的性质时一定要结合具体的光学系统和应用条件，可根据“重点内容 4”判断入瞳。当考虑渐晕问题时，一定要先画出轴外物点发出的充满入瞳的整个光束。

【解】　(1) 如图 4-13a 所示，A 点为连接透镜组边缘和圆孔边缘光线与光轴的交点。显然当物位于 $-\infty$ 到 A 点之间时，轴上点成像光束的宽度受圆孔限制，这时圆孔是该系统的入瞳；而当物位于 A、B 点之间时，轴上点成像光束的宽度受透镜组限制，这时透镜组是该系统的入瞳。

由三角形相似关系 $\dfrac{x+50}{x}=\dfrac{20}{15}$ 得 $x=150\text{mm}$，即 A 点位于圆孔前 150mm 处。

所以当物体位于 $-\infty$ 到圆孔前 150mm 范围内时，圆孔是入瞳；当物体位于 A 点到圆孔之间范围内时，透镜组是入瞳。

（2）当 $l=-\infty$ 时，圆孔是入瞳。镜组无渐晕成像，即充满入瞳的光束不能被镜组遮拦，如图 4-13b 所示，此时视场角，$2\omega_{K=1}=2\arctan\dfrac{(20-15)}{50}=2\arctan 0.1=11.42°$

渐晕一半时，如图 4-13c 所示，此时视场角，$2\omega_{K=0.5}=2\arctan\dfrac{20}{50}=2\arctan 0.4=43.60°$

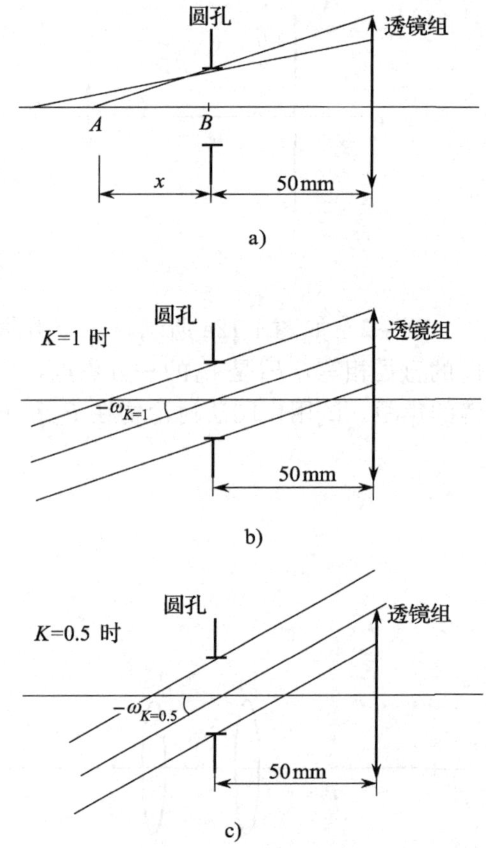

图 4-13　例 4-3 图

例 4-4　设照相物镜的焦距为 50mm，相对孔径 $D/f'=1/2.8$，底片尺寸为 24mm×36mm，求该照相物镜的最大视场角和入射光瞳直径。若拍照时换用 $f'=28\text{mm}$ 的广角镜头和 $f'=75\text{mm}$ 的远摄镜头，其视场角分别为多少？

【提示】　在照相系统中，底片平面是系统的视场光阑，其大小决定了系统的视场角。如图 4-14 所示，底片平面对角线尺寸的一半为 y'、焦距 f' 和最大视场角 ω_m 构成一个直角三角形，根据 $\tan\omega_m=y'/f'$ 可求得 ω_m。

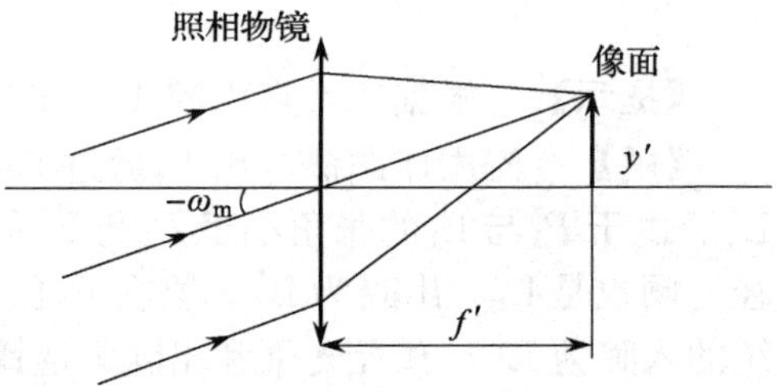

图 4-14　例 4-4 图

【解】　底片平面对角线尺寸 $d=\sqrt{24^2+36^2}\text{mm}=43.26\text{mm}$

$\tan\omega_m=\dfrac{43.26}{2\times 50}=0.4326$

所以视场角为 $2\omega_m=46.79°$

入射光瞳直径为 $D=\dfrac{1}{2.8}\times 50\text{mm}=17.857\text{mm}$

当 $f'=28\text{mm}$ 时，$2\omega_1=2\arctan\dfrac{43.26}{2\times 28}=2\arctan 0.7725=75.372°$

当 $f'=75\text{mm}$ 时，$2\omega_2=2\arctan\dfrac{43.26}{2\times 75}=2\arctan 0.2884=32.175°$

例 4-5　若有一个生物显微镜，其目镜的焦距为 $f'=16.67\text{mm}$，物镜的垂轴放大率 $\beta=-4^{\times}$，显微镜物镜的物平面到像平面的距离为 180mm，求：

（1）物镜的焦距。

（2）在满足物方孔径角 $u=-8.6°$、物高 $2y=4\text{mm}$ 条件时物镜的通光口径。

（3）出瞳距和出瞳大小。

（4）当不发生渐晕现象、以及渐晕系数 $K=0.5$ 和 $K=0$ 时，应选择多大的目镜通光口径？

【解】（1）根据题意画出生物显微镜的成像关系和光束限制情况，并标注已知条件，如图 4-15 所示。

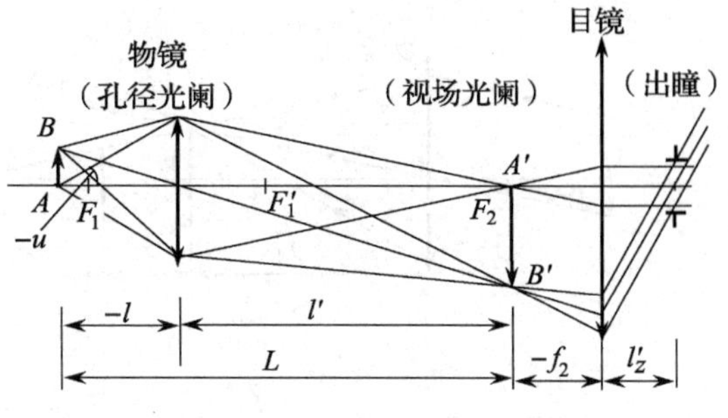

图 4-15　例 4-5 图

由题意知：$\begin{cases}\beta=\dfrac{l'}{l}=-4\\(-l)+l'=180\end{cases}$　解得 $\begin{cases}l=-36\text{mm}\\l'=144\text{mm}\end{cases}$

代入公式 $\dfrac{1}{l'}-\dfrac{1}{l}=\dfrac{1}{f'}$，得 $f'=28.8\text{mm}$

（2）在此情况下，物镜即为显微镜的孔径光阑

$D_{物}=2(-l)\tan(-u)=[2\times(-36)\times\tan(-8.6°)]\text{mm}=10.89\text{mm}$

（3）将 $l_z=-(l'+f_2')=-160.67\text{mm}$，$f_2'=16.67\text{mm}$ 代入公式 $\dfrac{1}{l'}-\dfrac{1}{l}=\dfrac{1}{f'}$ 求得出瞳距 $l_z'=18.6\text{mm}$

因为 $\dfrac{D'}{D_{物}}=\left|\dfrac{l_z'}{l_z}\right|$，故出瞳大小 $D'=\left(\dfrac{18.6}{160.67}\times10.89\right)\text{mm}=1.26\text{mm}$

（4）设 B 点主光线在目镜上的投射高度为 h_z，则有

$|h_z|=\left|y\dfrac{l'-f_2}{l}\right|=\left(2\times\dfrac{160.67}{36}\right)\text{mm}=8.93\text{mm}$

当 $K=1$ 时，目镜的通光口径　$D_{目}=2\left(|h_z|+\dfrac{D'}{2}\right)=2\left(8.93+\dfrac{1.26}{2}\right)\text{mm}=19.12\text{mm}$

当 $K=0.5$ 时，目镜的通光口径　$D_{目}=2|h_z|=(2\times8.93)\ \text{mm}=17.86\text{mm}$

当 $K=0$ 时，目镜的通光口径　$D_{目}=2\left(|h_z|-\dfrac{D'}{2}\right)=2\left(8.93-\dfrac{1.26}{2}\right)\text{mm}=16.6\text{mm}$

例 4-6　在开普勒望远镜系统中，物镜焦距 $f_1'=108\text{mm}$，目镜焦距 $f_2'=18\text{mm}$，假定物镜的口径为 30mm，目镜的通光口径为 20mm，问该望远镜最大的极限视场角等于多少？渐晕系数 $K=0.5$ 的视场角等于多少？

【解】（1）望远镜系统光路如图 4-16 所示。在图 4-16a 中，光束以 ω_m 入射时，只有边缘一根光线通过目镜边缘，而其他所有光线均被目镜遮拦，此时得到最大的视场。

根据已知条件和三角形相似关系 $\dfrac{x}{108+18+x}=\dfrac{10}{15}$，解得 $x=252\text{mm}$

再根据三角形相似关系 $\dfrac{y}{15}=\dfrac{x+18}{x+18+108}=\dfrac{252+18}{252+18+108}$ 得 $y=10.7\text{mm}$

$2\omega_m=2\arctan\dfrac{y}{f_1'}=11.33°$

（2）渐晕系数 $K=0.5$ 时，光路如图 4-16b 所示。根据几何关系得到

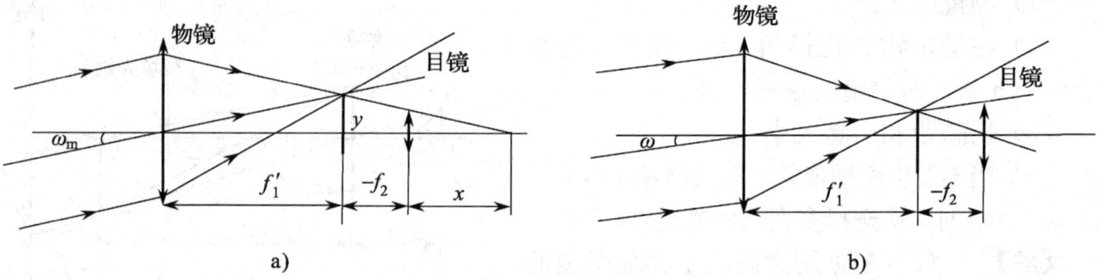

图 4-16　例 4-6 图

$$\tan\omega=\frac{\frac{1}{2}D_{目}}{f'_1+f'_2}=\frac{10}{108+18}=0.079365\quad 所以\ 2\omega=9°4'32''=9.08°$$

例 4-7　如果要求例 4-6 系统的出瞳离开目镜的距离为 15mm，求在物镜焦面上加入的场镜焦距。

【提示】　根据场镜对光瞳的衔接作用求解。

【解】　画出系统组成和光瞳衔接关系，如图 4-17 所示。物镜经过场镜成像，再经过目镜成像，与出瞳位置重合。

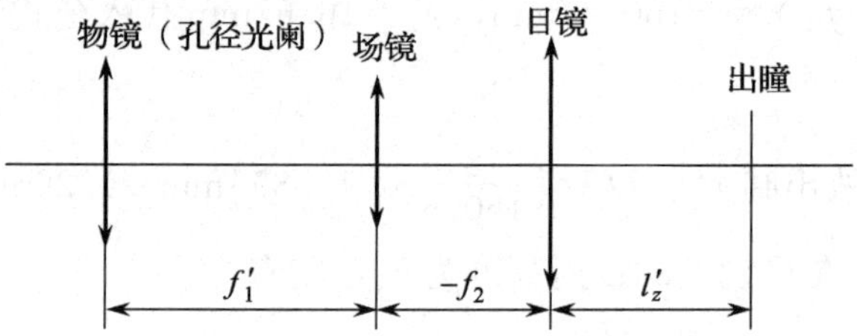

图 4-17　例 4-7 图

先求出瞳经目镜成像的共轭物，将 $l'_2=l'_z=15\text{mm}$，$f'_{目}=18\text{mm}$ 代入公式 $\frac{1}{l'_2}-\frac{1}{l_2}=\frac{1}{f'_{目}}$ 可得 $l_2=90\text{mm}$

因为 $l_2=l'_1-d=l'_1-(-f_2)$，所以 $l'_1=l_2-f_2=(90+18)\ \text{mm}=108\text{mm}$

物镜（入瞳）经过场镜成像，物距为 $l_1=-f'_1=-108\text{mm}$，像距为 $l'_1=108\text{mm}$，代入公式 $\frac{1}{l'_1}-\frac{1}{l_1}=\frac{1}{f'_{场}}$，得 $f'_{场}=54\text{mm}$

例 4-8　现有一架照相机，其物镜焦距 $f'=75\text{mm}$，入射光瞳直径 $2a=10\text{mm}$，像平面上弥散斑直径的允许值 z' 为 0.1mm，如果要使对准平面以后的整个物空间都能在景像平面上成清晰的像，即远景深度 $\Delta_1=\infty$，对准平面应位于何处？

【解】　由远景深度公式 $\Delta_1=p-p_1=\frac{pz}{2a-z}=\frac{pz'}{2a|\beta|-z'}$，当 $\Delta_1=\infty$ 时，分母 $2a|\beta|-z'=0$。故对准平面的放大率 $|\beta|=\frac{z'}{2a}=\frac{0.1}{10}=0.01$

照相机一般是成倒像，β 应为负值，对准平面的焦物距 x 为

$$x=-\frac{f}{\beta}=-\frac{-75}{-0.01}\text{mm}=-7500\text{mm}$$

则对准平面位置 p 为

$$p=x+f=(-7500-75)\text{mm}=-7575\text{mm}=-7.575\text{m}$$

四、自测练习

（一）多重选择（答案可能不止 1 个）

1. 光学系统中与孔径光阑共轭的是

①视场光阑　　②像平面

③出射光瞳　　④出射窗

2. 在光学系统中，有共轭关系的是

①入瞳和出瞳　　②入窗和出窗

③物方主点和像方主点　　④物方焦点和像方焦点

3. 在光学系统中，有共轭关系的光线是：

①经过物方主点和经过像方主点的光线。

②经过物方节点和经过像方节点且相互平行光线。

③经过物方焦点和经过像方焦点的光线。

④经过入瞳上边缘和经过出瞳上边缘的光线。

4. 与理想光学系统相比，实际光学系统的成像光束口径和成像范围都受到限制，多数系统存在渐晕现象。

①渐晕是由于孔径光阑的拦光作用而产生的。

②渐晕使成像平面的照度不均匀。

③轴外点成像光束的宽度不只与孔径光阑有关，而且和渐晕光阑有关。

④孔径光阑的位置影响轴上点成像光束的选择。

5. 物方远心光路具有下列属性：

①物方主光线通过物方焦点。　　②像方主光线通过像方焦点。

③物方主光线平行于光轴。　　④像方主光线平行于光轴。

6. 在生物显微镜系统中加入场镜后，将会出现下列哪种情况？

①系统的放大率不变。

②出瞳距变大。

③在保证相同渐晕系数的情况下，目镜的通光口径变小。

④在保证相同渐晕系数的情况下，物镜的通光口径变小。

7*. 在显微系统中加入不同焦距的场镜后，会给系统带来如下影响：

①场镜的焦距越短，在保证相同渐晕系数的情况下，目镜的通光口径会越小。

②场镜的焦距越短，在保证相同渐晕系数的情况下，物镜的通光口径会越小。

③场镜的焦距越短，出瞳尺寸会越大。

④场镜的焦距越短，系统的放大率会越大。

8*. 在望远系统中加入场镜后，与原系统相比不变的量是：

①像方视场角　　②视觉放大率 Γ

③出瞳距　　④出瞳的大小

（二）填空

1. 限制轴上物点成像光束宽度的光阑是（　　　　），而（　　　　）在其基础上进一步限制轴外物点的成像光束宽度。

2. 入瞳中心对入射窗边缘的张角是（　　　　），轴上像点对出瞳边缘的连线与光轴的夹角是（　　　　）。

3. 为减少测量误差，测量仪器一般采用（　　　　）光路。

4. 光学系统中置于实像或实像面附近的透镜被称为（　　　　）。

5. 测量显微镜的孔径光阑放置在（　　　　），视场光阑放置在（　　　　）；如果用1/2″的CCD接收图像并用14″的监视器观察图像，要求系统放大倍率为140倍，则显微物镜的放大倍率为（　　　　）。

6. 在带分划板的开普勒望远镜中，（　　　　）是孔径光阑，（　　　　）是视场光阑，若存在渐晕，则（　　　　）是渐晕光阑。

（三）画图或计算

1. 已知如图4-18所示，求入瞳位置及物体在无穷远处时系统的最大极限视场，标出物方视场角 ω_m。

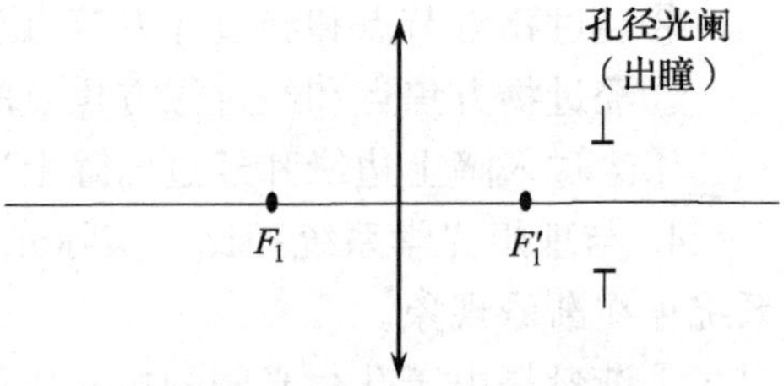

图4-18　画图题1图

2. 已知物点 A 离透镜的距离 $-l_1$ 为30mm，透镜的通光口径 D_1 为30mm，在透镜后10mm处有一个通光孔，其直径 D_2 为22mm，像点 A' 离透镜的距离 $l'_1=60$mm，试求这个系统的孔径光阑、入瞳和出瞳。

3. 有一个透镜焦距为100mm，其框直径 $D_2=40$mm，在它前面50mm处有一个通光孔，直径 D_1 为35mm。问物点在－500mm和－300mm时，是否都是由同一元件起孔径光阑作用？相应的入瞳和出瞳的位置和大小如何？

4. 相距50mm共轴放置的两个薄透镜 L_1 和 L_2，它们的焦距分别为90mm和30mm、直径分别为60mm和40mm，在两透镜之间距 L_2 20mm处放置一个直径为20mm的圆孔光阑。求该系统对 L_1 前120mm处轴上物点的孔径光阑、入瞳和出瞳的位置及大小。

5. 将一个焦距为40mm，直径为30mm的薄透镜做成放大镜，眼瞳放在透镜像方焦点上，眼瞳直径为4mm，物面放在透镜物方焦点上。试问：

（1）哪一个是孔径光阑，哪一个是视场光阑？

（2）入瞳在哪里？物方孔径角等于多少？

（3）入射窗在哪里？不发生渐晕时线视场等于多少？

6. 测量显微镜中目镜的焦距为 $f'_2=16.67$mm，物镜的垂轴放大率 $\beta=-4^{\times}$，物高 $2y=4$mm，物方孔径角 $u=-8.6°$。求物镜的通光口径和 $K=0.5$ 时目镜的通光口径需要多大（设显微镜物镜的物面到像面间的距离为180mm）？

7. 一开普勒天文望远镜的物镜焦距为1000mm，直径为50mm；目镜焦距为200mm，直径为20mm；两镜相距1200mm。今在物镜像方焦点处放置一直径为16mm的圆孔光阑。试求此光学系统的

（1）孔径光阑、入瞳和出瞳的位置及大小。

(2) 视场光阑、入窗和出窗的位置。

(3) 物方视场角和像方视场角。

8 *. 望远系统由焦距分别为 100mm 和 20mm 的两个正透镜构成，出瞳直径 $D'=5$mm，视场角 $2\omega=10°$。由于目镜口径的限制，轴外边缘视场的渐晕系数 $K_1=0.5$。为了消除渐晕，在一次实像面上加场镜，问场镜的焦距应为多大时才能在不增加目镜口径的情况下消除渐晕？

9. 现有一架照相机，其物镜 $f'=40$mm，像平面弥散斑直径的允许值 z' 为 0.02mm，现以常摄距离 $p=3$m 进行拍摄，相对孔径 D/f' 分别采用 1/3.5 和 1/22，试分别求其景深。

参考答案及提示

(一) 多重选择（答案可能不止 1 个）

1. ③　2. ①②③　3. ②　4. ②③　5. ②③　6. ①③

7 *. ① [提示] 场镜焦距均为正值，焦距越短对入射光的偏折作用越大，压低光线在后续光组上投射高度的能力越强。

8 *. ①②④ [提示] 因为 $\Gamma=\tan w'/\tan w=f'_a/f'_e=D/D'$，加入场镜后，$\Gamma$ 不变，故 D' 不变；出瞳距变小。

(二) 填空

1. (孔径光阑)(渐晕光阑)　2. (物方视场角)(像方孔径角)

3. (物方远心)　4. (场镜)

5. (物镜后焦平面上)(一次实像面处)(5 倍)　6. (物镜)(分划板)(目镜)

(三) 画图或计算

1. 题解图略。参照例 4-1，并注意比较两题的相同点和不同点。

2. D_2 是孔径光阑也是出瞳，D_2 在物空间的像为入瞳，位于透镜右侧 20mm 处。

3. (1) $l=-500$mm 时，光孔是孔径光阑也是入瞳，出瞳位于透镜左侧 100mm 处，其大小为 70mm；(2) $l=-300$mm 时，透镜框为孔径光阑，也是入瞳和出瞳。

4. 圆孔光阑为孔径光阑，入瞳位于 L_1 之右 45mm 处，其大小为 30mm；出瞳位于 L_2 之左 60mm 处，其大小为 60mm。

5. (1) 眼瞳是孔径光阑，透镜框是视场光阑；(2) 入瞳在物方无限远处，物方半孔径角：2.86°；(3) 透镜是入射窗，视场边缘无渐晕时，线视场直径为：26mm。

6. 14.89mm，18.3mm。参照例 4-5，并注意比较两题的相同点和不同点。

7. (1) 物镜框为孔径光阑和入瞳，出瞳位于目镜之右 240mm 处，其大小为 10mm。

(2) 圆孔光阑为视场光阑，入窗和出窗位于无限远处。

(3) $\omega=27'30''$，$\omega'=2°17'26''$

8 *. 70mm

9. 790.25mm，14474.52mm

第五章　光度学和色度学基础

一、学习要求

通过对本章的学习，应掌握光度学中辐射量和光学量的定义、单位及两者之间的关系；明确光传播过程中光学量的变化规律，包括：点光源、面光源在距离为 r 的表面上形成的照度，单一介质元光管内光亮度的传递，光束经界面反射和折射后的亮度，以及余弦辐射体的定义与性质；掌握成像系统像面的光照度及光通过光学系统时的能量损失计算；掌握颜色的分类及其表观特征；了解颜色混合、颜色匹配的定义及相关定律和方法；了解色度学中的基本概念及 CIE 标准色度学系统相关知识。

二、重点内容

1. 辐射量、光学量及其相互关系

可见光可以用辐射量和光学量两种量值体系描述。前者用于将可见光作为纯物理量研究的场合，而后者用于研究与人的视觉相关的问题。辐射量、光学量的定义、公式和单位分别见表 5-1 和表 5-2。

表 5-1　辐射量

名　称	定　义	公　式	单　位
辐射能 Q_e	以电磁辐射形式发射、传输或接收的能量		焦耳 J
辐通量 ϕ_e	单位时间内发射、传输或接收的辐射能	$\phi_e=\frac{dQ_e}{dt}$	瓦 W
辐出度 M_e	辐射源单位面积发出的辐通量	$M_e=\frac{d\phi_e}{ds}$	瓦/平方米 W/m^2
辐照度 E_e	辐射照射面单位面积接收的辐通量	$E_e=\frac{d\phi_e}{dA}$	瓦/平方米 W/m^2
辐强度 I_e	点辐射源向各方向发辐射，在某一方向上单位立体角内发出的辐通量	$I_e=\frac{d\phi_e}{d\Omega}$	瓦/球面度 W/sr
辐亮度 L_e	单位面积的辐射源，在某一方向上单位立体角内发出的辐通量	$L_e=\frac{d\phi_e}{\cos\theta dA d\Omega}$	瓦/（球面度・平方米） W/（sr・m^2）

注：1. 一个锥面所围成的空间部分称为“立体角”。立体角的大小等于以圆锥体的顶点为球心，球面被锥面所截得的面积与球面半径二次方的比值。单位为球面度（sr）。故球对应的立体角 $\Omega=4\pi sr$，半球对应的立体角 $\Omega=2\pi sr$。

2. 体系中辐射能 Q_e 和辐通量 ϕ_e 可用于描述辐射源（或接收面）的辐射（或接收）能量和功率；辐出度 M_e 、辐强度 I_e 和辐亮度 L_e 可分别表征面辐射源、点辐射源和有限尺寸辐射源的辐射属性；辐照度 E_e 用于表征接收面上的情况。

3. 辐射量体系适用于所有的光辐射。

表 5-2　光学量

名　称	定　义	公　式	单　位
光通量 ϕ_ν	可见光对人眼的视觉刺激程度		流明 lm
光出度 M_ν	光源单位面积发出的光通量	$M_\nu=\dfrac{\mathrm{d}\phi_\nu}{\mathrm{d}s}$	流明/平方米 $\mathrm{lm/m^2}$
光照度 E_ν	单位受照面积接收的光通量	$E_\nu=\dfrac{\mathrm{d}\phi_\nu}{\mathrm{d}A}$	勒克斯 lx $1\mathrm{lx}=1\mathrm{lm/m^2}$
发光强度 I_ν	点光源向各方向发出可见光，在某一方向上单位立体角内发出的光通量	$I_\nu=\dfrac{\mathrm{d}\phi_\nu}{\mathrm{d}\Omega}$	坎德拉 cd
光亮度 L_ν	单位面积的光源，在某一方向上单位立体角内发出的光通量	$L_\nu=\dfrac{\mathrm{d}\phi_\nu}{\cos\theta\mathrm{d}A\mathrm{d}\Omega}$	坎德拉/平方米 $\mathrm{cd/m^2}$

注：光通量 ϕ_ν 可用于描述光源（或接收面）发出的（或接收）对人眼的刺激；光出度 M_ν、发光强度 I_ν 和光亮度 L_ν 可分别表征面光源、点光源和有限尺寸光源的发光属性；光照度 E_ν 用于表征接收面上的情况。

光度学度量体系中发光强度为光学基本量，其单位坎德拉的定义为：一个光源发出频率为 540×10^{12} Hz 的单色光，在一定方向的辐射强度是 1/683W/sr 时，则此光源在该方向上的发光强度为 1 坎德拉。

光谱光效率函数是人眼对不同波长光响应的灵敏度函数，分为明视觉和暗视觉 2 种情况（分别用 $V(\lambda)$ 和 $V'(\lambda)$ 表示）。光谱光效率函数将光学量和辐射量联系在一起，其表达式为

明视觉条件下
$$\mathrm{d}\phi_\nu(\lambda)=K_m V(\lambda)\phi_e(\lambda)\mathrm{d}\lambda \tag{5-1}$$

暗视觉条件下
$$\mathrm{d}\phi_\nu(\lambda)=K'_m V'(\lambda)\phi_e(\lambda)\mathrm{d}\lambda \tag{5-2}$$

式中，$K_m=683\ \mathrm{lm/W}$ 为明视觉条件下波长 $\lambda=5.55\times10^{-7}$ m、$V(\lambda)=1$ 单色光的绝对光谱光效率值；$K'_m=1755\ \mathrm{lm/W}$ 为暗视觉条件下波长 $\lambda=5.07\times10^{-7}$ m、$V'(\lambda)=1$ 单色光的绝对光谱光效率值。对于整个可见辐射范围内的总光通量 $\phi_v(\lambda)$，可由式（5-1）和式（5-2）在整个可见光光谱范围内积分得到。

2. 光传播过程中光学量的变化规律

（1）点光源在距离为 r 的表面上形成的照度　点光源在被照面上形成的照度与光源到被照面距离的二次方成反比，此即照度平方反比定律。其表达式为

$$E=\frac{I}{r^2}\cos\theta \tag{5-3}$$

式中，I 为光源的发光强度；r 为光源到被照面的距离；θ 为被照面法线与光源、被照面中心连线的夹角。

（2）面光源在距离为 r 的表面上形成的照度　面光源在距离为 r 的表面上形成的照度与光源的亮度 L、面积 $\mathrm{d}A_s$、以及两个表面的法线分别与 r 的夹角 θ_1、θ_2 的余弦成正比，与距离 r 的二次方成反比。其表达式为

$$E=\frac{\mathrm{d}\phi}{\mathrm{d}A}=\frac{L\mathrm{d}A_s\cos\theta_1\cos\theta_2}{r^2} \tag{5-4}$$

（3）单一介质元光管内光亮度的传递　两个面积很小的截面构成的直纹曲面包围的空间

被称为元光管。光在元光管内传播，各截面上的光亮度相等。

（4）光束经界面反射和折射后的亮度　一光束投射到两透明介质的分界面时，会形成反射和透射两路光，光束的方向分别由反射定律和折射定律确定，两束光的亮度可表示为

反射光
$$L_1 = \rho L \tag{5-5}$$

透射光
$$L' = (1-\rho)L\frac{n'^2}{n^2} \tag{5-6}$$

式中，L 为入射光束亮度；ρ 为界面反射比；n 和 n' 为两种介质的折射率。当 $\rho = 0$ 时，式（5-6）可表示为 $\frac{L'}{n'^2} = \frac{L}{n^2}$，表明光束经理想折射后，光亮度将产生变化，但 $\frac{L}{n^2}$ 值保持不变。

（5）余弦辐射体　任意 θ 角方向上，发光强度 $I_\theta = I_N\cos\theta$ 的发光表面为余弦辐射体。漫透射体与漫反射体均可以视为余弦辐射体。余弦辐射体在各个方向上的光亮度相同，它向平面孔径角为 U 的立体角范围内发出的光通量为

$$\phi = L\mathrm{d}A\int_{\varphi=0}^{\varphi=2\pi}\int_{\theta=0}^{\theta=U}\sin\theta\cos\theta\mathrm{d}\theta\mathrm{d}\varphi = \pi L\mathrm{d}A\sin^2 U \tag{5-7}$$

当 $U = \frac{\pi}{2}$ 时，可得余弦辐射体向 2 π 立体角（半球）空间发出的总光通量 $\phi = \pi L\mathrm{d}A = \pi I_N$。

3. 成像系统像面的光照度

成像系统像面轴上点的照度除与光源的亮度 L 和系统的透过率 τ 有关外，还与系统像方孔径角 U' 正弦的二次方成正比，与垂轴放大率 β 的二次方成反比。可表示为

$$E'_0 = \frac{1}{\beta^2}\tau\pi L\sin^2 U'$$

轴外像点的光照度随视场角的增大而降低，在物面亮度均匀的情况下，可表示为

$$E'_M = E'_0\cos^4\omega' \tag{5-8}$$

式中，E'_0 为像面轴上点照度；ω' 为像方视场角。

4. 光通过光学系统时的能量损失

光通过光学系统时，由于光在两透明介质界面上的反射、介质吸收和反射面的作用会造成光能损失。综合考虑 3 种因素，一个光学系统的出射光通量可以表示为

$$\phi = (1-\rho_1)^{N_1}(1-\rho_2)^{N_2}P_1^{\sum d_1}P_2^{\sum d_2}\cdots P_M^{\sum d_M}\rho^{N_3}\phi_0 \tag{5-9}$$

式中，ρ_1、ρ_2 分别为空气-冕牌玻璃和空气-火石玻璃界面的反射比；N_1、N_2 分别为空气-冕牌玻璃和空气-火石玻璃界面个数；P_1、P_2 …代表光学系统所用各种材料的透明率，代表光通过单位厚度为 1cm 介质层时出射光通量与入射光通量的比；$\sum d_1$、$\sum d_2$ …为相应材料制成元件中心厚度之和；ρ 为反射面的反射比；N_3 为反射面的个数；ϕ_0 为入射光通量。

系统的总透过率为

$$\tau = \frac{\phi}{\phi_0} = (1-\rho_1)^{N_1}(1-\rho_2)^{N_2}P_1^{\sum d_1}P_2^{\sum d_2}\cdots P_M^{\sum d_M}\rho^{N_3} \tag{5-10}$$

5. 颜色的分类及其表观特征

颜色是不同波长可见光辐射作用于人的视觉器官所产生的心理感受。可分为彩色和非彩色两大类，根据颜色形成的物理机制又可分为光源色、物体色和荧光色。

颜色有三种表观特征，即明度、色调和饱和度。明度表示颜色的明亮程度，色调用以区分不同颜色特征，饱和度表示颜色接近光谱色的程度。

6. 颜色混合

两种或几种颜色相互混合，形成不同于原色的新色。颜色混合方法有色光混合和色料混合两种。色光混合又称加色法混合，即将不同颜色的光直接混合。色料混合又称减色法混合，是从白光中去除某些颜色而形成新色。

格拉斯曼颜色混合定律只适用于色光混合，其内容包括：1）人的视觉只能分辨出颜色的明度、色调和饱和度变化；2）两种颜色混合，若一种颜色成分发生连续变化，混合色的外貌也发生连续变化；3）颜色外貌（明度、色调、饱和度）相同的光，在颜色混合中是等效的；4）混合色的亮度等于各色光亮度之和。

7. 颜色匹配

通过改变参加混色各颜色的量，使混合色与指定颜色达到视觉上相同的过程，称为颜色匹配，一般通过实验方法进行。

颜色匹配实验表明：1）红、绿、蓝三种颜色以不同的量值（有的可能是负值）相混合，可以匹配任何颜色；2）红、绿、蓝不是唯一能匹配出所有颜色的三原色。三种颜色只要其中的任一种都不能用其他两种颜色混合出来，就可以作为三原色匹配出所有的颜色。

8. 色度学中的基本概念及 CIE 标准色度学系统

颜色刺激：能够引起颜色知觉的可见辐射的辐通量称做颜色刺激。颜色刺激按波长的分布，称为颜色刺激函数。它是一个纯物理量。

三原色：能够匹配所有颜色的三种颜色。通常选用红（R）、绿（G）、蓝（B）为三原色。

三刺激值：在颜色匹配中，以一定数量的三原色完成某种颜色的匹配。匹配某种颜色所需的三原色的量称作该颜色的三刺激值。

色品：三刺激值各自在三刺激值总量中所占的比例，叫做颜色的色品。由定义可知：若某种颜色的三刺激值为 R、G 和 B，则其对应色品值（坐标）为

$$r=\frac{R}{R+G+B}\text{，}g=\frac{G}{R+G+B}\text{和}b=\frac{B}{R+G+B} \tag{5-11}$$

CIE 标准色度学系统：国际照明委员会（CIE）规定的颜色测量原理、基本数据和计算方法，称作 CIE 标准色度学系统。其核心是用三刺激值及其派生参数来表示颜色。为了统一测量条件，还对光源、照明条件和观察条件做了规定。CIE1931 标准色度学系统适用于小视场（$<4°$）情况下的颜色标定，它包括 1931CIE-RGB 和 1931CIE-XYZ 两个系统，分别选取了不同的三原色和对应三刺激值；CIE1964 被称为补充标准色度学系统，适用于 $4°\sim10°$ 视场使用。

色差：均匀颜色空间中两种颜色点之间的距离代表两种颜色的色差。在不同均匀颜色空间中颜色参数及色差计算公式见表 5-3。

表 5-3 颜色参数及色差计算公式

名 称	CIE1964 均匀颜色空间	CIE1976(L^* u^* v^*) 均匀颜色空间	CIE1976(L^* a^* b^*) 均匀颜色空间
颜色参数	明度指数 W^*、色度指数 U^* 和 V^* $\begin{cases} W^* = 25Y^{1/3} - 17, 1 \leqslant Y \leqslant 100 \\ U^* = 13W^*(u - u_0) \\ V^* = 13W^*(v - v_0) \end{cases}$ 式中 $\begin{cases} u = \dfrac{4X}{X + 15Y + 3Z}, \quad v = \dfrac{6Y}{X + 15Y + 3Z} \\ u_0 = \dfrac{4X_0}{X_0 + 15Y_0 + 3Z_0}, \quad v_0 = \dfrac{6Y_0}{X_0 + 15Y_0 + 3Z_0} \end{cases}$ X, Y, Z 和 X_0, Y_0, Z_0 分别为颜色和所用标准照明体的三刺激值	米制明度 L^*、米制色度 u^* 和 v^* $\begin{cases} L^* = 116(Y/Y_0)^{1/3} - 16, Y/Y_0 > 0.01 \\ u^* = 13L^*(u' - u'_0) \\ v^* = 13L^*(v' - v'_0) \end{cases}$ 式中 $\begin{cases} u' = \dfrac{4X}{X + 15Y + 3Z}, \quad v' = \dfrac{9Y}{X + 15Y + 3Z} \\ u'_0 = \dfrac{4X_0}{X_0 + 15Y_0 + 3Z_0}, \quad v'_0 = \dfrac{9Y_0}{X_0 + 15Y_0 + 3Z_0} \end{cases}$ X, Y, Z 为所测颜色的三刺激值，X_0, Y_0, Z_0 是 CIE 标准照明体照射在完全漫反射体上，反射到观察者眼中白色刺激的三刺激值，在标准光源 D_{65} 照明下，$X_0 = 95.045$，$Y_0 = 100$，$Z_0 = 108.892$	米制明度 L^*、米制色度 a^* 和 b^* $\begin{cases} L^* = 116(Y/Y_0)^{1/3} - 16, \quad Y/Y_0 > 0.01 \\ a^* = 500[(X/X_0)^{1/3} - (Y/Y_0)^{1/3}] \\ b^* = 200[(Y/Y_0)^{1/3} - (Z/Z_0)^{1/3}] \end{cases}$ X, Y, Z 为所测颜色的三刺激值，X_0, Y_0, Z_0 是 CIE 标准照明体照射在完全漫反射体上，反射到观察者眼中白色刺激的三刺激值，$Y_0 = 100$
色差 ΔE (NBS)	$\Delta E = \sqrt{(W_2^* - W_1^*)^2 + (U_2^* - U_1^*)^2 + (V_2^* - V_1^*)^2}$	$\Delta E = \sqrt{(L_2^* - L_1^*)^2 + (u_2^* - u_1^*)^2 + (v_2^* - v_1^*)^2}$	$\Delta E = \sqrt{(L_2^* - L_1^*)^2 + (a_2^* - a_1^*)^2 + (b_2^* - b_1^*)^2}$

三、例题分析

例 5-1 已知太阳的辐亮度等于 $2\times10^7\ \mathrm{W/sr\cdot m^2}$，太阳的半径等于 6.975×10^8 m，地球的半径为 6.371×10^6 m，太阳到地球的年平均距离为 1.496×10^{11} m，求太阳的辐射出射度、辐射强度、辐射通量以及地球接收到的辐射通量、地球大气层边缘的辐射照度。

【提示】 知识点：辐射量求解与换算。

【解】 太阳可假设为朗伯光源，则太阳的辐射出射度为

$$M_e=\pi L_e=6.2832\times10^7\ \mathrm{W/m^2}$$

假设太阳是一个均匀的发光体，则太阳的辐射通量为

$$\phi_e=4\pi R^2M_e=3.821\times10^{26}\ \mathrm{W}$$

太阳的辐射强度： $I_e=\dfrac{\phi_e}{4\pi}=3.041\times10^{25}\ \mathrm{W/sr}$

地球对太阳的立体角： $\Omega=\dfrac{\pi r^2}{L^2}=5.698\times10^{-9}\ \mathrm{sr}$

地球接收到太阳的辐射通量： $\phi_e=I_e\Omega=1.733\times10^{17}\ \mathrm{W}$

地球大气层边缘的辐照度： $E_e=\dfrac{I_e}{L^2}=1358.79\ \mathrm{W/m^2}$

例 5-2 一氦氖激光器，发射波长为 6.328×10^{-7}m 的激光束，辐通量为 5mW，光束的发散角为 1.0×10^{-3} rad，求此激光束的光通量及发光强度。又此激光器输出光束的截面（即放电毛细管的截面）直径为 1mm，求其光亮度。

【提示】 知识点：辐射量、光学量的求解与换算。

【解】 （1）激光束的光通量：$\Phi=K_mV(632.8)\Phi_e$

式中，

$$K_m=683\ \mathrm{lm/W},\ \Phi_e=0.005\ \mathrm{W}$$

查表

$$V(632.8)=0.2381$$

所以

$$\Phi=683\times0.2381\times0.005=0.813\ \mathrm{lm}$$

（2）激光束的发光强度： $I=\dfrac{\Phi}{\Omega}$

$$\Omega=\pi\left(\frac{\theta}{2}^2\right)=\frac{\pi}{4}\times(1\times10^{-3})^2=7.85\times10^{-7}\ \mathrm{sr}$$

所以

$$I=\frac{0.813}{7.85\times10^{-7}}\mathrm{cd}=1.03567\times10^6\ \mathrm{cd}$$

（3）激光束的亮度：$L=\dfrac{I}{A}$

$$A=\frac{1}{4}\pi d^2=7.85\times10^{-7}\mathrm{m^2}$$

所以 $L=\dfrac{1.03567\times10^6}{7.85\times10^{-7}}=1.32\times10^{12}\ \mathrm{cd/m^2}$

例 5-3 如图 5-1 所示，房间中有一高 0.8m 的书桌，其中心 O 距离吊灯在地面上的投影 1m，吊灯灯泡在各个方向发出均匀的光，总光通量为 1500lm，问吊灯距离地面多高时，书桌上的照度最大？照度是多少？

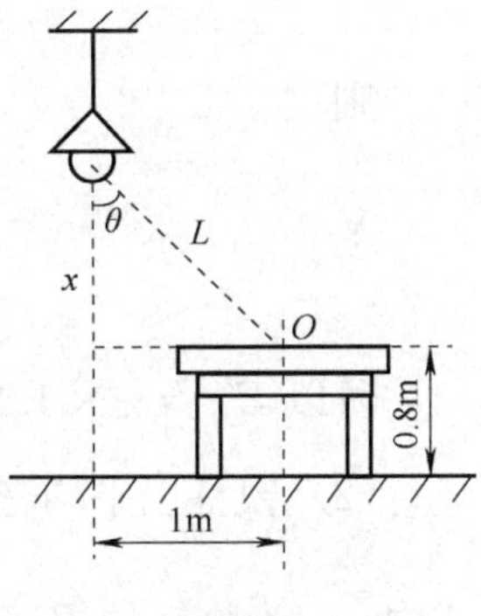

图 5-1 例 5-3 图

【提示】 知识点：照度平方反比定律。

【解】 光源均匀发光： $I=\frac{\varphi}{\Omega}=\frac{1500}{4\pi}=119.37\ \mathrm{cd}$

设灯到桌面的垂直距离为 x，则灯到 O 点的距离：$L=\sqrt{x^2+1}$

O 周围光照度为 $E=\frac{I\cos\theta}{L^2}=\frac{I}{1+x^2}\cdot\frac{x}{\sqrt{1+x^2}}=\frac{Ix}{(1+x^2)^{3/2}}$

令 $\mathrm{d}E/\mathrm{d}x=0$ 得：$1-2x^2=0$ ，$x=0.707\ \mathrm{m}$

代入得最大光照度值：$E_{\max}=45.94\ \mathrm{lx}$

例 5-4 * 用 250W 溴钨灯做 16mm 电影放映机的光源。光源的发光效率为 30lm/W，灯丝外形面积为 $5\times7\mathrm{mm}^2$，可以看作两面发光的余弦辐射体，系统光路如图 5-2 所示，灯丝成像在片门处，像的大小正好充满片门，尺寸为 $7\times10\mathrm{mm}^2$。灯泡后面有球面反光镜，使灯丝平均亮度提高 50%。银幕宽 4m，放映物镜的相对孔径为 1/1.8，系统的总透射比 $\tau=0.6$，求银幕的光照度。

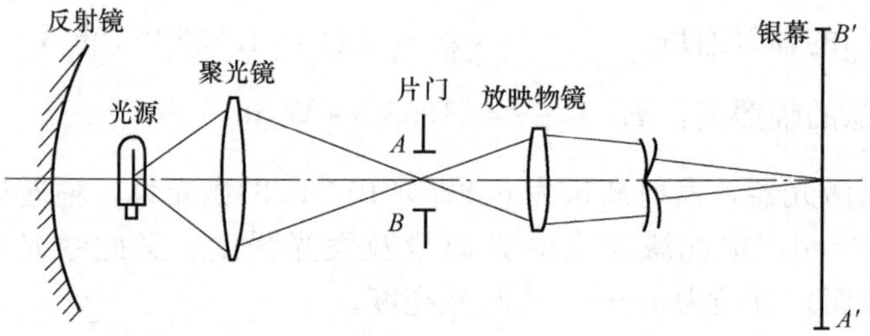

图 5-2 例 5-4 图

【提示】 知识点：成像系统的光照度。

【解】 (1) 片门处灯丝像的照度：$E_1'=\tau_1\pi L\sin^2U'$

式中，τ_1 为聚光镜的透过率。

光源亮度：
$$L=\frac{\Phi}{A\Omega}$$

式中，
$$\Phi=W\eta=250\times30\mathrm{lm}=7500\ \mathrm{lm}$$

光源按双面余弦辐射体考虑：
$$A=(0.005\times0.007)\times2\mathrm{m}^2=0.00007\mathrm{m}^2$$
$$\Omega=4\ \pi\mathrm{sr}$$

则
$$L=\frac{7500}{0.00007\times4\pi}=8526157.7\mathrm{cd/m}^2$$

又
$$2\tan U'=\frac{1}{1.8}$$
$$\sin U'=0.267644$$

所以 $E_1'=\pi\times1.5\times8526157.7\times(0.267644)^2\tau_1=2878124.104\tau_1\ \mathrm{lx}$

(2) 银幕上平均光照度： $E_2'=\frac{1}{\beta^2}\tau_2\pi L_1\sin^2U'$

式中，τ_2 为物镜的透过率，β 为物镜的放大率，$\beta=\frac{4}{10/1000}=400^{\times}$ ；L_1 为片门处灯丝像的亮

度，$L_1 = \dfrac{E_1{}'}{\pi \sin^2 U'}$

所以 $E_2' = \tau_2 E_1' \dfrac{1}{\beta^2} = 2878124.104\tau_1\tau_2 \times \dfrac{1}{400^2} = 10.79\ \mathrm{lx}$

例 5-5 *　一追光灯由椭球面反射镜、球面反射镜和透镜组成，如图 5-3a 所示。光源既位于椭球面反射镜的焦点 F_1 上，又与球面反射镜的球心重合。平凸透镜直径足够大，中心厚度为 50mm，采用透明率为 0.95 的工业玻璃材料制作，透镜的平面和凸面均镀增透膜将界面反射比降为 0.02。椭球面反射镜和球面反射镜镀介质膜，反射率为 0.99。灯泡发光方向如图 5-3b 所示（图中只画出子午面内上半部分发光方向分布），图中在 −60°～+60°内光亮度一样，在 −90°～−60°和 +60°～90°范围内不发光。试求灯具理论上的光能利用率。

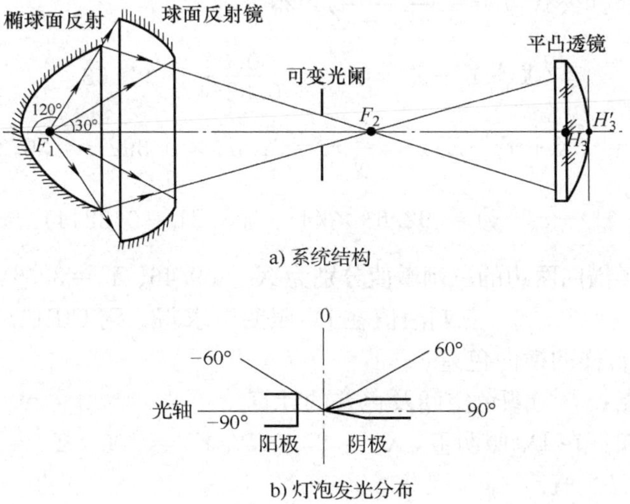

a) 系统结构

b) 灯泡发光分布

图 5-3　例 5-5 图

【提示】　知识点：光通过光学系统时的能量损失。球冠表面积公式 $A=2\pi RH$，R 为球半径，H 为球冠高度。

【解】　灯具不发光面积为 $A = 2\times 2\pi RH = 4\pi R(R - R\cos 30^\circ) = 0.536\pi R^2$，其对应的立体角为 $0.536\pi\mathrm{sr}$，

所以发光的立体角为　　$(4\pi - 0.536\pi)\mathrm{sr} = 3.464\pi\mathrm{sr}$

椭球面对应的立体角为　　$\Omega_1 = 4\pi \sin^2 \dfrac{U}{2} = 4\pi \sin^2 60^\circ \mathrm{sr} = 3\pi\mathrm{sr}$

发光立体角为椭球面对应立体角减去不发光立体角，即 $3\pi - 0.268\pi = 2.732\pi\mathrm{sr}$

占发光立体角的百分比为　　$\dfrac{2.732\pi}{3.464\pi} = 78.87\%$

同理，球面对应的立体角为

$$\Omega_2 = 4\pi\left(\sin^2 \frac{60^\circ}{2} - \sin^2 \frac{32^\circ}{2}\right) = 4\pi(0.25 - 0.07598) = 0.6961\,\pi\mathrm{sr}$$

占发光立体角的百分比为　　$\dfrac{0.6961\pi}{3.464\pi} = 20.10\%$

椭球面反射镜的光能利用率为

$$\eta_1 = 0.7887 \times \rho_1 \times (1-\rho_3)^2 \times P^{\Sigma d} = 0.7887 \times 0.99 \times 0.98^2 \times 0.95^5 = 0.58025$$

同理，球面反射镜的光能利用率为

$$\eta_2 = 0.2010 \times \rho_2 \times (1-\rho_3)^2 \times P^{\Sigma d} = 0.2010 \times 0.99^2 \times 0.98^2 \times 0.95^5 = 0.14640$$

总的光能利用率 $\eta = \eta_1 + \eta_2 = 0.58025 + 0.14640 = 0.72665$

【注意】 由于介质透明率的单位厚度为厘米，故光通过元件厚度之和 $\sum d$ 应换算成厘米计算。

例 5-6 已知某色样的色品坐标 $x=0.3921$，$y=0.3244$，Y 刺激值为 30.05，求色样的 X、Z 刺激值。

【提示】 知识点：三刺激值、色品的定义与换算。

【解】 由色品坐标公式 $y = \dfrac{Y}{X+Y+Z}$ 可得：

$$(X+Y+Z) = \frac{Y}{y} = \frac{30.05}{0.3244} = 92.63$$

所以

$$X = (X+Y+Z)x = \frac{Y}{y}x = 92.63 \times 0.3921 = 36.32$$

$$Z = \frac{Y}{y}(1-x-y) = 92.63 \times (1-0.3921-0.3244) = 26.26$$

例 5-7 测得布样横向两边的三刺激值分别为 $X_1=39.46$、$Y_1=30.64$、$Z_1=24.14$ 和 $X_2=36.32$、$Y_2=30.05$、$Z_2=26.26$，三刺激值在 D_{65} 照明下求得，用 CIE1976（$L^* a^* b^*$）均匀颜色空间色差公式计算布样的横向色差。

【提示】 知识点：均匀颜色空间及色差的计算。

【解】 查表可知：在 D_{65} 照明下，$X_0 = 95.045$，$Y_0 = 100$，$Z_0 = 108.892$

第一点的 $L_1^* a_1^* b_1^*$ 值：

$$L_1^* = 116\,(Y/Y_0)^{1/3} - 16 = 116 \times (30.64/100)^{1/3} - 16 = 62.20$$

$$a_1^* = 500[(X/X_0)^{1/3} - (Y/Y_0)^{1/3}] = 500 \times \left[\left(\frac{39.46}{95.045}\right)^{\frac{1}{3}} - \left(\frac{30.64}{100}\right)^{\frac{1}{3}}\right] = 35.92$$

$$b_1^* = 200[(Y/Y_0)^{1/3} - (Z/Z_0)^{1/3}] = 200 \times \left[\left(\frac{30.64}{100}\right)^{\frac{1}{3}} - \left(\frac{24.14}{108.892}\right)^{\frac{1}{3}}\right] = 13.79$$

第二点的 $L_2^* a_2^* b_2^*$ 值：

$$L_2^* = 116 \times (30.05/100)^{1/3} - 16 = 61.70$$

$$a_2^* = 500 \times [(\frac{36.32}{95.045})^{\frac{1}{3}} - (\frac{30.05}{100})^{\frac{1}{3}}] = 27.93$$

$$b_2^* = 200 \times [(\frac{30.05}{100})^{\frac{1}{3}} - (\frac{26.26}{108.892})^{\frac{1}{3}}] = 9.47$$

所以色差

$$\Delta E(L^* a^* b^*) = \sqrt{(L_2^* - L_1^*)^2 + (a_2^* - a_1^*)^2 + (b_2^* - b_1^*)^2}$$
$$= \sqrt{(61.70-62.20)^2 + (27.93-35.92)^2 + (9.47-13.79)^2} = 9.1$$

四、自测练习

（一）填空

1. 光通过光学系统的能量损失包括光在两透明介质界面上的损失、（　　　　　）和

（　　　　　　　）损失。

2. 发光强度的单位是（　　　　　），光照度的单位是（　　　　　）。

3. 点光源 S 在面元 dA 上产生的照度与光源的（　　　　　）成正比，与（　　　　　）成反比，并且与面元相对于光束的倾角有关。

4. 发光强度空间分布可用式 $I_\theta = I_N\cos\theta$ 表示的发光表面为（　　　）体，它的特点是各方向的（　　）相同。

5. 颜色的三属性分别是（　　　）、（　　　）和（　　　），利用这三个属性可以定性和定量地描述任何一个颜色，如果在一个颜料中加入白色或黑色颜料，可以改变该颜色的（　　）和（　　　）属性。

6. 一个发光球面，各方向发光强度均为 I_0，则其发射出的总光通量为（　　）。

7. 地球半径为 6.371×10^6 m，到太阳的平均距离为 1.496×10^{11} m，则地球对太阳的立体角为（　　）球面度。

8. 已知一个钨丝灯泡在空间均匀发光，其辐射光通量为 900lm，则其发光强度为（　　）。

9. 已知一发光体在空间均匀发出波长为 600nm 的单色光，光谱光效率函数 $V(600)=0.631$，测得某一方向上的辐射强度为 0.1W/sr，则该发光体的总辐通量为（　　），光通量为（　　　），在此方向上的发光强度为（　　）。

10. 一均匀磨砂球形灯，直径为 170mm，发光光通量为 2000lm，则该灯的发光强度为（　　），光亮度为（　　　）。

（二）计算

1. 一束波长为 4.6×10^{-7} m 的蓝光，光通量为 620lm，相应的辐通量是多少？如果投射在一个屏幕上，屏幕 1min 所接收的辐射能是多少？（已知 $V(460)=0.06$）

2. 一房间长 5m，宽 3m，高 3m。设有一灯泡悬挂在天花板中心离地面 2.5m 处照射房间，其发光强度为 60cd，求：(1) 在灯正下方地板上的光照度为多少？(2) 在房间角落地板上的光照度为多少？

3*. 如图 5-4 所示的照明灯，聚光镜焦距为 150mm，通光孔径 150mm，灯丝是平面螺旋形，位于聚光镜的前焦面上。假定灯丝发光面为双面余弦辐射的圆盘，直径为 9.4mm，功率为 300W，发光效率为 21.5lm/W。屏幕位于聚光镜后 15m 处。试求：

(1) 屏幕上的光照度及照明区光轴方向上的发光强度（设聚光镜无光能损失）。

(2) 若去掉聚光镜，该灯泡直接照明距其 15m 处屏幕上相同大小面积时的光照度。

(3) 使用聚光镜和不使用聚光镜两种情况下，屏幕面上光照度的比。

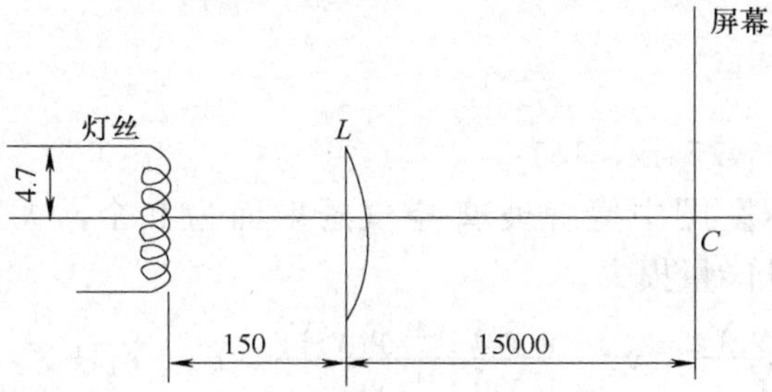

图 5-4　题 3 图

4. 双筒望远镜的光学系统如图 5-5 所示，凸透镜、棱镜和平面玻璃均用冕牌玻璃制作，所有凹透镜都用火石玻璃制成，若所有材料的透明率 P 相同，且 $P=0.985$，系统中各零件中心厚度之和 $\Sigma d=100\text{mm}$，计算光学零件表面不镀增透膜和镀增透膜两种情况下系统的总透射比。

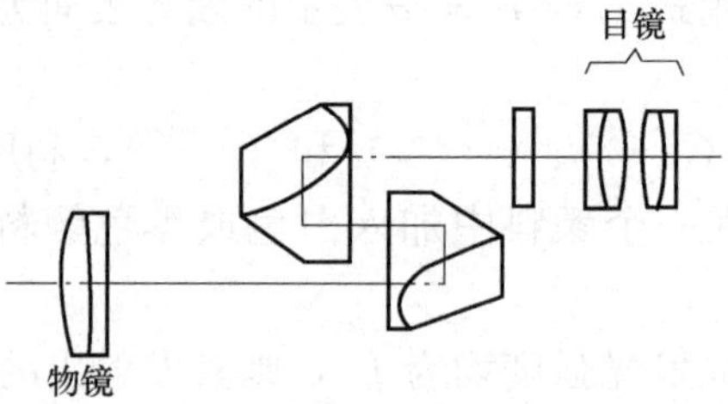

图 5-5 题 4 图

5. 已知两种颜色的色品坐标分别为（x_1，y_1）和（x_2，y_2），亮度分别为 Y_1 和 Y_2，求两种颜色相加混合色的色品坐标和亮度。

参考答案及提示

（一）填空

1.（介质吸收造成的光能损失）（反射面的光能）

2.（坎德拉（cd））（勒克斯（lx））

3.（发光强度）（距离的二次方）

4.（余弦辐射）（亮度）

5.（明度）（色调）（饱和度）（明度 ）（饱和度）

6.（$4\pi I_0$）

7.（5.698×10^{-9}）

8.（71.6cd ）

9.（1.257 W）（541.58 lm ）（43.1 cd）

10.（159.15cd）（7×10^3 cd/m^2）

（二）计算

1. 15.13W，907.8J

2. 9.6lx，6.249lx

3 *.686lx，1027cd，4.54lx，151

4. 0.51，0.86【提示】图中冕牌玻璃-空气透射面为 9 个，火石玻璃-空气透射面有 3 个。棱镜内部全反射不计能量损失。

5. $x=\dfrac{x_1y_2Y_1+x_2y_1Y_2}{y_2Y_1+y_1Y_2}$，$y=\dfrac{y_1y_2Y_1+y_1y_2Y_2}{y_2Y_1+y_1Y_2}$，$Y=Y_1+Y_2$。【提示】混合色的三刺激值等于各混合颜色三刺激值的和。

第六章　光线的光路计算及像差理论

一、学习要求

通过对本章的学习，应掌握像差的定义、分类和消像差原则；了解用于计算像差的光线光路计算公式；了解单个折射球面的不晕点及其性质；全面了解各种像差的定义、影响因素、性质、危害和消除方法；了解像差的级数表达式以及各种初级像差的分布式和分布系数；掌握显微物镜、望远物镜、照相物镜的像差校正原则。

二、重点内容

1. 像差的基本概念

（1）像差与像差分类　光学系统成像时，实际像与理想像之间的差异称为像差。这是由于实际光学系统成像均具有一定的孔径和视场，而且多数都是对白光或复色光成像而造成的。

基于几何光学理论，像差可以分为单色像差和色差两类。单色像差根据性质不同，又可分为球差、慧差（正弦差）、像散、场曲和畸变 5 种；不同色光的成像差异称为色差，它包括位置色差和倍率色差 2 种。

基于波动光学理论，由于衍射作用和像差的存在，物点发出的球面波经光学系统后不再是球面波，实际波面和理想波面之间的差异称为波像差。波像差和几何像差之间有着直接的变化关系，其大小可以用来评价光学系统的成像质量。

（2）消像差原则　除平面反射镜成像之外，没有像差的光学系统是不存在的。光学系统消像差应遵守以下原则：

1）完全消像差不可能，也没有必要。光学设计中总是根据系统的作用和接收器的特性把影响像质的主要像差校正到某一公差范围内。

2）根据光能接收器的光谱特性选择校像差谱线：对光能接收器的最灵敏谱线校正单色像差，对接收器所能接收到的波段范围两边缘校正色差。光学设计中要使光源、光学系统和光能接收器三者的工作波段和最灵敏谱线相一致。

2. 光线光路计算

为求出光学系统的成像位置和大小以及各种像差，需要对以下三类具有特征意义的光线进行光路计算：

1）子午面内的光线光路计算，包括近轴光线的光路计算和实际光线的光路计算，以求出理想像的位置和大小，实际像的位置和大小及其二者的差值。常用公式见表 6-1。

表 6-1　子午面内的光线光路计算

光路计算		初始条件	成像公式	过渡公式	计算目标
近轴光线	轴上点	l_1，u_1 当 $l_1=-\infty$ 时，$u_1=0$， $i_1=\dfrac{h_1}{r_1}$	$i=\dfrac{l-r}{r}u$ $i'=\dfrac{n}{n'}i$ $u'=u+i-i'$ $l'=r(1+\dfrac{i'}{u'})$	$u_k=u'_{k-1}$ $l_k=l'_{k-1}-d_{k-1}$ $h_k=h_{k-1}-du'_{k-1}$ 校对公式： $n_k u_k y_k=n'_k u'_k y'_k=J$ $(k=1,2,\cdots)$	求得高斯像位置 l'_k
	轴外点	l_z，$u_z=y/(l_z-l_1)$ 当 $l_1=\infty$ 时，$u_z=\omega$			求得理想像高 $y'=(l'_z-l')u'_z$
远轴光线	轴上点	L_1，U_1 当 $L_1=-\infty$ 时，$U_1=0$， $\sin I_1=h_1/r_1$	$\sin I=\dfrac{L-r}{r}\sin U$ $\sin I'=\dfrac{n}{n'}\sin I$ $U'=U+I-I'$ $L'=r(1+\dfrac{\sin I'}{\sin U'})$	$U_k=U'_{k-1}$， $L_k=L'_{k-1}-d_{k-1}$， $n_k=n'_{k-1}$， 校对公式： $L'=\dfrac{L\sin U}{\cos\frac{1}{2}(I-U)}\times\dfrac{\cos\frac{1}{2}(I'-U')}{\sin U'}$	求得实际成像位置 L'_k 和像点弥散情况
	轴外点	物体位于无限远时 $\begin{cases}U_a=U_z,\ L_a=L_z+h/\tan U_a\\U_z=\omega,\ L_z\\U_b=U_z,\ L_b=L_z-h/\tan U_b\end{cases}$ 物体位于有限距离时 $\begin{cases}\tan U_a=(y-h)/(L_z-L),\\\quad L_a=L_z+h/\tan U_a\\\tan U_z=y/(L_z-L),\ L_z\\\tan U_b=(y+h)/(L_z-L),\\\quad L_b=L_z-h/\tan U_b\end{cases}$			求得实际像高 $\begin{cases}y'_a=(L'_a-l')\tan U'_a,\\y'_z=(L'_z-l')\tan U'_z,\\y'_b=(L'_b-l')\tan U'_b\end{cases}$
折射平面	近轴	l_1，u_1 当 $l_1=-\infty$ 时， $u_1=0$	$i=-u$ $i'=\dfrac{n}{n'}i$ $u'=-i'$ $l'=lu/u'$	$u_k=u'_{k-1}$， $l_k=l'_{k-1}-d_{k-1}$， $h_k=h_{k-1}-du'_{k-1}$，	求得高斯像位置 l'_k
	远轴	L_1，$\sin U_1$ 当 $L_1=-\infty$ 时， $U_1=0$	$I=-U$ $\sin I'=\dfrac{n}{n'}\sin I$ $U'=-I'$ $L'=L\tan U/\tan U'$	$U_k=U'_{k-1}$， $L_k=L'_{k-1}-d_{k-1}$， $n_k=n'_{k-1}$， 校对公式： $L'=L\dfrac{n'\cos U'}{n\cos U}$	求得实际成像位置 L'_k 和像点弥散情况

2）轴外点沿主光线的细光束光路计算，以求得像散和场曲。子午像点和弧矢像点的计算公式为

$$\frac{n'\cos^2 I'_z}{t'}-\frac{n\cos^2 I_z}{t}=\frac{n'\cos I'_z-n\cos I_z}{r} \tag{6-1}$$

$$\frac{n'}{s'}-\frac{n}{s}=\frac{n'\cos I'_z-n\cos I_z}{r} \tag{6-2}$$

式中，I_z 、I'_z 为主光线的入射角和折射角；t 、t' 为沿主光线计算的子午物距和像距；s 、s' 为沿主光线计算的弧矢物距和像距。

计算的初始参数为：物体位于无限远时，$t_1=s_1=-\infty$；物体位于有限距离时，$t_1=s_1=\dfrac{l_1-x_1}{\cos U_{z1}}$ 或 $t_1=s_1=\dfrac{h_1-y_1}{\sin U_{z1}}$ 。式中，l_1 、x_1 为沿光轴计算的物距。

转面沿主光线计算，过渡公式为

$$\begin{cases} t_k=t'_{k-1}-D_{k-1} \\ S_k=S'_{k-1}-D_{k-1} \end{cases} \tag{6-3}$$

式中，$D_k=(h_k-h_{k-1})/\sin U'_{zk}$ 或 $D_k=(d_k-x_k+x_{k-1})/\cos U'_{zk}$ 为相邻两折射面沿主光线的间隔。

3）子午面外的空间光线的光路计算，求得空间光线的子午像差和弧矢像差分量，对光学系统的像质进行全面评价。

3. 单个折射球面的不晕点

单个折射球面成像时，校正了球差，并满足正弦条件的共轭点，称为不晕点或齐明点。根据球差的分布系数公式

$$S_-=\frac{niL\sin U(\sin I-\sin I')(\sin I'-\sin U)}{\cos\frac{1}{2}(I-U)\cos\frac{1}{2}(I'+U)\cos\frac{1}{2}(I+I')} \tag{6-4}$$

和成像关系可推导出三对齐明点的位置及其性质，见表 6-2。常利用它们的特性来制作齐明透镜，以增大物镜的孔径角，用于显微物镜或照明系统中。

表 6-2 齐明点及其性质

	共轭位置	性质	
1	$L=0, L'=0$。即物点和像点均位于球面顶点处	$\beta=1$	不产生球差和正弦差
2	$L=L'=r$。即物点和像点均位于球面的曲率中心处	$\beta=n/n'$	
3	$L=(n+n')r/n$，$L'=(n+n')r/n'$	$\beta=nL'/n'L=(n/n')^2$	

4. 几何像差的定义、影响因素、性质、危害和消除方法

各种几何像差的定义、影响因素、性质、危害和消除方法见表 6-3。各种几何像差的表达式、初级像差分布式以及每个面上的初级像差分布系数见表 6-4。

表 6-3　几何像差总表

名　称	定　义	影响因素	性　质	危　害	校正方法
球差 (Spherical Aberration)	轴上点发出的同心光束，经光学系统折射后不再是同心光束，不同入射高度的光线交光轴于不同位置，相对于近轴像点有不同程度的偏离，称为轴向球差，简称球差。表示为 $\delta L' = L' - l'$	孔径(入射高度)	1. 是孔径的偶函数，具有轴对称性 2. 单正透镜产生负球差，单负透镜产生正球差 3. 特殊共轭位置无球差	圆形弥散斑，其半径 $\delta T' = \delta L'\tan U' = (L' - l')\tan U'$	1. 只含初级和二级球差的单透镜对边缘孔径校正球差，其他孔径存在剩余球差 2. 正负透镜组合 3. 利用齐明点性质
正弦差 (Sine Aberration)	由小视场宽光束成像的不对称性引起的成像缺陷	孔径(入射高度)	1. 是孔径的偶函数 2. 与孔径光阑的位置有关 3. 特殊共轭位置无正弦差	小视场宽光束成像失对称性	1. 调整孔径光阑位置 2. 利用齐明点性质
慧差 (Coma)	入射光束对称于主光线而折射光束不对称于主光线，其光束交点不交在主光线上的成像缺陷。子午慧差：$K_T' = (y_a' + y_b')/2 - y_z'$，弧矢慧差：$K_s' = y_s' - y_z'$	孔径和视场	1. 是孔径的偶函数，视场的奇函数 2. 初级子午慧差大于弧矢慧差	彗星状弥散斑	1. 光阑通过单折射面中心则不产生慧差 2. 选用对称式结构
场曲 (Curvature of the Field)	像面弯曲的缺陷。细光束子午场曲：$x_t' = l_t' - l'$；细光束弧矢场曲：$x_s' = l_s' - l'$	视场(细光束)；视场和孔径(宽光束)	1. 细光束场曲只与视场有关，且是视场的偶函数 2. 视场角为0，场曲为0	视场中心与边缘不能同时清晰	对边缘视场校正场曲，在0.707带存在最大剩余场曲
像散 (Astigmatism)	子午像和弧矢像不重合引起的成像缺陷。细光束像散：$x_{ts}' = x_t' - x_s'$，宽光束像散：$X_{ts}' = X_t' - X_s'$	视场(细光束)；视场和孔径(宽光束)	1. 细光束像散只与视场有关，且是视场的偶函数 2. 单个折射面无正弦差的位置和光阑位置不存在像散	不同轴向位置成像(弥散)情况不同	利用特殊位置
畸变 (Distortion)	不同视场主光线经光学系统成像后在高斯面上的高度不同引起的缺陷。$\delta y_z' = y_z' - y'$	视场	1. 是视场的奇函数 2. 垂轴像差，有正负(对应枕形和桶形畸变)	像失真，不影响清晰度	1. 单透镜对边缘视场校正 2. 孔径光阑的位置 3. 选用对称式结构
位置色差 (Longitudinal Chromatic Aberration)	轴上点两种色光成像位置的差异。对于目视系统可用 $\Delta L_{FC}' = L_F' - L_C'$ 表示。在近轴区可表示为：$\Delta l_{FC}' = l_F' - l_C'$	色光的折射率差异	1. 只与孔径有关 2. 单正透镜具有负色差，单负透镜具有正色差 3. 与光焦度成正比，与阿贝数成反比，与透镜形状无关	彩色弥散斑，影响像的清晰度	1. 单透镜对0.707孔径校正 2. 正负透镜组合
倍率色差 (Lateral Chromatic Aberration)	由于各色光的垂轴放大率不同，它们的主光线在消单色像差的高斯像面上交点高度差异。对于目视系统可用 $\Delta Y_{FC}' = Y_F' - Y_C'$ 表示。在近轴区可表示为：$\Delta y_{FC}' = y_F' - y_C'$	色光的垂轴放大率不同	1. 视场的奇函数 2. 单个折射球面光阑在球心时，不产生倍率色差	形成分开的彩色像	1. 单透镜对边缘视场校正 2. 密接薄透镜校正了位置色差后无倍率色差

表 6-4　几何像差的表达式和初级像差分布式、分布系数

名　称	像差表达式	初级像差分布式和分布系数
球差 (Spherical Aberration)	$\delta L'=A_1h_1^2+A_2h_1^4+A_3h_1^6+\cdots$ 或 $\delta L'=A_1U_1^2+A_2U_1^4+A_3U_1^6+\cdots$ 表明：1）球差只与孔径 U_1 或入射高度 h_1 有关，且具有对称性；2）初级球差与孔径的平方成正比；3）孔径较小时，主要存在初级球差，孔径较大时，高级球差增大	$\delta L'=-\dfrac{1}{2n'_k u_k'^2}\sum_1^k S_{\mathrm{I}}$ $S_{\mathrm{I}}=luni(i-i')(i'-u)$
正弦差 (Sine Aberration)	$C'=A_1h_1^2+A_2h_1^4+A_3h_1^6+\cdots$ 表明：1）正弦差只与孔径有关；2）初级正弦差与孔径的平方成正比；3）孔径较小时，主要存在初级正弦差，孔径较大时，高级正弦差增大	$SC'=-\dfrac{1}{2J}\sum_1^k S_{\mathrm{II}}$ $S_{\mathrm{II}}=luni_z(i-i')(i'-u)=S_{\mathrm{I}}\left(\dfrac{i_z}{i}\right)$
慧差 (Coma)	$K'_s=A_1yh_1^2+A_2yh_1^4+A_3y^3h_1^2+\cdots$ 表明：1）慧差与视场和孔径均有关；2）当视场和孔径为 0 时，慧差为 0；3）大孔径小视场时，慧差主要由一、二项决定，大视场小孔径时，慧差主要由一、三项决定	$K'_t=-\dfrac{3}{2n'_k u'_k}\sum_1^k S_{\mathrm{II}}$ $K'_s=-\dfrac{1}{2n'_k u'_k}\sum_1^k S_{\mathrm{II}}$
场曲 (Curvature of the Field)	$x'_{t(s)}=A_1y^2+A_2y^4+A_3y^6+\cdots$ 表明：1）细光束场曲只与视场有关；2）当视场为 0 时，场曲为 0；3）初级场曲与视场的平方成正比	$x'_t=-\dfrac{1}{2n'_k u_k'^2}\sum_1^k(3S_{\mathrm{III}}+S_{\mathrm{IV}})$ $x'_s=-\dfrac{1}{2n'_k u_k'^2}\sum_1^k(S_{\mathrm{III}}+S_{\mathrm{IV}})$ $S_{\mathrm{III}}=luni_z(i-i')(i'-u)\left(\dfrac{i_z}{i}\right)^2=S_{\mathrm{I}}\left(\dfrac{i_z}{i}\right)^2$ $S_{\mathrm{IV}}=J^2\dfrac{(n'-n)}{nn'r}$
像散 (Astigmatism)	$x'_{ts}=A_1y^2+A_2y^4+A_3y^6+\cdots$ 表明：1）细光束像散只与视场有关；2）当视场为 0 时，像散为 0；3）初级像散与视场的平方成正比	$x'_{ts}=-\dfrac{1}{n'_k u_k'^2}\sum_1^k S_{\mathrm{III}}$
畸变 (Distortion)	$\delta y'_z=A_1y^3+A_2y^5+A_3y^7+\cdots$ 表明：1）畸变只与视场有关，且随 y 的符号改变而改变；2）当视场为 0 时，畸变为 0	$\delta y'_z=-\dfrac{1}{2n'_k u'_k}\sum_1^k S_{\mathrm{V}}$ $S_{\mathrm{V}}=l_zu_zni(i_z-i'_z)(i'_z-u_z)+J(u_z^2-u'^2_z)$ $=(S_{\mathrm{III}}+S_{\mathrm{IV}})\left(\dfrac{i_z}{i}\right)$

（续）

名　称	像差表达式	初级像差分布式和分布系数
位置色差 （Longitudinal Chromatic Aberration）	$\Delta L'_{FC}=A_0+A_1h_1^2+A_2h_1^4+A_3h_1^6+\cdots$ 表明：1）位置色差只与孔径有关，且不随 h_1 的符号改变而改变；2）当孔径为 0 时，存在初级位置色差 $A_0=\Delta l'_{FC}$	$\Delta l'_{FC}=-\frac{1}{n'_k u'^2_k}\sum_1^k C_{I}$ $C_I=luni(\Delta n'/n'-\Delta n/n)$
倍率色差 （Lateral Chromatic Aberration）	$\Delta y'_{FC}=A_1y+A_2y^3+A_3y^5+\cdots$ 表明：1）倍率色差只与视场有关，且随 y 的符号改变而改变；2）当视场为 0 时，倍率色差为 0	$\Delta y'_{FC}=-\frac{1}{n'_k u'_k}\sum_1^k C_{II}$ $C_{I}=luni_z(\Delta n'/n'-\Delta n/n)=C_I\left(\frac{i_z}{i}\right)$

5. 显微物镜、望远物镜、照相物镜的像差校正

显微物镜和望远物镜均属于大孔径小视场的光学系统，因此只需校正与孔径有关的像差，包括球差、正弦差和位置色差三种；照相物镜属于大孔径大视场的光学系统，因此需要校正所有 7 种几何像差。

三、例题分析

例 6-1　有一个双胶合望远物镜，焦距 $f'=100\text{mm}$，相对孔径 $D/f'=\frac{1}{5}$，视场角 $2\omega=6°$，具体结构参数如下：

r/mm	d/mm	n_D	γ_D
62.5	4.0	1.51633	0.00806
−43.65	2.5	1.67270	0.015636
−124.35			

求：

（1）物镜的实际焦距。

（2）轴上点最大孔径入射时的球差。

（3）对应最大视场的理想像高。

（4）最大视场时的畸变。

（5）最大视场时的子午面和弧矢面细光束场曲，以及细光束像散。

【提示】　本题知识点：光线的光路计算和相关像差计算。

【解】　（1）将 $l_1=-\infty$，$u_1=0$，$h_1=10\text{mm}$，$i_1=\frac{h_1}{r_1}=\frac{10}{62.5}=0.16$ 代入轴上点近轴光线光路计算公式，结果如下：

	1	2	3
u		0.054482	0.028439
$i=\frac{l-r}{r}u$	0.160000	−0.278585	−0.106533
$i'=\frac{n}{n'}i$	0.105518	−0.252541	−0.178198
$u'=u+i-i'$	0.054482	0.028439	0.100104
$l'=r(1+\frac{i'}{u'})$	183.546617	343.966901	97.009187
$l=l'-d$	179.546617	341.466901	

故双胶合物镜的实际焦距为 $f'=\frac{h_1}{u'_3}=(10/0.100104)\text{mm}=99.896108\text{mm}$

（2）将 $L_1=-\infty$，$U_1=0$，$h_1=10\text{mm}$，$\sin I_1=h_1/r_1=10/62.5=0.16$ 代入轴上点远轴光线光路计算公式，结果如下：

	1	2	3
$\sin U$	0	0.054948	0.027844
$\sin I=\frac{L-r}{r}\sin U$	0.160000	−0.279675	−0.106506
$\sin I'=\frac{n}{n'}\sin I$	0.105518	−0.253530	−0.178153
$U'=U+I-I'$	0.054976	0.027848	0.100248
$L'=r(1+\frac{\sin I'}{\sin U'})$	182.519682	353.794055	97.004642
$L=L'-d$	178.519682	351.294055	

故轴上点最大孔径入射时的球差为

$$\delta L'=L'-l'=(97.004642-97.009187)\text{mm}=-0.004545\text{mm}$$

（3）因望远物镜孔径光阑与物镜重合，可认为双胶合物镜第一面的金属框为入瞳，入瞳距离 l_{z1} 即是第一面的矢高 x_1，有 $\left(\frac{D_1}{2}\right)^2+(r_1-x_1)^2=r_1{}^2$，其中 $D_1=\frac{f'}{5}=19.979222\text{mm}$，解得 $l_{z1}=x_1=0.803504\text{mm}$

将 $l_z=0.803504\text{mm}$，$u_z=-3°=-0.052360$ rad 代入近轴光线光路计算公式，结果如下：

	1	2	3
u	−0.052360	−0.034760	−0.031718
$i=\frac{l-r}{r}u$	0.051687	0.032538	0.030301
$i'=\frac{n}{n'}i$	0.034087	0.029497	0.050684

（续）

	1	2	3
$u'=u+i-i'$	−0.034760	−0.031718	−0.052101
$l'=r(1+\frac{i'}{u'})$	1.210343	−3.057189	−3.383090
$l=l'-d$	−2.789657	−5.557189	

故最大视场对应的理想像高为

$$y'=(l'_z-l')u'_z=[(-3.383090-97.009187)\times(-0.052101)]\text{mm}=5.230578\text{mm}$$

（4）将 $L_z=0.803504\text{mm}$，$U_z=-3°=-0.052360$ rad 代入远轴光线光路计算公式，结果如下：

	1	2	3
$\sin U$	−0.052336	−0.034745	−0.031704
$\sin I=\frac{L-r}{r}\sin U$	0.051663	0.032525	0.030288
$\sin I'=\frac{n}{n'}\sin I$	0.034071	0.029484	0.050662
$U'=U+I-I'$	−0.034752	−0.031710	−0.052101
$L'=r(1+\frac{\sin I'}{\sin U'})$	1.211247	−3.056482	−3.379887
$L=L'-d$	−2.788753	−5.556482	

故最大视场对应的实际像高为

$$y'=(L'_z-l')\tan U'_z=(-3.379887-97.009187)\tan(-0.052101)\text{mm}=5.235120\text{mm}$$

此时的畸变值为 $\delta y'=y'_z-y'=(5.235120-5.230578)\text{mm}=0.004542\text{mm}$

（5）沿主光线细光束计算的初始参数为：$t_1=s_1=-\infty$，各面的 U_z、U'_z，I_z、I'_z 均取自（4）中的主光线光路计算值，分别得到子午面和弧矢面光路计算结果：

	1	2	3
t	$-\infty$	179.169480	340.662727
$a=\frac{n'\cos I'_z-n\cos I_z}{r}$	0.008269	−0.003584	0.005414
$b=\frac{n\cos^2 I_z}{t}$	0.000000	0.008454	0.004906
$t'=\frac{n'\cos^2 I'_z}{a+b}$	183.172115	343.166511	96.655037
$h=r\sin(U_z+I_z)$	−0.042125	0.096947	0.176328
$D=\frac{h_k-h_{k-1}}{\sin U'_z}$	4.002635	2.503784	
$t=t'-D$	179.169480	340.662727	

	1	2	3
s	$-\infty$	179.382364	341.038254
$a=\dfrac{n'\cos I'_z-n\cos I_z}{r}$	0.008269	−0.003584	0.005414
$b=\dfrac{n}{s}$	0.000000	0.008453	0.004905
$s'=\dfrac{n'}{a+b}$	183.384999	343.542038	96.912233
$h=r\sin(U_z+I_z)$	−0.042125	0.096947	0.176328
$D=\dfrac{h_k-h_{k-1}}{\sin U'_z}$	4.002635	2.503784	
$s=s'-D$	179.382364	341.038254	

由几何关系：$(h_3)^2+(r_3-x_3)^2=r_3^2$，解得 $x_3=-0.000125\text{mm}$。故子午场曲为

$$x'_t=t'_3\cos U'_{z3}+x_3-l'=[96.655037\cos(0.052101)-0.000125-97.009187]\text{mm}$$
$$=-0.485431\text{mm}$$

弧矢场曲为

$$x'_s=s'_3\cos U'_{z3}+x_3-l'=[96.912233\cos(0.052101)-0.000125-97.009187]\text{mm}$$
$$=-0.228584\text{mm}$$

对应像散为 $\quad x'_{ts}=x'_t-x'_s=(-0.485431+0.228584)\text{mm}$
$$=-0.256847\text{mm}$$

例 6-2 设计一个齐明透镜，第一面曲率半径 $r_1=-95\text{mm}$，物点位于第一面曲率中心处；第二个球面满足齐明条件。若该透镜厚度 $d=5\text{mm}$，折射率 $n=1.5$，该透镜位于空气中，求：

(1) 该透镜第二面的曲率半径。

(2) 该齐明透镜的垂轴放大率。

【解】 (1) 因为物点位于第一面曲率中心处，所以 $L'_1=L_1=r_1=-95\text{mm}$

$$L_2=L'_1-d=(-95-5)\text{mm}=-100\text{mm}$$
$$L'_2=\frac{n_2L_2}{n'_2}=nL_2=-150\text{mm}$$
$$r_2=\frac{n'_2L_2}{n_2+n'_2}=\frac{L_2}{n+1}=\frac{-100}{2.5}\text{mm}=-40\text{mm}$$

(2) $\beta_1=\dfrac{n_1L'_1}{n'_1L_1}=\dfrac{1}{n}$，$\beta_2=\dfrac{n_2L'_2}{n'_2L_2}=n^2$

所以透镜的垂轴放大率 $\quad \beta=\beta_1\beta_2=n=1.5$

例 6-3 什么叫等晕成像，什么叫不晕成像，试问单折射面三个不晕点处的垂轴物面能成理想像吗，为什么？

【解】 当光学系统满足正弦条件时，轴上点成理想像，近轴物点也成理想像，即光学系统既无球差，也无正弦差，这就是所谓不晕成像。对于近轴物点，用宽光束成像时不能成完善像，故只能要求其成像光束结构与轴上点成像光束结构相同，也就是说，近轴点和轴上点

有相同的成像缺陷，称为等晕成像。在单折射面三个不晕点处球差和正弦差为零，仅能够说明在三个不晕点处，轴上点和近轴点可以成理想像，但不能保证过三个不晕点的垂轴物面上所有的点都能成理想像。

例 6-4 设计一个双胶合消色差望远物镜，$f'=100\text{mm}$，采用冕牌玻璃 K9（$n_D=1.5163$，$v_D=64.1$）和火石玻璃 F2（$n_D=1.6128$，$v_D=36.9$）。若正透镜半径 $r_1=r_2$，求

（1）正负透镜的焦距。

（2）三个球面的曲率半径。

【解】 （1）根据双胶合透镜消色差条件 $\begin{cases} h^2\left(\dfrac{\Phi_1}{\nu_1}+\dfrac{\Phi_2}{\nu_2}\right)=0 \\ \Phi_1+\Phi_2=\Phi \end{cases}$ 得到满足总光焦度 Φ 时正、负透镜的光焦度分配

$$\Phi_1=\frac{\nu_1}{\nu_1-\nu_2}\Phi=\left(\frac{64.1}{64.1-36.9}\times 10\right)\text{m}^{-1}=23.57\text{m}^{-1}$$

$$\Phi_2=\frac{-\nu_2}{\nu_1-\nu_2}\Phi=\frac{-36.9}{64.1-36.9}\times 10\text{m}^{-1}=-13.57\text{m}^{-1}$$

所以 $f'_1=\dfrac{1}{\Phi_1}=42.43\text{mm}$，$f'_2=\dfrac{1}{\Phi_2}=-73.71\text{mm}$

（2）设双胶合透镜的三个曲率半径分别为 $r_i(i=1,2,3)$，将 $\rho_1=-\rho_2=1/r_1$ 代入薄透镜公式 $\Phi=(n-1)(\rho_1-\rho_2)$ 得 $\rho_1=\dfrac{\Phi_1}{2(n_{K9}-1)}=\dfrac{23.57}{2\times 0.5163}\text{m}^{-1}=22.82\text{m}^{-1}$，

故 $r_1=1/\rho_1=43.83\text{mm}$，$r_2=-43.83\text{mm}$

同理可得 $\rho_3=\rho_2-\dfrac{\Phi_2}{(n_{F2}-1)}=\left(-22.82+\dfrac{13.57}{0.6128}\right)\text{m}^{-1}=-0.6757\text{m}^{-1}$

所以 $r_3=\dfrac{1}{\rho_3}=-1479.85\text{mm}$

例 6-5 只含初级和二级球差的双胶合望远物镜，边缘带高级球差为 1mm。当边缘带球差校正到 $\delta L'_{\text{m}}=0$ 时，问 $\delta L'_{0.707}=$？

【解】 只含初级和二级球差的表达式为 $\delta L'=A_1h^2+A_2h^4$

根据边缘带高级球差为 1mm，可得 $A_2h_{\text{m}}^4=1$，即 $A_2=1/h_{\text{m}}^4$

由 $\delta L'_{\text{m}}=A_1h_{\text{m}}^2+A_2h_{\text{m}}^4=0$ 和 $A_2=1/h_{\text{m}}^4$ 可得：$A_1=-1/h_{\text{m}}^2$

当入射高度为 0.707 时，有 $h_{0.707}=0.707h_{\text{m}}=\left(\dfrac{1}{\sqrt{2}}\right)h_{\text{m}}$，此时

$$\delta L'_{0.707}=A_1h_{0.707}^2+A_2h_{0.707}^4=\left(-\frac{1}{h_{\text{m}}^2}\right)\left(\frac{1}{\sqrt{2}}h_{\text{m}}\right)^2+\left(\frac{1}{h_{\text{m}}^4}\right)\left(\frac{1}{\sqrt{2}}h_{\text{m}}\right)^4=\left[\left(-\frac{1}{2}\right)+\frac{1}{4}\right]\text{mm}$$
$$=-0.25\text{mm}$$

四、自测练习

（一）多重选择（答案可能不止 1 个）

1. 下列像差中只与孔径有关的是：

①球差　　②畸变　　③细光束场曲　　④位置色差

2. 下面像差中只与视场有关的是：

①正弦差　②慧差　③畸变　④细光束场曲

3. 以下几种初级像差中，当视场很小时就需要考虑的是：

①畸变　②慧差　③像散　④场曲

4. 指出下列关于正弦差的陈述，哪些是正确的：

①系统满足等晕成像条件时，存在正弦差。

②系统满足不晕成像条件时，存在正弦差。

③若正弦差 $SC'=0$，则说明系统的初级慧差也为 0。

④若孔径光阑放在球面顶点处，则单个折射球面不产生正弦差。

5. 在球差、彗差、像散、像面弯曲、畸变、位置色差、倍率色差中，对轴上点成像产生圆形弥散斑的有

①1 种　②2 种　③3 种　④都不对

6. 在像差及其校正的描述中，正确的是：

① 单正透镜产生正球差，单负透镜产生负球差，故可以通过正负透镜组合的方式校正系统球差。

② 校正场曲时是针对边缘视场进行时，在 0.707 带存在最大剩余场曲。

③ 正畸变也称作桶形畸变，采用 $\beta=-1$ 的对称光学结构可自动校正畸变。

④ 位置色差与光焦度成正比，可通过改变透镜形状参数进行校正。

（二）填空

1. 实际像与（　　　）之间的差异称为像差，包括单色像差和色差两大类。其中，引起单色像差的主要原因是（　　　）和（　　　）。

2. 在球差、慧差、像散、场曲、畸变、位置色差和倍率色差这七种几何像差中，只与孔径相关的像差有（　　　）和（　　　），只与视场有关的像差为（　　　），与视场和孔径都有关的像差有（　　　）种。

3. 在七种几何像差中，不影响成像清晰度的像差有（　　　）种，使子午像和弧矢像不重合的像差是（　　　），其初级量与视场的二次方成比例的像差有（　　　）和（　　　）2 种，孔径光阑位于单个折射球面球心时不可能产生的像差有（　　　）种，对于折射率相同、结构参数相同而阿贝系数不同的单薄透镜，在同样的物距、相同相对孔径情况下，阿贝数小的位置色差（　　　）。

4. 单正透镜产生（　　　）球差，单负透镜产生（　　　）球差，因此它们组合可以校正球差。单折射面成像时，有三对不产生像差的共轭点，称为（　　　）。

5. 单个折射球面的三对齐明点的共轭位置分别为（　　　）、$L=L'=r$ 和（　　　），可利用其特性制作齐明透镜。

6. 球面反射镜有（　　　）对无球差的共轭点，其共轭位置为（　　　），对应的垂轴放大率为（　　　）。

7. 轴外点单色光以细光束成像时产生的像差有（　　　）、（　　　）和（　　　）。

8. 物空间一个平面，与像空间一个曲面共轭，则该成像系统存在（　　　）像差；物平面上一个正方形，在像平面上成像为桶形，则成像系统存在（　　　）像差；这两种像差改变了成像（　　　），但对成像清晰度无影响。

9.（　　　　）光学系统，当 $\beta=-1$ 时，所有垂轴像差自动校正，此时轴向像差为(　　　　)。

10. 如果一个光学系统的初级子午彗差等于焦宽（$\frac{\lambda}{n'u'}$），则 $\sum S_{\text{II}}$ 应等于(　　　　)；如果一个光学系统的初级球差等于焦深（$\frac{\lambda^2}{n'u'}$），则$\sum S_{\text{I}}$应等于（　　　　）。

11. 初级位置色差仅决定于（　　　　）和（　　　　），对相同的光焦度而言，阿贝常数越大，色差越（　　　　）。

12. 望远物镜是一种（　　　　）、（　　　　）的光学系统，因此要校正的像差是(　　　　)、(　　　　）和（　　　　)，这些像差是与（　　　　）有关的。

13. 照相系统属于（　　　　）、（　　　　）的光学系统，因此要校正的像差是(　　　　)。

(三) 问答 *

无限远处物 AB 经光学系统成像，通过光线光路计算得到轴上像点和轴外细光束，宽光束成像点，如图 6-1 所示，请在图中标注出 5 种像差的符号，并阐述其产生原因、危害和基本校正方法。

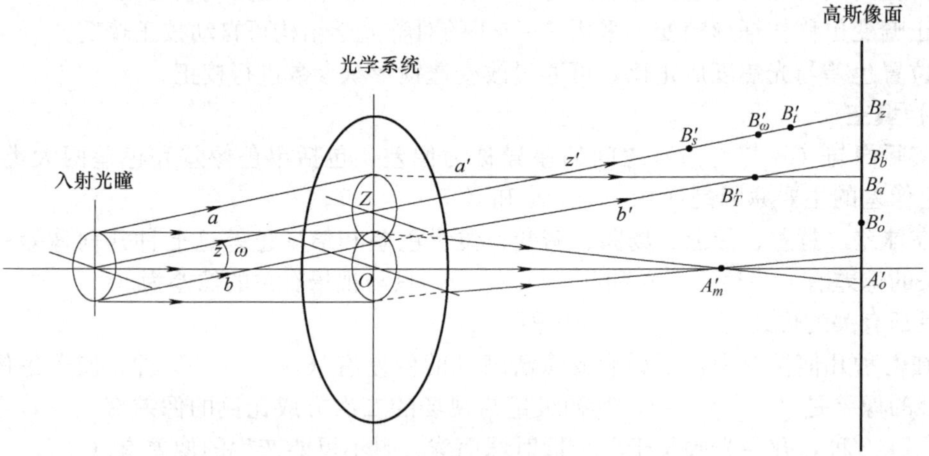

图 6-1　问答题图

(四) 计算

1. 若物点在第一面顶点，第二面符合齐明条件。已知透镜折射率 $n=1.5$，$d=4\text{mm}$，求该齐明镜的角放大率和第二面的曲率半径。

2. 设计一个 $f'=100\text{mm}$ 的双胶合物镜，选用 K9（$n_D=1.5163$，$\nu_D=64.1$）和 ZF2（$n_D=1.6725$，$\nu_D=32.2$）玻璃制作透镜，为补偿其他元件的色差，物镜保留 $\Delta l'_{FC}=-0.26\text{mm}$ 的初级位置色差。求：

(1) 正、负透镜的光焦度分配。

(2) 该物镜的二级光谱多大。

3. 一个双胶合望远物镜，$f'=100\text{mm}$，$\frac{D}{f'}=1:5$，若只含初级球差，边缘带三个球面的球差分布系数分别为：0.0100104、-0.0338527 和 0.0256263，求：

(1) 该物镜的初级球差有多大？

(2) 若初级球差允许不大于 4 倍焦深，物镜的球差是否超差？

(3) 物镜的二级光谱多大？

参考答案及提示

(一) 多重选择（答案可能不止 1 个）

1.①④　　2.③④　　3. ②　　4. ③　　5. ②　　6.②

(二) 填空

1. (理想像)(孔径)(视场)

2. (球差)(位置色差)(畸变)(3)

3. (2)(像散)(场曲)(像散)(4)(大)

4. (负)(正)(不晕点或齐明点)

5. $(L=L'=0)(L=(n+n')r/n, L'=(n+n')r/n')$

6. (2)($L'=L=0$ 和 $L'=L=r$)(1 和−1)

7. (像散)(场曲)(畸变)

8. (场曲)(负畸变)(位置)

9. (对称式)(半部像差的 2 倍)

10. $(-\frac{2\lambda}{3})$ (-2λ)

11. (透镜的光焦度)(制造透镜的光学材料)(小)

12. (大孔径)(小视场)(球差)(正弦差)(位置色差)(孔径)

13. (大孔径)(大视场)(全部 7 种像差)

(三) 问答 *

如图 6-2 所示，可在下列像差中任选 5 种作答。1) 球差 $\delta L'_m$；2) 子午慧差 K'_T；3) 子

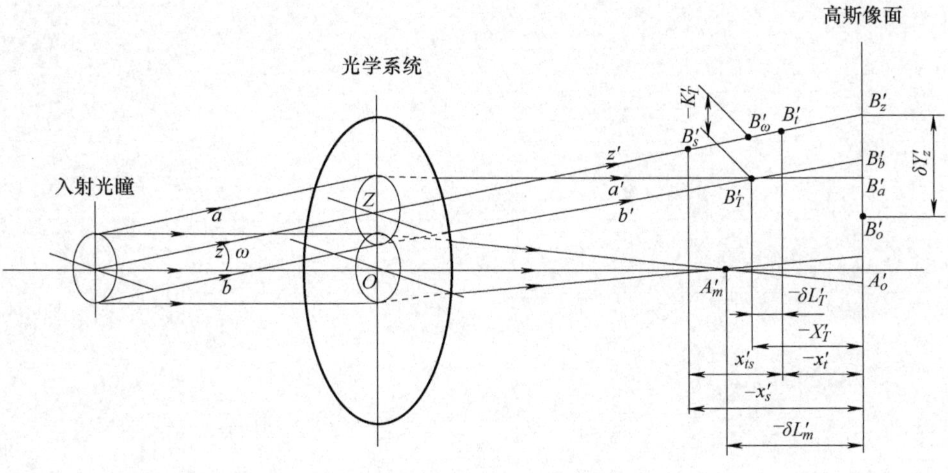

图 6-2　问答题解

午细光束场曲 x'_t；4）子午宽光束场曲 X'_T；5）轴外子午球差 $\delta L'_T$；6）孤矢细光束场曲 x'_s；7）细光束像散 x'_{ts}；8）畸变 $\delta Y'_z$。其产生原因、危害和校正方法略。

（四）计算

1. 0.44，－2.4mm

2.（1）$\Phi_1=0.0184\text{mm}^{-1}$，$\Phi_2=-0.0084\text{mm}^{-1}$（2）0.052mm 【提示】保留一定的位置色差 $\Delta l'_{FC}$ 时，可由初级位置色差分布式导出关系式 $\Phi_1/\nu_1+\Phi_2/\nu_2=-\Phi^2\Delta l'_{FC}$

3.（1）－0.0892mm；（2）4 倍焦深＝0.055mm，超差；（3）0.052mm

第七章　典型光学系统与像质评价

一、学习要求

通过对本章的学习，应掌握人眼的成像特性及各种典型光学系统（放大镜、显微镜、望远镜、摄影系统和投影系统）的光学参数、结构形式、光束限制和成像特性；明确视觉放大率、数值孔径、视度调节、分辨率等基本概念；掌握相关公式；掌握几种主要的光学系统像质评价方法，了解其工作原理、判断依据、优缺点及适用性。

二、重点内容

1. 人眼的光学特性

(1) 人眼光学系统　人眼本身相当于摄影光学系统。在角膜和视网膜之间的生物组织均可看作成像元，物体经成像元成像在视网膜上，神经受到刺激而产生视觉。人眼可通过肌肉调节改变等效光学系统的焦距，使不同距离处的物体自动清晰成像在视网膜上。人眼瞳孔为孔径光阑，可以调节进入眼睛的光能。

(2) 人眼的调节　眼睛成像系统对任意距离的物体自动调焦的过程称为眼睛的调节。其调节能力 A 用远点距离 l_r 和近点距离 l_p 的倒数之差来度量，即

$$\frac{1}{l_r}-\frac{1}{l_p}=R-P=A \tag{7-1}$$

单位为屈光度（D，即 1/m），通常医院或眼镜店把 1D 称为 100 度。为了工作舒适，习惯上把物和像置于眼前 250mm 处，称此距离为明视距离。

(3) 正常眼和反常眼　眼睛的远点在无限远，或眼睛光学系统的后焦点在视网膜上，称为正常眼，反之称为反常眼。反常眼的种类、定义和校正见表 7-1。

表 7-1　反常眼的种类、定义和校正

种　类	定　义	校　正
近视眼	远点位于眼前有限距离	眼前加负透镜，且焦距等于远点距，即 $f'=l_r<0$
远视眼	远点位于眼后有限距离	眼前加正透镜，且焦距等于远点距，即 $f'=l_r>0$
散　光	由于水晶体表面不对称，两主截面的远点距离不等，即视度 $R_1\neq R_2$	眼前加圆柱面或双心圆柱面透镜，散光度 $A_{ST}=R_1-R_2$

(4) 眼睛的感光与感色　视网膜是由锥状细胞和杆状细胞组成的辐射接收器。杆状细胞对光刺激敏感，但不感色；锥状细胞感光能力与杆状细胞相比差得多，但能对色光有不同感受，它决定了分辨颜色的能力，即色视觉。在亮照明时，锥状细胞起主要作用，弱照明时，视觉主要由杆状细胞起作用。眼睛对周围空间亮度情况的自动适应程度叫作适应，分为明适

应和暗适应两种。

（5）眼睛的分辨率　眼睛能够分辨最靠近的两个相邻点的能力称为眼睛的分辨能力，或视觉敏锐度。物体对人眼的张角称为视角，对应视觉很小范围，在良好照明条件下，人眼能够分辨物点间最小视角称作视觉鉴别率 ε 。在没有调节的松弛状态下，$\varepsilon = 60''$ 。ε 因人而异，并随照明条件而变化。

（6）眼睛的对准　是指垂直于视轴方向上的置中或重合能力。对准后，偏离置中或重合的线距离或角距离称为对准误差。对准误差随对准形式而变化。

（7）眼睛的景深　当眼睛调焦到某一对准平面时，眼睛不必调节就能同时看清对准平面前后某一距离物体的范围，称作眼睛的景深。远景景深 Δ_1 和近景景深 Δ_2 的计算式为

$$\Delta_1 = \frac{P^2\varepsilon}{D_P + P\varepsilon}, \qquad \Delta_2 = \frac{P^2\varepsilon}{D_P - P\varepsilon} \tag{7-2}$$

式中，P 为对准距离，D_P 为眼瞳的直径，ε 为人眼的极限分辨角。

（8）立体视觉　单眼观察空间物体无法产生精确的立体视觉。双目观察远近不同的物体时，由于视差角 θ_A 不同，人眼肌肉的紧张程度不同，根据这种不同的感觉，能够分辨物体的远近 L 。设两眼节点的连线，即视觉基线长度为 b ，则

$$\theta_A = \frac{b}{L} \tag{7-3}$$

不同距离的物体，人眼对应不同的视差角，其差异 $\Delta\theta$ 称为“立体视差”，简称视差。根据 $\Delta\theta$ 的大小，人眼可以感觉两物体的纵向深度。人眼能感觉到 $\Delta\theta$ 的最小值 $\Delta\theta_{\min}$ 称为“体视锐度”，一般为 $10''$ 。根据无限远物点对应的 $\theta_\infty = 0$ 和物点对应的最小视差角 $\Delta\theta_{\min}$ ，可以确定人眼能分辨远近的最大距离（立体视觉半径）：

$$L_{\max} = b/\Delta\theta_{\min} \tag{7-4}$$

双眼能够分辨两点间的最小距离称作立体视觉阈 ΔL ：

$$\Delta L = \frac{\Delta\theta L^2}{b} \tag{7-5}$$

当 $\Delta\theta = \Delta\theta_{\min}$ 时，对应的 ΔL 即为双目立体视觉误差。

2. 放大镜

放大镜是能将放在焦点上或焦点附近的物体成放大虚像的目视透镜或透镜系统。其视觉放大率 Γ 定义为用放大镜观察物体在视网膜上的像高 y'_i 与用人眼直接观察物体时视网膜上的像高 y'_e 之比，即

$$\Gamma = \frac{y'_i}{y'_e} \tag{7-6}$$

设人眼节点到视网膜的距离为 l' ，式（7-6）可表示为

$$\Gamma = y'_i/y'_e = (l'\tan\omega')/(l'\tan\omega) = \tan\omega'/\tan\omega \tag{7-7}$$

式中，ω' 为用仪器观察物体时，物体的像对人眼的张角；ω 为人眼直接观察物体时，物体对人眼的张角。

放大镜视觉放大率公式为

$$\Gamma = \frac{f' - l'}{P' - l'}\frac{D}{f'} \tag{7-8}$$

式中，参数如图 7-1 所示。

式（7-8）表明：放大镜的视觉放大率并非常数，它取决于观察条件（ P' 和 l' ）。

1）当眼睛调焦到无限远（$l'=\infty$）时，即物体位于物方焦面上时

$$\Gamma_0=\frac{250}{f'} \tag{7-9}$$

2）当把像调焦到明视距离处，即 $P'-l'=D$，则

$$\Gamma=\frac{250}{f'}+1-\frac{P'}{f'} \tag{7-10}$$

3）若人眼紧靠放大镜，即 $P'\approx 0$，则

$$\Gamma=\frac{250}{f'}+1 \tag{7-11}$$

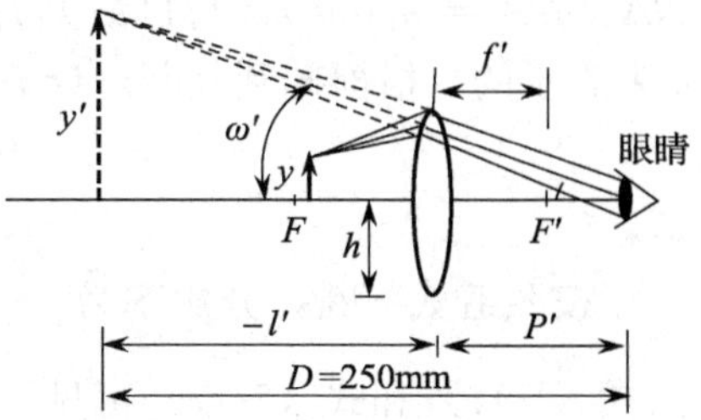

图 7-1　放大镜成像

放大镜使用过程中，眼瞳是孔径光阑，又是出瞳。放大镜框是视场光阑，又是入窗和出窗，同时放大镜本身又是渐晕光阑。

当物置于放大镜前焦面上，且渐晕系数为 50%时，线视场大小为

$$2y=\frac{500h}{\Gamma_0 P'} \tag{7-12}$$

3. 显微镜系统

（1）显微系统的组成和工作原理　显微系统是用来观察近距离微小物体的光学系统，如图 7-2 所示。它由物镜和目镜组成，其结构特点是：物镜和目镜的焦距都很短，且光学间隔 Δ（物镜的像方焦点到目镜的物方焦点间的距离）较大。使用时，将物体 AB 置于物镜一倍焦距以外靠近焦平面的位置，经物镜后成一个放大的、倒立的实像 $A'B'$，且位于目镜的物方焦面上或一倍焦距以内，经目镜成像在无限远或明视距离处，供人眼观察。在生物显微系统中，物镜框是系统的孔径光阑，设在一次实像面处的分划板是视场光阑，目镜往往是渐晕光阑，其大小影响轴外点成像的渐晕系数。而对于测量用显微系统，孔径光阑设在物镜的像方焦平面上，以形成物方远心光路，克服由于调焦不准而造成的测置误差。

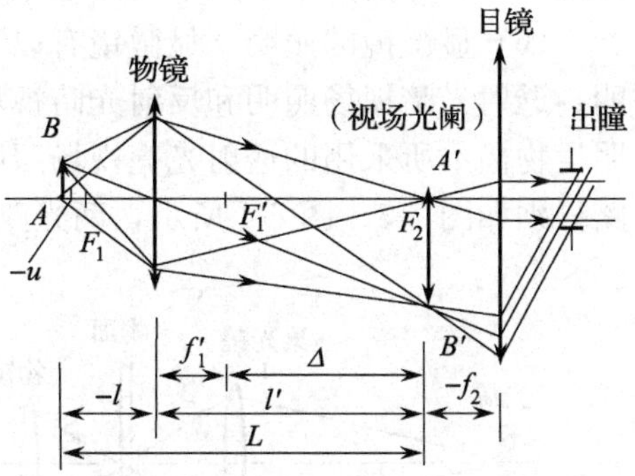

图 7-2　显微镜的组成和工作原理

（2）显微镜的视觉放大率　显微镜的视觉放大率公式为

$$\Gamma=\frac{\tan\omega'}{\tan\omega}=-\frac{(250\text{mm})\Delta}{f'_{\text{o}}f'_{\text{e}}}=\beta\Gamma_{\text{e}} \tag{7-13}$$

式中，f'_{o}、f'_{e} 分别是物镜和目镜的焦距，显微系统的焦距 $f'=-f'_{\text{o}}f'_{\text{e}}/\Delta$。

（3）显微镜的线视场　显微镜的线视场取决于视场光阑的大小，设视场光阑大小为 D，则显微镜的线视场

$$2y=D/\beta \tag{7-14}$$

式中，β 为物镜的垂轴放大率。

为保证视场内成像良好，视场光阑的大小应与目镜视场角 $2\omega'$ 一致，此时式（7-14）可表示为

$$2y=500\tan\omega'/\Gamma \tag{7-15}$$

（4）显微镜的分辨率和有效放大率　显微镜的分辨率主要取决于显微物镜的数值孔径

NA（$NA = n\sin u$），与目镜无关。显微镜的分辨率是以它能够分辨开近处两点的最小距离 σ 来表示的，根据瑞利判断，计算公式为

$$\sigma = \frac{0.61\lambda}{NA} \tag{7-16}$$

按照道威判断，分辨率为

$$\sigma = \frac{0.5\lambda}{NA} \tag{7-17}$$

由式（7-16）和式（7-17）可见，显微镜的分辨率是波长和数值孔径的函数，波长越长，分辨率越低；数值孔径越大，分辨率越高。

为了充分利用物镜的分辨率，使已被物镜分辨开的细节也能被人眼分辨，同时避免无效放大，显微镜视觉放大率 Γ 应满足

$$500NA \leqslant \Gamma \leqslant 1000NA \tag{7-18}$$

该视觉放大率称为显微镜的有效放大率。显微镜能够达到的有效放大率不超过 $1500^{\times}$。

（5）显微镜的景深　人眼通过显微镜调焦在对准平面上时，在对准平面前后能够获得清晰像的物空间深度称为显微镜的景深。显微镜的数值孔径越大，要求的放大倍率越高，其景深越小。景深的大小决定了使用显微镜纵向调焦时的调焦误差。

（6）显微镜的照明　显微镜有以下 4 种照明方式：透射光亮视场照明、反射光亮视场照明、透射光暗视场照明和反射光暗视场照明，分别适用于不同性质的观察物体照明。对于透明生物标本所采用的透射光亮视场照明还有两种照明方式，即临界照明和柯勒照明，照明光路分别如图 7-3、图 7-4 所示，两光路的比较见表 7-2。

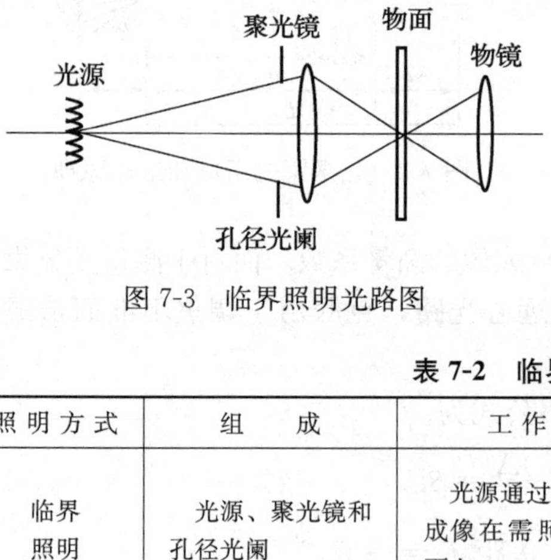

图 7-3　临界照明光路图

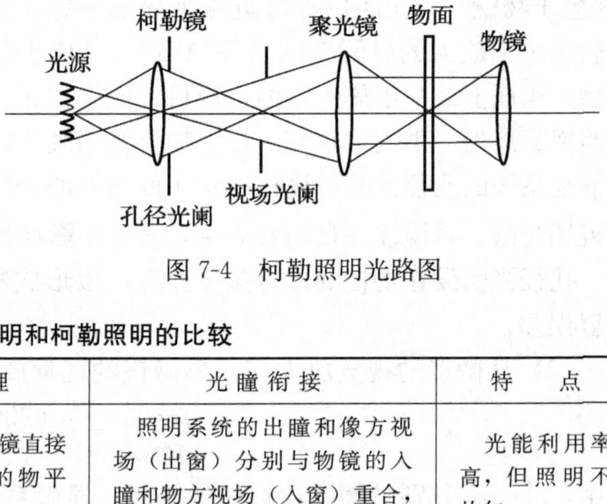

图 7-4　柯勒照明光路图

表 7-2　临界照明和柯勒照明的比较

照明方式	组　成	工作原理	光瞳衔接	特　点
临界照明	光源、聚光镜和孔径光阑	光源通过聚光镜直接成像在需照明的物平面上	照明系统的出瞳和像方视场（出窗）分别与物镜的入瞳和物方视场（入窗）重合，即“瞳对瞳，窗对窗”	光能利用率高，但照明不均匀
柯勒照明	光源、柯勒镜、聚光镜；孔径光阑和视场光阑	聚光镜将被光源照亮的柯勒镜成像在需照明的物面上	照明系统的出瞳和像方视场（出窗）分别与物镜的物方视场（入窗）和入瞳重合，即“瞳对窗，窗对瞳”	照明均匀，但光能利用率低

（7）显微镜物镜　显微物镜的主要参数是垂轴放大率 β 和数值孔径 NA，β 值约在 $2.5^{\times}\sim100^{\times}$ 范围内，NA 随 β 的增大而增大。非浸液物镜 NA 最大值为 0.95，浸液物镜 NA 可达 1.4。显微物镜按照像差较正形式可分为消色差物镜、复消色差物镜、平场消色差

和平场复消色差物镜4类。

4. 望远镜系统

（1）望远镜系统的组成和工作原理　望远镜系统是用来观测远距离物体的光学系统。如图7-5所示，它由物镜和目镜组成，其结构特点是：物镜的焦距大于目镜的焦距，且光学间隔$\Delta=0$。从无限远物体AB发出的平行光线经望远物镜后，在物镜的像方焦平面上成一个实像$A'B'$，它正好位于目镜的物方焦面上，经目镜成像在无限远处，供人眼观察。该系统中，物镜框是孔径光阑，设在一次实像面处的分划板是视场光阑，目镜往往是渐晕光阑，其大小影响轴外点成像的渐晕系数。

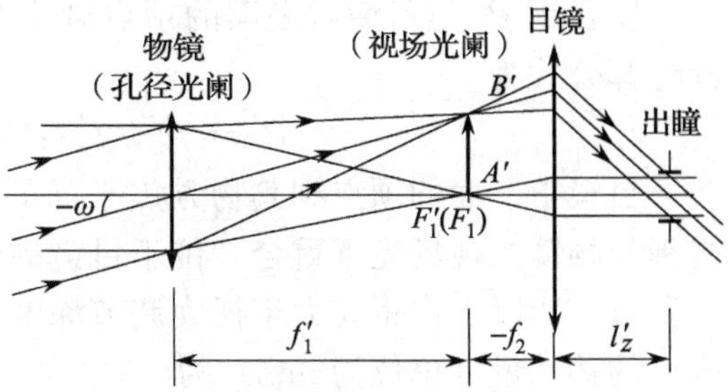

图7-5　望远镜的组成和工作原理

（2）望远系统的视觉放大率　望远系统的视觉放大率Γ是物体经过望远系统所成的像对人眼张角的正切$\tan\omega'$，与人眼直接观察物体时物体对人眼张角的正切$\tan\omega$之比。其计算公式为

$$\Gamma=\frac{\tan\omega'}{\tan\omega}=-\frac{f_1'}{f_2'}=-\frac{D}{D'} \tag{7-19}$$

式中，f_1'和f_2'分别是物镜和目镜的焦距；D和D'分别是系统的入瞳和出瞳。

可见视觉放大率Γ仅取决于望远镜的结构参数，要得到较大的Γ，可适当增大物镜焦距f_1'或减小目镜焦距f_2'，但它们分别受到孔径光阑口径和出瞳距的限制。开普勒望远镜中，f_1'、f_2'均为正，则$\Gamma<0$；伽利略望远镜中，$f_1'>0$、$f_2'<0$，则$\Gamma>0$。

（3）望远系统的分辨率和工作放大率　望远物镜的分辨率用极限分辨角ψ来表示。把刚好能被分辨开的两点对物镜入瞳中心的张角称为极限分辨角。其公式为

$$\psi=\frac{140''}{D}\quad 或 \quad \psi=\frac{120''}{D} \tag{7-20}$$

分别对应瑞利判断和道威判断准则。式中，D为望远系统入瞳的直径（mm）。

因人眼的视觉分辨率为$60''$，故望远镜视觉放大率和分辨率的关系为$\psi\Gamma=60''$。为避免人眼疲劳，一般视觉放大率选取应比上式数值大2～3倍，称为工作放大率。

（4）望远系统的视场　用视场角即物体的边缘对入瞳中心的张角2ω来表示望远系统的视场，由图7-5知，开普勒望远镜的物方视场角为

$$\tan\omega=\frac{y'}{f_1'} \tag{7-21}$$

式中，f_1'是物镜的焦距，y'是一次实像的大小。2ω一般不超过15°。

伽利略望远镜以人眼的瞳孔作为孔径光阑（出瞳），物镜框作为视场光阑（入窗）。其视场光阑不与物像面重合，一般存在渐晕现象。当视场为50%渐晕时，其视场角为

$$\tan\omega=\frac{D}{2l_z} \tag{7-22}$$

式中，D为物镜框直径；l_z为入瞳到物镜框的距离。

5. 目镜

目镜的作用类似于放大镜，它把物镜所成的像放大在人眼远点或明视距离供人眼观察，其光学参数主要有：焦距f_e'、视场角$2\omega'$、相对镜目距$\frac{P'}{f_e'}$和工作距离l_F。

目镜的视场取决于目视系统的视觉放大率和物方视场角 2ω，即 $\tan 2\omega' = \Gamma \tan 2\omega$

镜目距 P' 是目镜后表面的顶点到出瞳的距离，相对镜目距是镜目距与目镜焦距之比。其计算公式为

$$P' = l'_F + f'_e/\Gamma, \qquad P'/f'_e = l'_F/f'_e + 1/\Gamma \tag{7-23}$$

目镜第一面的顶点到其物方焦平面的距离称为目镜的工作距 l_F。使用中，目镜的视场光阑与物镜的视场光阑重合，位于目镜的前焦面处。为了适应近视或远视眼的需要，视度可以调节，所以工作距要大于视度调节深度。目镜调节视度 $\pm D$ 时，需相对于视场光阑（分划板）的移动量（单位为 mm）为

$$x = \frac{\pm D f'^2_e}{1000} \tag{7-24}$$

6. 摄影（照相）系统

（1）系统组成与成像原理　摄影系统主要由照相镜头、可变光阑和感光底片三部分组成。摄影物镜将位于无限远或准无限远的景物成像在感光底片上，可变光阑起到调节光能量以适应外界不同照明条件的作用。其系统结构如图 7-6 所示。

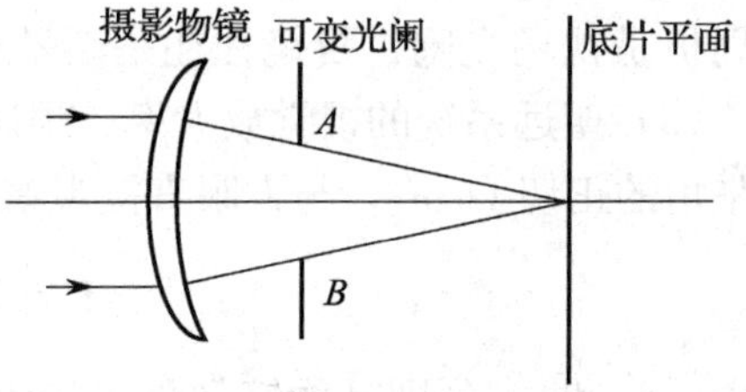

图 7-6　摄影系统结构简图

（2）摄影物镜的参数和光学特性　摄影物镜的光学成像特性主要由三个参数决定，即焦距 f'、相对孔径 $\frac{D}{f'}$ 和视场角 2ω，见表 7-3。

表 7-3　摄影物镜的参数和光学特性

参　　数	影响作用	相关公式	性　　质
焦距 f'	决定了物体在接收器上成像的大小	当物体位于无限远时，像高 $y' = -f'\tan\omega$； 当物体位于有限距离时，像高 $y' = \beta y$，其中 $\beta = -\frac{f}{x} = -\frac{x'}{f'}$	当物的位置和大小（无限远时指 ω，有限距离时指 y、x）一定时，焦距越长，成像越大
相对孔径 $\frac{D}{f'}$	决定了物镜的分辨率和像面照度	分辨率：$N = \frac{D}{1.22\lambda f'}$（线对/mm） 视场中心的像面照度 E_0：$E_0 = \frac{1}{4}\tau\pi L\left(\frac{D}{f'}\right)^2 \frac{\beta_p^2}{(\beta_p - \beta)^2}$（$\beta_p$ 为光瞳的垂轴放大率，β 为物像的垂轴放大率，L 为物体的亮度，τ 为系统的透射率）	相对孔径越大，镜头的分辨率就越高 像面照度与相对孔径的平方成正比，相对孔径越大，像面照度越大
视场角 2ω	决定了能在接收器上成像的范围	$y' = -f'\tan\omega$ 轴外像点的照度：$E = E_0\cos^4\omega'$（ω' 为像方视场角）	当物镜焦距 f' 一定时，接收器尺寸（$2y'$）越大，视场角越大 当接收器尺寸一定时，焦距 f' 越长，视场角越小 大视场物镜视场边缘的照度下降

（3）分辨率　摄影系统的分辨率由物镜的分辨率和接收器的分辨率共同决定，以像平面上每毫米能够分辨开的线对数表示。系统分辨率 N 的经验公式为

$$1/N = 1/N_L + 1/N_r \tag{7-25}$$

式中，N_L、N_r 分别为系统成像物镜和接收器的分辨率。

按照瑞利准则，物镜的理论分辨率为：$N_L=1/\sigma=D/(1.22\lambda f')$，取 $\lambda=0.555\mu m$，则

$$N_L=1475D/f'=1475/F \tag{7-26}$$

式中，$F=f'/D$ 是物镜相对孔径的倒数，称为物镜的光圈数或 F 数。

由于摄影物镜的衍射作用及其较大的像差，实际分辨率要低于理论分辨率。另外，物镜的分辨率还与被摄目标的对比度有关。

(4) 摄影物镜的景深　摄影物镜的远景景深 Δ_1 和近景景深 Δ_2 可以表示为

$$\Delta_1=\frac{P^2\varepsilon}{2a\left(\frac{f'}{L}\right)-P\varepsilon},\Delta_2=\frac{P^2\varepsilon}{2a\left(\frac{f'}{L}\right)+P\varepsilon} \tag{7-27}$$

式中，$2a$ 为入瞳直径；P 为系统到对准平面的距离；L 为观察距离；ε 为人眼的极限分辨角；f' 为摄影系统焦距。

式 (7-27) 表明：焦距越长，入瞳直径越大，景深越小；拍摄距离越远，景深越大。

(5) 摄影物镜的种类　按照用途不同，摄影物镜可分为普通摄影物镜、大孔径摄影物镜、广角摄影物镜、远摄物镜和变焦距物镜五种。

7. 投影系统

投影系统是将平面物体进行放大成像并投影在屏幕上的光学仪器，如：幻灯机、电影放映机、测量投影仪等。投影系统要求有足够的照明亮度，用于测量的仪器还需无畸变。

投影系统的光学参数有 4 个：放大率、视场、焦距和相对孔径。垂轴放大率由像的大小 y'（如：银幕尺寸）与物大小 y（如：图片尺寸）的比决定，即：$\beta=y'/y$

焦距 f' 计算式为

$$f'=\frac{\beta L}{-(\beta-1)^2}\approx\frac{l'}{1-\beta} \tag{7-28}$$

式中，L 为物像共轭距；l' 为像距。

视场角 ω' 满足

$$\tan\omega'=\frac{y'}{l'}=\frac{\beta y}{f'(1-\beta)} \tag{7-29}$$

根据公式 $E_0=\frac{1}{4}\tau\pi L\frac{D^2}{f'^2}\frac{\beta_p^2}{(\beta_p-\beta)^2}$，取光瞳放大率为 1 时，则能满足照度 E_0 的相对孔径

$$\frac{D}{f'}=2(1-\beta)\sqrt{\frac{E_0}{\tau\pi L}} \tag{7-30}$$

为了在投影屏上获得均匀而足够的照度，必须应用大孔径角的照明系统和适当的光源。按照明系统的结构型式可分为透射照明系统、反射照明系统和折反照明系统；按照明方式可分临界照明和柯勒照明。照明系统和投影系统的衔接要求是：①照明系统的拉赫不变量要大于投影系统的拉赫不变量；②保证两个系统的光瞳衔接和成像关系。

8. 光学系统的像质评价

在设计完成和制造完成的两个阶段需要对光学系统进行像质评价。不考虑衍射现象影响时，光学系统的成像质量主要与系统的像差大小有关，因此评价方法或基于几何光学理论，或基于衍射光学理论。实际应用中往往需要综合运用多种评价方法，才能全面客观地反映系统的成像质量。几种主要的光学系统像质评价方法及其判断依据、优缺点、适用性等特性比较见表 7-4。

表 7-4　几种主要的光学系统像质评价方法比较

名　称	评价方法	判断依据	优　点	缺　点	适用性	评价阶段（实现方法）
瑞利判断	成像波面相对于理想球面波的变形程度	实际波面与参考球面波之间的最大波像差不超过 $\lambda/4$ 时，此波面认为是无缺陷的	便于实际应用。因为几何像差与波像差存在着简单的计算关系，由光线追迹，算出几何像差，积分后得到波像差。方便直观	不够严密，没考虑缺陷部分在整个波面面积上的比重，如小划痕、小气泡的情况	适用于小像差光学系统如望远镜、显微物镜、微缩物镜和制版物镜等对成像质量要求较高的系统	设计完成（由几何像差得到/波前图）；制造完成（波面干涉仪测量）
中心点亮度	光学系统存在像差时，其成像衍射斑中心点亮度和不存在像差时衍射斑中心点亮度之比	$S.D \geqslant 0.8$ 时，认为光学系统的成像质量是好的（斯托列尔准则）	概念明确	计算复杂，实际中不便使用		设计完成（计算得到/能量包容图）
分辨率	光学系统能够分辨出物体细节的能力	光学系统能够分辨出两个像点的最小间隔为艾里斑半径	指标单一，便于测量	适用条件受限（大像差），不够严格、可靠（结果受照明条件和接收器影响；存在伪分辨率现象）	只适于大像差光学系统；因为小像差光学系统中，实际分辨率几乎只与系统的相对孔径有关，受像差的影响很小	制造完成（实测，广泛使用）
点列图	点物发出的光线经光学系统成像后的弥散程度	用集中30%以上的点或光线所构成的图形区域作为实际有效弥散斑，弥散斑直径的倒数即为系统的分辨率	原理简单、形象直观	需做大量的光路计算，工作量大	在大像差的照相物镜设计中得到应用	设计完成（计算仿真）
星点成像		点光源经光学系统后在像面上（或像面前后）所成像斑的发光强度分布和形状	设备简单、操作方便、形象直观、结果迅速	粗略、主观、无法定量		制造完成后（实测星点像，广泛使用）
光学传递函数	光学系统在频率域中的传递效果	对比度随频率的变化关系 MTF（截止频率、包围面积），相移随频率的变化关系 PTF	具有综合性（衍射效应、像差）、客观性（无人为因素影响）和适应性（大像差和小像差系统）	运算复杂、测量设备昂贵	普适	设计完成（计算）；制造完成（仪器实测）

三、例题分析

例 7-1 一个人近视程度是－2D（屈光度），调节范围是 8D，求：

（1）其远点距离。

（2）其近点距离。

（3）配戴 100 度近视镜，求该镜的焦距。

（4）戴上该近视镜后，求看清的远点距离。

（5）戴上该近视镜后，求看清的近点距离。

【提示】 本题知识点：反常眼和视度调节。

【解】 （1）$R = \frac{1}{l_r} = -2\text{m}^{-1}$， 所以远点距离 $l_r = -0.5\text{m}$

（2）将 $A = 8\text{D}$、$R = -2\text{D}$ 代入公式 $A = R - P$ 得 $P = R - A = -2 - 8 = -10\text{D}$。故近点距离 $l_p = \frac{1}{P} = -\frac{1}{10}\text{m} = -0.1\text{m}$

（3）由 $D = \frac{1}{f'} = -1\text{D}$ 所以 $f' = -1\text{m}$

（4）$R' = R - D = -1\text{D}$ 所以 $l'_R = -1\text{m}$

（5）将 $A = 8\text{D}$、$R' = -1\text{D}$ 代入公式 $A = R' - P'$ 得 $P' = R' - A = -9\text{D}$。故带眼镜后能够看清的近点距离 $l'_P = -\frac{1}{9}\text{m} = -0.11\text{m}$

例 7-2 一个人想利用凹面镜来观察自己的眼睛，设凹面镜的半径为 60cm，问在下面三种情况下，眼睛不做任何调节就可看到清晰成像时，应将凹面镜放在眼前什么位置上。

（1）视力正常。

（2）400 度近视，且未戴眼镜。

（3）400 度远视，且未戴眼镜。

【提示】 这是一个眼睛和凹面镜联用的光学系统，物是眼睛，它经凹面镜成像后，像落在眼睛的远点处，再经眼睛光学系统成像在视网膜上。凹面镜的曲率半径已知，即其焦距已知，根据凹面镜成像时的物像距关系，即可求出凹面镜距眼睛的距离。

【解】 首先求出凹面镜的焦距：$f' = \frac{R}{2} = 30\text{cm}$

（1）正常视力不做任何调节时，无限远物点的共轭像点正好位于视网膜上，该物点是经凹面镜所成的像，位于凹面镜的像方无限远处。由此可知，凹面镜的物（即眼睛）必须位于凹面镜的焦点处。所以凹面镜应置于眼前的距离 $l = f' = 30\text{cm}$

（2）400 度近视的眼睛，其远点距 $l_r = -1/4\text{m} = -25\text{cm}$

由图 7-7a 可知，此时 $l = l' + (-l_r) = l' + 25$，将其代入凹面镜公式 $\frac{1}{l'} + \frac{1}{l} = \frac{2}{r}$，得方程 $l^2 - 85l + 750 = 0$

解得 $\begin{cases} l = 75\text{cm} \\ l' = 50\text{cm} \end{cases}$ 和 $\begin{cases} l = 10\text{cm} \\ l' = -15\text{cm} \end{cases}$

分析可知以上两解都成立：当凹面镜置于眼前 75cm 时，眼睛（物）经凹面镜在远点 A

处（眼前 25cm）成一个倒立缩小的实像，供人眼观察；当凹面镜置于眼前 10cm 处时，眼睛（物）经凹面镜在远点 A 处（眼前 25cm）成一个正立放大的虚像，被人眼观察到。其成像关系分别如图 7-7b、c 所示。

（3）400 度远视的眼睛，其远点距 $l_r = 1/4\ \mathrm{m} = 25\mathrm{cm}$

由图 7-7d 可知，此时 $l' = l + l_r = l + 25$，将其代入凹面镜公式 $\dfrac{1}{l'} + \dfrac{1}{l} = \dfrac{2}{r}$，得方程 $l^2 - 35l - 750 = 0$

解得 $\begin{cases} l = 50\mathrm{cm} \\ l' = 75\mathrm{cm} \end{cases}$ 和 $\begin{cases} l = -15\mathrm{cm} \\ l' = 10\mathrm{cm} \end{cases}$（因 l 与 r 异号，表明眼睛位于凹面镜后面，与已知矛盾，故应舍去该解）

故此时应将凹面镜置于眼前 50cm 处。其成像关系如图 7-7b 中物像互换情况。

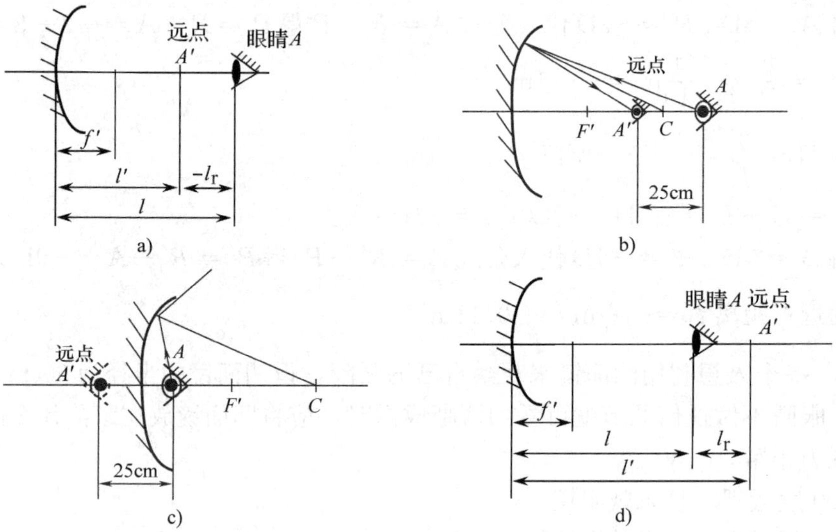

图 7-7　例 7-2 图

例 7-3　一个放大镜焦距 $f' = 25\mathrm{mm}$，通光孔径 $2R = 18\mathrm{mm}$，眼睛距放大镜为 50mm，经放大镜所成的像位于眼睛的明视距离 250mm 处，渐晕系数 $K = 50\%$，试求：

（1）视觉放大率。

（2）线视场。

（3）物体的位置。

【提示】　放大镜的放大倍率和视场的大小都与物像位置有关，注意公式的应用条件。

【解】　放大镜工作情况如图 7-8 所示。

（1）根据题中所给使用条件，由公式 $\Gamma = 1 - \dfrac{P' - D}{f'}$ 得

$$\Gamma = \frac{D}{f'} + 1 - \frac{P'}{f'} = \frac{250}{25} + 1 - \frac{50}{25} = 9$$

（2）本小题有两种解法。

方法 1：根据视觉放大率的定义求解。由 $K = 50\%$

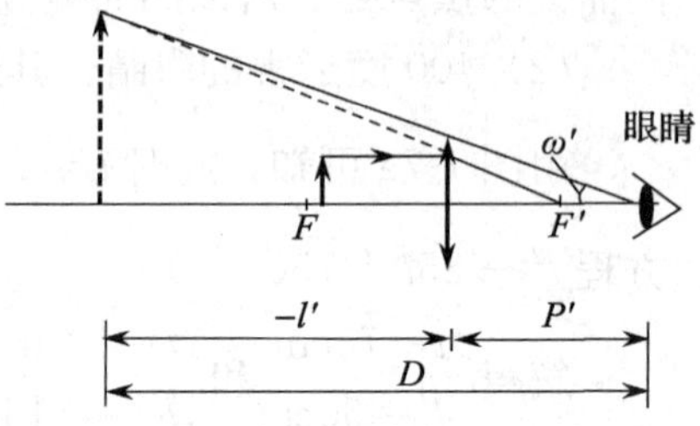

图 7-8　例 7-3 图

时的成像关系可得 $\tan\omega' = \dfrac{2R}{2P'} = \dfrac{18}{2\times 50} = 0.18$，代入公式 $\Gamma = \dfrac{\tan\omega'}{\tan\omega}$ 得 $\tan\omega = \dfrac{0.18}{9} = 0.02$

因为当人眼直接观察物时，$\tan\omega = \dfrac{y}{D}$，所以 $2y = 2D\tan\omega = (2\times 250\times 0.02)\text{mm} = 10\text{mm}$

方法 2：根据成像关系求解。由 $\tan\omega' = \dfrac{y'}{D} = 0.18$ 得 $y' = (250\tan\omega')\text{mm} = 45\text{mm}$

将 $l' = P' - D = (50-250)\text{mm} = -200\text{mm}$，$f' = 25\text{mm}$ 代入公式 $\dfrac{1}{l'} - \dfrac{1}{l} = \dfrac{1}{f'}$ 得到 $l = -22.22\text{mm}$

又因为 $\beta = \dfrac{y'}{y} = \dfrac{l'}{l} = \dfrac{-200}{-22.22} = 9$，解得 $2y = 10\text{mm}$

(3) 将 $l' = P' - D = (50-250)\text{mm} = -200\text{mm}$，$f' = 25\text{mm}$ 代入公式 $\dfrac{1}{l'} - \dfrac{1}{l} = \dfrac{1}{f'}$ 得到 $l = \left(\dfrac{1}{l'} - \dfrac{1}{f'}\right)^{-1} = \left(-\dfrac{1}{200} - \dfrac{1}{25}\right)^{-1} = -22.22\text{mm}$

例 7-4 有一个焦距 $f' = 50\text{mm}$，口径 $D = 50\text{mm}$ 的放大镜，观察者眼睛瞳孔直径为 4mm，其位置在放大镜后 60mm 处。假定眼珠不动，而且像在明视距离处，

(1) 判断并确定放大镜和人眼所组成系统的孔径光阑和视场光阑。

(2) 求入瞳、出瞳的位置及大小。

(3) 求入窗及出窗的位置。

(4) 求 $K = 50\%$ 时的物方视场大小。

【解】 (1) 判断光学系统的光束限制情况，可以在物空间判断，也可以在像空间判断。

方法 1：若在物空间判断，需先求瞳孔在物空间成像的位置和大小。先求物点位置：将 $f' = 50\text{mm}$，$l' = -(250-60)\text{mm} = -190\text{mm}$ 代入公式 $\dfrac{1}{l'} - \dfrac{1}{l} = \dfrac{1}{f'}$ 得 $l = -39.58\text{mm}$

即物点位于放大镜左侧 39.58mm 处。

瞳孔对放大镜在物空间所成像的位置：将 $f' = 50\text{mm}$，$l' = 60\text{mm}$ 代入公式 $\dfrac{1}{l'} - \dfrac{1}{l} = \dfrac{1}{f'}$ 得 $l = -300\text{mm}$

瞳孔对放大镜在物空间所成像的大小 $D_P = \dfrac{D'_P}{\beta} = \dfrac{lD'_P}{l'} = 20\text{mm}$

物对瞳孔在物空间像的张角为 $u_1 = \arctan\dfrac{10}{300-39.58} = 2.2°$

物对放大镜的张角为 $u_2 = \arctan\dfrac{25}{39.58} = 32°$

故瞳孔为孔径光阑，放大镜本身为视场光阑。

方法 2：若在像空间判断，因放大镜和瞳孔都位于系统的像空间，可直接从像点向它们的边缘张角。

像对瞳孔的张角为 $u'_1 = \arctan\dfrac{2}{250} = 0.46°$

像对放大镜的张角为 $u'_2 = \arctan\dfrac{25}{250-60} = 7.49°$

故瞳孔为孔径光阑，放大镜本身为视场光阑。

(2) 孔径光阑位于放大镜右侧 60mm 处，大小为 4mm，它本身就是出瞳；入瞳位置在放大镜左侧 300mm 处，大小为 20mm。

(3) 系统的视场光阑即为放大镜，因为其前后均无成像系统，故它同时是入窗和出窗，其大小为直径 50mm。

(4) 物方视场角 $2\omega = 2\arctan\dfrac{25}{300} = 9.527°$，线视场 $2y = 2(300-39.58)\tan\omega\ \text{mm} = 43.4\text{mm}$

例 7-5 有一个生物显微系统，物镜焦距 $f'_o = 15\text{mm}$，目镜焦距 $f'_e = 25\text{mm}$，相距 190mm，当目镜成像在明视距离处时，求：

(1) 物体的位置和显微镜的放大率。

(2) 若用此显微镜进行显微摄影，底片平面距目镜 500mm，此显微系统应相对物面移动的方向和距离。

(3) 分别画出两种情况下的光路图并进行比较。

【解】 (1) 先根据题意画出光学系统的光路，如图 7-9a 所示。

将 $l_z = -190\text{mm}$，$f'_e = 25\text{mm}$ 代入公式 $\dfrac{1}{l'_z} - \dfrac{1}{l_z} = \dfrac{1}{f'_e}$，解得出瞳距 $l'_z = 28.788\text{mm}$

将 $l'_2 = -(250-28.788)\text{mm} = -221.212\text{mm}$，$f'_e = 25\text{mm}$ 代入 $\dfrac{1}{l'_2} - \dfrac{1}{l_2} = \dfrac{1}{f'_e}$，解得 $l_2 = -22.4615\text{mm}$

再将 $l'_1 = d + l_2 = (190-22.4614)\text{mm} = 167.5385\text{mm}$，$f'_o = 15\text{mm}$，代入 $\dfrac{1}{l'_1} - \dfrac{1}{l_1} = \dfrac{1}{f'_o}$，解得物体的位置 $l_1 = -16.475\text{mm}$

显微镜的放大率：$\Gamma = \beta\Gamma_e = \dfrac{l'_1}{l_1}\left(\dfrac{250}{f'_e} + 1 - \dfrac{l'_z}{f'_e}\right) = -10.1692 \times 9.8485 = -100.15^{\times}$

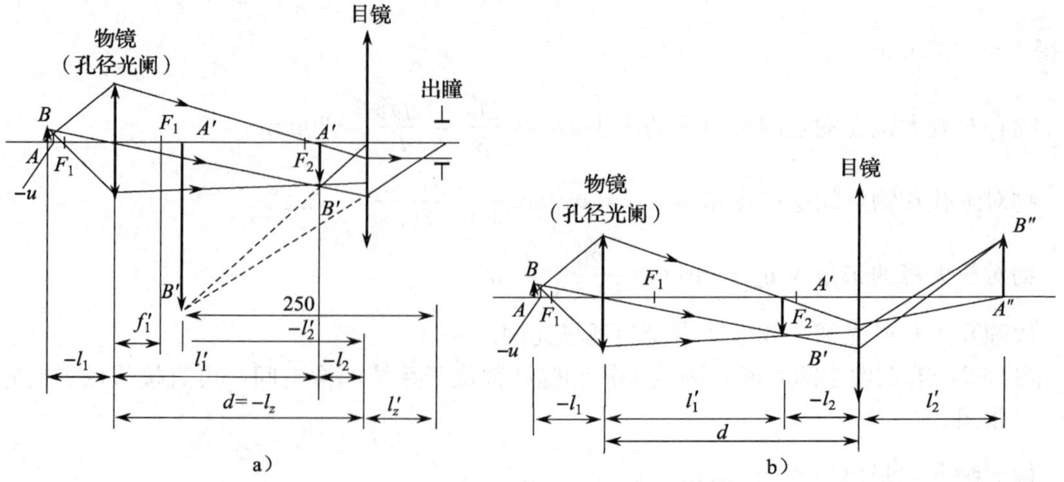

图 7-9 例 7-5 图

（2）显微摄影时成像关系如图 7-9b 所示。

将 $l'_2 = 500\text{mm}$，$f'_e = 25\text{mm}$ 代入 $\dfrac{1}{l'_2} - \dfrac{1}{l_2} = \dfrac{1}{f'_e}$，解得 $l_2 = -26.3158\text{mm}$

将 $l'_1 = d + l_2 = (190 - 26.3158)\text{mm} = 163.684\text{mm}$，$f'_o = 15\text{mm}$ 代入 $\dfrac{1}{l'_1} - \dfrac{1}{l_1} = \dfrac{1}{f'_o}$，解得物体位置 $l_1 = -16.513\text{mm}$。

（3）最终光路图略。由以上计算得：显微成像目视观察时，$l_1 = -16.475\text{mm}$；进行显微摄影时，$l_1 = -16.5136\text{mm}$。比较两种情况得到如下结论：进行显微摄影时，应将显微系统整体相对物面向后移动 0.038mm。

例 7-6 测量显微镜目镜的视觉放大率 $\Gamma_目 = 15^\times$，物镜的倍率 $\beta = -4^\times$，物高 $2y = 4\text{mm}$，数值孔径 $NA = 0.1495$，设物镜的物面到像面间的距离为 180mm。

（1）求物镜的焦距。

（2）不发生渐晕时物镜的通光口径需要多大。

（3）显微镜的孔径光阑应为多大。

（4）不发生渐晕时目镜的通光口径需要多大。

（5）画出光路图。

【解】 测量显微镜光路如图 7-10 所示。

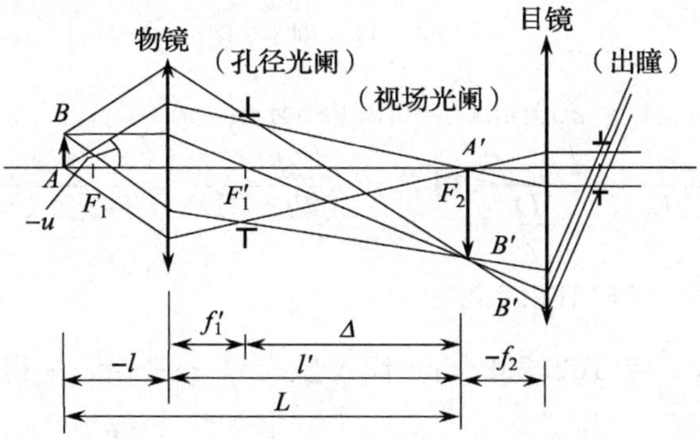

图 7-10　例 7-6 图

（1）由 $\begin{cases}(-l) + l' = 180 \\ \beta = \dfrac{l'}{l} = -4\end{cases}$ 解得 $\begin{cases}l = -36\text{mm} \\ l' = 144\text{mm}\end{cases}$

代入公式 $\dfrac{1}{f'} = \dfrac{1}{l'} - \dfrac{1}{l}$ 得 $f' = 28.8\text{mm}$

（2）由 $NA = n\sin u = 0.1495$ 得 $u = 8.59°$

物镜的通光孔径：$D_1 = 2(-l)\tan(-u) + 2y = 14.89\text{mm}$

（3）设孔径光阑直径为 D，由三角形关系 $\dfrac{D}{D_1 - 2y} = \dfrac{l' - f'_1}{l'}$ 得 $D = (D_1 - 2y)(l' - f'_1)/l' = [(14.89 - 4)(144 - 28.8)/144]\text{mm} = 8.7\text{mm}$

（4）设主光线在目镜上的投射高度是 $h_{z目}$，由三角形关系 $\dfrac{h_{z目}}{y} = \dfrac{l' - f'_1 + f'_2}{f'_1}$，其中 $f'_2 = \dfrac{250}{\Gamma_目} = 16.67\text{mm}$，解得 $h_{z目} = \left(\dfrac{l' - f'_1 + f'_2}{f'_1}\right)y = \left(\dfrac{144 - 28.8 + 16.67}{28.8}\right) \times 2\text{mm} = 9.16\text{mm}$

出瞳大小 $D' = \dfrac{500NA}{\beta\Gamma_e} = (500 \times 0.1495)/(4 \times 15)\text{mm} = 1.25\text{mm}$

故不发生渐晕时目镜的通光口径 $D_2 = 2h_{z目} + D' = (2 \times 9.16 + 1.25)\text{mm} = 19.57\text{mm}$

（5）最终光路图略。

例 7-7　一开普勒望远镜，物镜焦距 $f'_o = 200\text{mm}$，目镜焦距 $f'_e = 25\text{mm}$，物方视场角 $2\omega = 8°$，渐晕系数 $K = 50\%$，为了使目镜通光口径 $D = 23.7\text{mm}$，在物镜后焦面上放一场镜，试求：

（1）场镜焦距。

（2）若该场镜是平面在前的平凸薄透镜，折射率 $n = 1.5$，求其球面的曲率半径。

【解】　开普勒望远镜的主光线光路如图 7-11 所示。

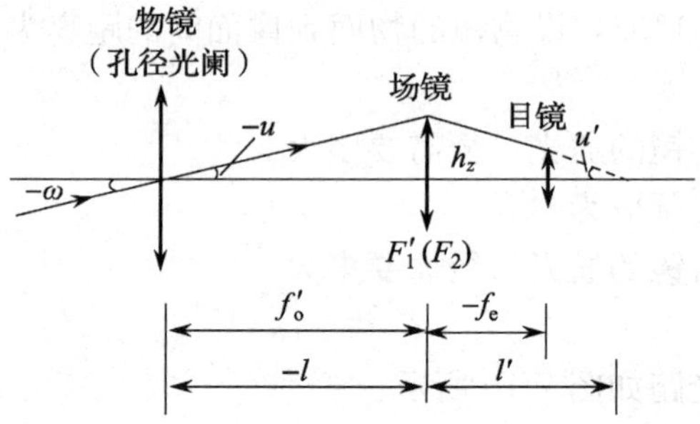

图 7-11　例 7-7 图

（1）$h_z = f'_o \tan(-\omega) = 200\tan 4° = 13.9854\text{mm}$

由三角形相似关系 $\dfrac{l'}{h_z} = \dfrac{l' - f'_e}{\dfrac{D}{2}}$ 得 $l' = \dfrac{2h_z f'_e}{(2h_z - D)} = \dfrac{2 \times 13.9854 \times 25}{(2 \times 13.9854 - 23.7)}\text{mm}$

$= 163.7328\text{mm}$

将 $l = -200\text{mm}$，$l' = 163.7328\text{mm}$ 代入公式 $\dfrac{1}{l'} - \dfrac{1}{l} = \dfrac{1}{f'}$ 得 $f'_{场} = 90.0292\text{mm}$

（2）对于平凸薄透镜，将 $r_1 = \infty$（$\rho_1 = 0$）$\Phi = \dfrac{1}{f'_{场}} = 0.0111$，$n = 1.5$ 代入公式

$\Phi = (n-1)(\rho_1 - \rho_2)$ 得 $\rho_2 = \dfrac{\Phi}{1-n} = \dfrac{0.0111}{-0.5} = -0.0222$　即 $r_2 = \dfrac{1}{\rho_2} = -45.0450\text{mm}$

例 7-8＊　已知组合物镜由 2 片薄透镜组成，其焦距为 500mm，相对孔径为 $\dfrac{1}{10}$。它对无穷远物体成像时，第一片薄透镜到像平面的距离为 400mm，第二片薄透镜到像平面的距离为 300mm。

（1）求组合物镜的结构参数。

（2）若用该组合物镜和另一目镜构成开普勒望远镜，出瞳大小为 2mm，求望远镜的视觉放大率。

（3）求目镜的焦距、放大率。

（4）如果物镜组中第一片薄透镜为孔径光阑，求出瞳距。

（5）求望远镜的分辨率。

（6）如果视度调节为 $\pm 5D$，求目镜的沿轴移动量。

（7）画出光路图。

【解】（1）根据题意，画出组合物镜的结构如图 7-12a 所示。两薄透镜间隔 $d=400-300=100\text{mm}$

设 $h_1=100\text{mm}$ 并将 $\begin{cases} f'=500\text{mm} \\ d=100\text{mm} \\ l'_F=300\text{mm} \end{cases}$ 代入正切公式

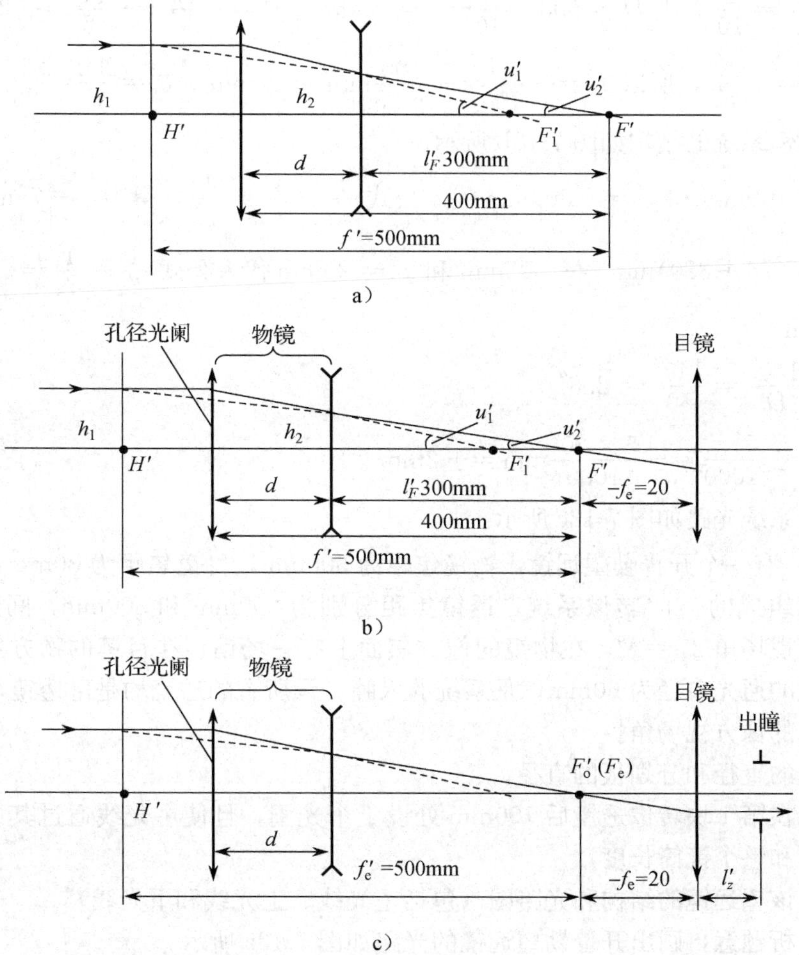

图 7-12　例 7-8 图

$$\begin{cases} \tan u'_1=\dfrac{h_1}{f'_1}=\tan u_2 \\ h_2=h_1-d\tan u'_1 \\ \tan u'_2=\tan u_2+\dfrac{h_2}{f'_2} \\ f'=\dfrac{h_1}{\tan u'_2} \\ l'_F=\dfrac{h_2}{\tan u'_2} \end{cases}\text{，得方程组}\begin{cases} \tan u'_1=\dfrac{100}{f'_1}=\tan u_2 & ① \\ h_2=100-100\tan u'_1 & ② \\ \tan u'_2=\tan u_2+\dfrac{h_2}{f'_2} & ③ \\ 500=\dfrac{100}{\tan u'_2} & ④ \\ 300=\dfrac{h_2}{\tan u'_2} & ⑤ \end{cases}$$

由④式得 $\tan u_2' = \frac{100}{500} = 0.2$

代入⑤式得 $h_2 = 300 \times 0.2\text{mm} = 60\text{mm}$

代入②式得 $\tan u_1' = 0.4$

代入①式得 $f_1' = 250\text{mm}$

代入③式得 $f_2' = -300\text{mm}$

(2) 因 $\frac{D}{f'} = \frac{1}{10}$，则 $D = 500 \times \frac{1}{10}\text{mm} = 50\text{mm}$。$\Gamma = -\frac{D}{D'} = -\frac{50}{2} = -25^{\times}$

(3) 因 $\Gamma = -\frac{f_o'}{f_e'}$，所以 $f_e' = -\frac{f_o'}{\Gamma} = -\frac{500}{-25}\text{mm} = 20\text{mm}$，$\Gamma_e = \frac{250}{f_e'} = \frac{250}{20} = 12.5^{\times}$

(4) 望远镜系统的结构如图 7-12b 所示。

将 $l_1 = -100\text{mm}$ 和 $f_2' = -300\text{mm}$ 代入公式 $\frac{1}{l'} - \frac{1}{l} = \frac{1}{f'}$，得 $l_1' = -75\text{mm}$

将 $l_2 = -(75 + 320)\text{mm} = -395\text{mm}$ 和 $f_e' = 20\text{mm}$ 代入公式 $\frac{1}{l'} - \frac{1}{l} = \frac{1}{f'}$，得出瞳距 $l_z' = 21.07\text{mm}$

(5) $\varphi = \frac{140''}{D} = \frac{140''}{50} = 2.8''$

(6) $\Delta x = \pm \frac{5 f_e'^2}{1000} = \pm \frac{5 \times 20^2}{1000}\text{mm} = \pm 2\text{mm}$

(7) 望远系统光路如图 7-12c 所示。

例 7-9 *　有一个开普勒望远镜，物镜焦距为 300mm，目镜焦距为 30mm，中间加入一个由两块透镜组成的 $-1^{\times}$ 转像系统，透镜焦距分别为 200mm 和 300mm，间隔为 250mm。该系统的物方视场角 $2\omega = 4°$，在物镜的像方焦面上有一场镜，在目镜的物方焦平面上有一分划板，物镜的通光口径为 60mm，是系统的入瞳。设所有的透镜均是薄透镜，求：

(1) 系统的像方视场角。

(2) 场镜的直径和分划板的直径。

(3) 如果在第 1 块转像透镜后 100mm 处设 1 个光阑，且使主光线通过其中心，求光阑距物镜的距离和整个镜筒长度。

(4) 画出该望远镜的结构和光路图（包括主光线、上光线和下光线）

【解】 分析题意，画出开普勒望远镜的光路如图 7-13a 所示。

(1) 因 $\Gamma = -\frac{f_o'}{f_e'}\beta = \frac{\tan\omega'}{\tan\omega}$，其中 $\beta = -1$ 是转像透镜组的垂轴放大率。

所以 $2\omega' = 2\arctan\left(\frac{f_o'}{f_e'}\tan\omega\right) = 2\arctan 0.349 = 38.5°$

(2) 场镜的直径 $D_{场} = 2f_o'\tan\omega = 2 \times 300\text{mm} \times \tan 2° = 20.95\text{mm}$

因转像透镜组的垂轴放大率 $\beta = -1$，主光线在分划板上的投射高度应与场镜上的投射高度相同。所以

$$D_{分} = D_{场} = 20.95\text{mm}$$

(3) 首先计算由 L_1、L_2 组成的转像系统组合参数，如图 7-13b 所示。

$$\Delta = d - f_1' - f_2' = (250 - 200 - 300)\text{mm} = -250\text{mm}$$

$$f' = -\frac{f'_1 f'_2}{\Delta} = \frac{200 \times 300}{250}\text{mm} = 240\text{mm}$$

$$l_H = f\frac{d}{f_2} = \left(-240 \times \frac{250}{-300}\right)\text{mm} = 200\text{mm}\,,\ l'_H = -f'\frac{d}{f'_1} = \left(-240 \times \frac{250}{200}\right)\text{mm} = -300\text{mm}$$

$$l_F = -f'\left(1 + \frac{d}{f_2}\right) = \left[-240 \times \left(1 + \frac{250}{-300}\right)\right]\text{mm} = -40\text{mm}$$

$$l'_F = f'\left(1 - \frac{d}{f'_1}\right) = \left[240 \times \left(1 - \frac{250}{200}\right)\right]\text{mm} = -60\text{mm}$$

由于转像透镜组的垂轴放大率 $\beta = -1$，故图 7-13b 中有 $l = -2f' = -480\text{mm}$，$l' = 2f' = 480\text{mm}$。

于是可以求得 $l_1 = l + l_H = (-480 + 200)\text{mm} = -280\text{mm}$，$l'_2 = l' + l'_H = (480 - 300)\text{mm} = 180\text{mm}$。

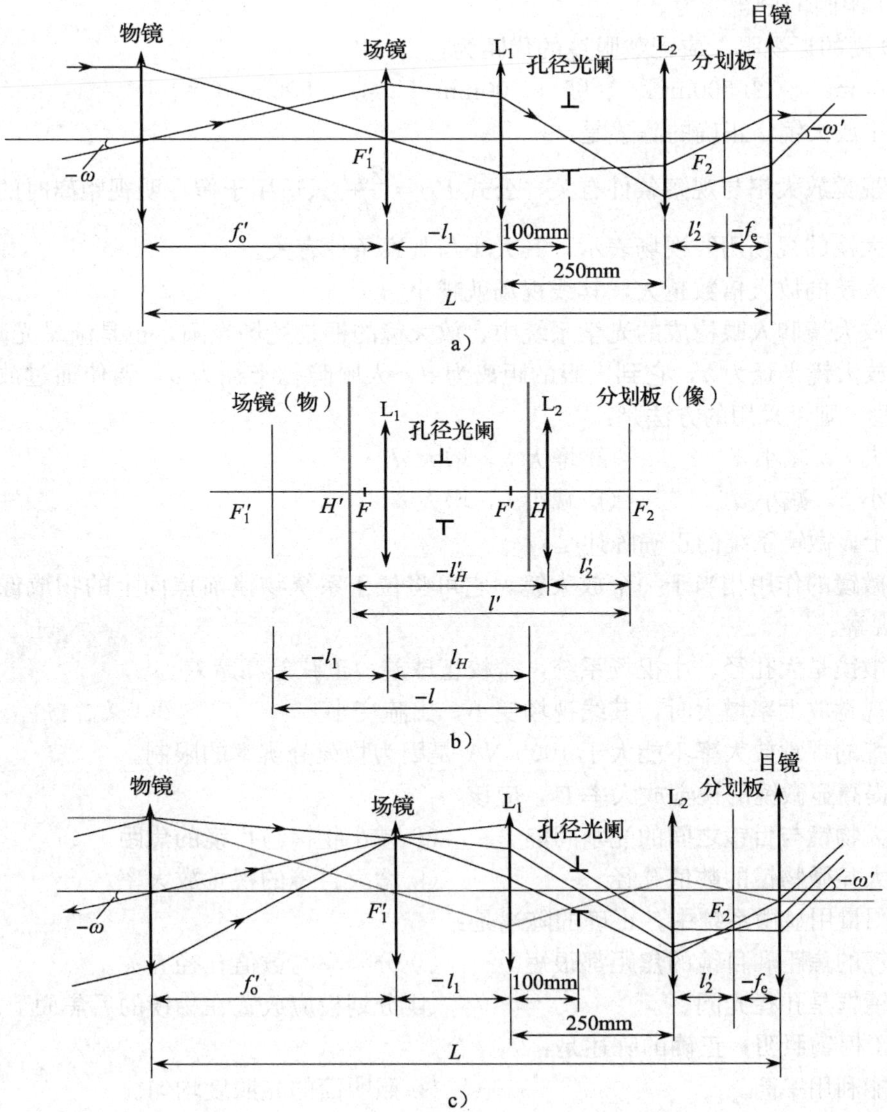

图 7-13　例 7-9 图

所以孔径光阑距物镜的距离为 $S=(300+280+100)\mathrm{mm}=680\mathrm{mm}$，整个镜筒长度 $L=(300+280+250+180+30)\mathrm{mm}=1040\mathrm{mm}$

(4) 结构和光路如图 7-13c 所示。

四、自测练习

(一) 多重选择（答案可能不止 1 个）

1. 眼睛可等效为一个摄影光学系统，它的主要特性表现在：

① 眼睛是一个变焦系统，当观察近处物体时，其焦距变大，反之其焦距变小。

② 眼睛的视觉灵敏度随光谱而异，在连续可见光谱中间的部分视觉灵敏度较高。

③ 眼睛的对准精度与对准方式有关，其中两直线重合方式的对准精度最高。

④ 眯起眼睛可以看清原本模糊的景物是因为瞳孔直径缩小，减小了眼睛光学系统的像差，提高了眼睛的分辨能力。

2. 200 度的近视眼，应配戴眼镜的焦距为：

① 200mm　② 500mm　③ −200mm　④ −500mm

3. 对于放大镜，正确的陈述是：

① 其视觉放大率与观察条件有关，公式 $\Gamma_0=\dfrac{250}{f'}$ 只适用于像在明视距离时的情况。

② 放大镜的视场用线视场表示，其大小与观察条件有关。

③ 放大镜的放大倍数越大，其线视场就越小。

④ 在放大镜和人眼构成的光学系统中，放大镜的框是视场光阑，也是渐晕光阑。

4. 设放大镜半径为 h，它到人眼的距离为 d，人眼瞳孔半径为 a，要使通过放大镜看到的视场大些，则可采用的方法是：

① 增大 h，减小 d　② 增大 h，增大 d

③ 减小 h，减小 d　④ 减小 h，增大 d

5. 关于显微镜系统的正确陈述是：

① 显微镜的作用相当于一个放大镜，它可将位于系统物镜前焦面上的物成像在无穷远处供人眼观察。

② 显微镜是大孔径、小视场系统，需校正球差、正弦差和慧差。

③ 当视觉放大率增大时，其线视场变小，出瞳变小。

④ 系统的视觉放大率不能大于 1000 NA 是因为物镜分辨率的限制。

6. 为提高显微镜的视觉放大率 Γ，应该

① 增大物镜与目镜之间的光学间隔。　② 减小物镜与目镜的焦距。

③ 增大显微物镜的数值孔径。　④ 增大目镜的视觉放大率。

7. 在测量用显微系统中，正确的陈述是：

① 物镜的焦距和目镜的焦距都很短。　② 分辨率与数值孔径有关。

③ 物镜框是孔径光阑。　④ 分划板应放置在物镜的后焦面上。

8. 对于柯勒照明，正确的陈述是：

① 光能利用率高。　② 照明面的光照度均匀。

③ 照明系统的出瞳与后接光学系统的入瞳衔接。

④ 照明系统的出瞳与后接光学系统的入窗衔接。

9. 对于临界照明，正确的陈述是：

① 光能利用率高。　　② 照明面的光照度均匀。

③ 光源面是照明系统的视场光阑。　　④ 聚光镜是照明系统的孔径光阑。

10. 在开普勒望远镜中，正确的陈述是：

① 物镜的焦距和目镜的焦距都很短。　　② 光学间隔为 0。

③ 物镜框是孔径光阑。　　④ 分划板应放置在物镜的后焦面上。

11. 在望远系统中，正确的陈述是：

① 系统的作用是扩大人眼对物的张角。

② 系统的作用是通过提高垂轴放大率 β 来使人眼看清物。

③ 物镜的焦距应大于目镜的焦距。

④ 系统设计中应使光学间隔尽量增大。

12. 对于照相系统，正确的陈述是：

① 焦距变大，可使像增大。

② 光圈变大，可使像面照度增大。

③ 光圈变大，可使像面照度不均匀程度变大。

④ 相对孔径决定了照相系统的分辨率。

13. 在照相系统中

① 胶片尺寸一定时，焦距越长视场角越小。

② 当焦距一定时，胶片尺寸越大视场角越小。

③ 孔径光阑的位置影响轴外物点参与成像光束的选择。

④ 孔径光阑的大小影响轴上物点参与成像光束的口径。

14. 在用照相机拍摄景物时，要获得较大的景深，应该

① 增大照相系统的入瞳直径。　　② 将对准平面置于无穷远处。

③ 选用长焦距镜头。　　④ 增大光圈数。

15. 拍摄人像艺术照，为突出主要人物，使背景模糊，应选用：

① 大焦距、小 F 数和小对准距离

② 大焦距、大 F 数和小对准距离

③ 大焦距、大 F 数和大对准距离

④ 小焦距、小 F 数和小对准距离

16. 照相系统的三个重要参数是：

① 视场角、分辨率和焦距　　② 视场角、相对孔径和焦距

③ 视场角、数值孔径和焦距　　④ 视场角、相对孔径和分辨率

（二）填空

1. 若某先生佩戴 200 度的远视眼镜正合适，则该眼镜的焦距为（　　）mm，该先生的远点距为（　　）m。

2. 人眼的物方焦距要比像方焦距（　　）（长/短）；若某人的远点距为眼后 1m，则需要佩戴（　　）度的老花镜，其焦距为（　　）mm。

3. 使用放大镜观察物体时，孔径光阑是（　　），视场光阑是（　　）。

4. 望远系统的光学结构特点是（　　）和（　　）。使用伽利略望远镜观察物体时，孔径光阑是（　　），视场光阑是（　　）。由于该系统的入窗与物面不重合，所以观察大视场时一般存在（　　）现象。

5. 采用叉丝对直线的方法对准时，人眼的对准精度为 15″，通过放大倍率为 10 倍的望远镜以同样的方法瞄准时对准精度为（　　）。

6. 生物显微镜常用的透射照明方式有（　　）和柯勒照明两种。柯勒照明系统主要由（　　）、（　　）、（　　）和两个光阑组成，它与显微镜系统的光瞳衔接关系是（　　）。

7. 显微镜常用的物镜倍率是 $4^{\times}$、$10^{\times}$、（　　）和 $100^{\times}$，常用的目镜倍率是 $5^{\times}$、$10^{\times}$ 和（　　）。因此通常情况下，显微镜最大的放大倍率为（　　）。为了兼顾显微镜分辨本领与放大倍数之间的关系，其数值孔径和视觉放大率应满足关系式（　　）。

8. 有一浸液物镜，物方为 $n=1.4$ 的液体，像方为空气。测得像方焦距为 100mm，则其物方焦距为（　　）mm；若物镜数值孔径为 0.7，则物方孔径角为（　　）度。

9. 一个油浸显微镜，用波长为 450nm 的蓝光照明，分辨率为每毫米 4400 线对，则该显微镜的数值孔径为（　　）。

10. 一个 $8^{\times}$ 开普勒望远镜后加一个倒置的 $100^{\times}$ 显微镜，整个系统的焦距是（　　）mm。

11. 摄影物镜的三个重要参数是（　　）、（　　）和（　　）。其中（　　）影响像面的照度和分辨率。对摄影系统而言，焦距越长，景深越（　　）；入瞳直径越大，景深越（　　）；拍摄距离越远，景深越（　　）。

12. 用相对孔径为 1∶2 的照相物镜在日光下进行拍摄，若已知底片的分辨率为 80lp/mm，则系统的分辨率能够达到（　　）lp/mm。

13. 已有一个焦距为 150mm 的物镜，若想制作一个 $6^{\times}$ 的望远镜，应选用焦距为（　　）的目镜，分别采用开普勒和伽利略望远镜结构，对应得到系统的机械筒长为（　　）和（　　）。

14. 在变焦距光学系统中，对像面移动进行补偿的方法主要有机械补偿法和（　　）两种。机械补偿法中，焦距的变化是通过（　　）来实现的，其变倍比为（　　）。

15. 有一个变焦投影物镜将投影图片成像于投影屏幕上，如要使放大倍率再大些，焦距应变得更（　　）一些，此时如果相对孔径不变，像面照度会变得更（　　）。

16. 评价小像差光学系统的成像质量可以选用（　　）、（　　）和光学传递函数方法；评价大像差光学系统的成像质量可以选用（　　）、（　　）和光学传递函数方法。其中最客观全面的方法是（　　）。

（三）计算

1. 如图 7-14 所示，观察者 P 通过一块薄玻璃片观察凸面镜中自己眼睛的像。若凸面镜的焦距为 100mm，眼睛离凸面镜顶点的距离为 400mm。观察者移动玻璃片，使玻璃片反射的眼睛像与在凸面镜中看到的眼睛像重合在一起，求此时玻璃片离眼睛的距离。

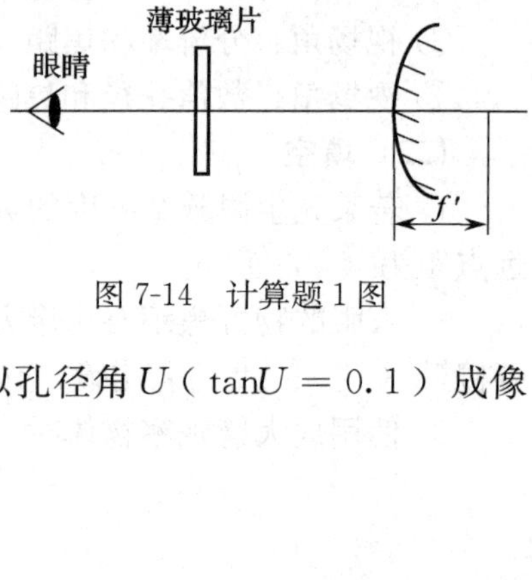

图 7-14　计算题 1 图

2. 有一个显微系统，物镜焦距 $f'=10\text{mm}$，孔径光阑位于物镜的像方焦平面上，当物体位于 $l=-1.1f'$ 处，以孔径角 U（$\tan U=0.1$）成像时，求：

（1）显微镜的孔径光阑。

（2）显微镜的数值孔径和分辨率（设 $\lambda = 550\text{nm}$）。

（3）当物镜的通光口径 $D = 8f' \tan U$ 时，不发生渐晕的视场大小。

（4）画出光路图（包括轴上点光束和轴外点光束）。

3. 有一个测量显微镜，放大率 $\Gamma = -100^{\times}$，物体位于物镜前 15mm 处；若物镜放大倍率 $\beta = -10^{\times}$，数值孔径 $NA = 0.2$，通光孔径为 10mm，试求：

（1）显微镜的分辨率。

（2）物镜和目镜的焦距。

（3）不发生渐晕时的视场大小 $2y$。

（4）分划板的大小和位置。

（5）孔径光阑的大小和位置。

（6）若视度调节为±4 个屈光度，目镜应能移动的距离。

（7）画出系统的光路图。

4. 一个显微镜物镜的垂轴放大率为 $\beta = -3^{\times}$，数值孔径 $NA = 0.1$，共扼距 $L = 180\text{mm}$，物镜框是孔径光阑，目镜焦距 $f'_e = 25\text{mm}$，求：

（1）显微镜的视觉放大率。

（2）出射光瞳直径。

（3）出射光瞳距离（镜目距）。

（4）斜入射照明时显微镜的分辨率，$\lambda = 0.55\mu\text{m}$。

（5）物镜的通光孔径。

（6）物高 $2y = 6\text{mm}$，渐晕系数 $K = 50\%$ 时目镜的通光孔径。

5. 欲分辨 0.000725mm 的微小物体，使用波长 $\lambda = 0.00055\text{mm}$，斜入射照明，问：

（1）显微镜的视觉放大率最小应为多大?

（2）数值孔径应取多少合适?

6. 有一个生物显微镜，物镜数值孔径 $NA = 0.5$，物体大小 $2y = 0.4\text{mm}$，照明灯丝面积 $1.2 \times 1.2\text{mm}^2$，灯丝到物面的距离 100mm，采用临界照明，求聚光镜焦距和通光孔径。

7. 一个照明器由灯泡和聚光镜组成，已知聚光镜焦距 $f' = 400\text{mm}$，通光孔径 $D = 200\text{mm}$，要求照明距离为 5m 远直径为 3m 的圆，试问灯泡应安装在什么位置。

8. 为看清 4km 处相隔 150mm 的两个点（设 $1' = 0.0003\text{rad}$），用开普勒望远镜观察，

（1）求开普勒望远镜的工作放大倍率。

（2）若筒长 $L = 100\text{mm}$，求物镜和目镜的焦距。

（3）物镜框是孔径光阑，求出射光瞳距离。

（4）为满足工作放大率的要求，求物镜的通光孔径。

（5）视度调节在±5D（屈光度），求目镜的移动量。

（6）若物方视场角 $2\omega = 8°$ 求像方视场角。

（7）渐晕系数 $K = 50\%$，求目镜的通光孔径。

9. 开普勒望远镜的筒长为 225mm，视觉放大率 $\Gamma = -8^{\times}$，视场角 $2\omega = 6°$，出瞳 $D' = 5\text{mm}$，系统不发生渐晕。

（1）求物镜和目镜的焦距。

（2）目镜的通光孔径和出瞳距。

（3）在物镜焦面处放一场镜，其焦距 $f'=75$mm，求新的出瞳距和目镜的通光孔径。

（4）目镜的视度调节在±4D（屈光度），求目镜的移动量。

10. 已知液晶电视屏对角线为 76.2mm，大屏幕对角线尺寸为 2540mm，投影距离（即投影物镜到屏幕的距离）为 3100mm，如果要求投影画面对角线在 1143～2286mm 之间连续可调，试求投影变焦物镜的焦距范围和最大视场？

11. 有一投影测量系统，垂轴放大率 $\beta=-20^{\times}$，共轭距为 441mm；若孔径光阑直径 10mm，且投影屏幕对角线长 380mm，试求：

（1）投影物镜的焦距。

（2）物方最大量程。

（3）物镜的通光孔径（测量系统不允许有渐晕）。

（4）将此投影物镜按照相物镜来考虑，它能否分辨 1μm 的细节信息？

（5）画出光路图。

参考答案及提示

（一）多重选择（答案可能不止 1 个）

1. ②④	2. ④	3. ②③④	4. ①
5. ③④	6. ①②④	7. ①②	8. ②④
9. ①③	10. ②③④	11. ①③	12. ①②④
13. ①③④	14. ④	15. ①	16. ②

（二）填空

1. （500）（眼后 0.5）

2. （短）（100）（1000）

3. （人眼瞳孔）（放大镜框）

4. （光学间隔等于 0）（物镜焦距大于目镜焦距）（人眼瞳孔）（物镜外框）（渐晕）

5. （1.5″）

6. （临界照明）（光源）（柯勒镜）（聚光镜）（照明系统的出瞳与显微镜系统的入窗重合、照明系统的出窗与显微镜系统的入瞳重合）

7. （$40^{\times}$）（$15^{\times}$）（$1500^{\times}$）（$500\,NA \leqslant \Gamma \leqslant 1000\,NA$）

8. （−140）（30）

9. （0.99）

10. （0.3125）【提示】组合后系统仍为一个倒置的显微镜。

11. （焦距 f'）（视场角 2ω）（相对孔径 $\frac{D}{f'}$）（相对孔径 $\frac{D}{f'}$）（小）（小）（大）

12. （72.17）

13. （25mm）（175mm）（125mm）

14.（光学补偿法）（一个或多个子系统的轴向移动、改变光组间隔）（$\frac{f'_{max}}{f'_{min}}$）。

15.（小）（暗）

16.（瑞利判断）（中心点亮度）（分辨率）（点列图）（光学传递函数法）

（三）计算

1. 240mm［提示］球面反射镜 $f'=\frac{r}{2}$

2. $D = 2mm$；$NA = 0.1$，$\sigma = 2.75\mu m$；$2y = 5.8mm$；光路图略

3. $\sigma = 1.4\mu m$；$f'_o = 13.63mm$，$f'_e = 25mm$；$2y = 4mm$；$2y' = 40mm$；5.464mm；±2.5mm；光路图略

4. $\Gamma = -30^{\times}$；$D' = 1.67mm$；$l'_z = 29.62mm$；$\sigma = 2.75\mu m$；$D = 9.02mm$；$D_{目} = 21.33mm$

5. $189.7^{\times}$；$NA = 0.379$

6. 18.75mm；28.86mm

7. $l = -188.679mm$

8. $\Gamma = 16 \sim 24^{\times}$；$f'_o = 88.89mm$，$f'_e = 11.11mm$；$l'_Z = 12.5mm$；$D = 18.4mm$；$\Delta x = \pm 0.62mm$；$2\omega' = 58.44°$；$D_{目} = 13.985mm$

9. $f'_o = 200mm$，$f'_e = 25mm$；$D_{目} = 28.6mm$，$P' = 28.125mm$；$D_{目2} = 21.59mm$，$P'_2 = 19.79mm$；$x = \pm 2.5mm$

10. $f' = 100 \sim 193.75mm$；$2\omega_{max} = 78.659°$

11. $f' = 20mm$；19mm；29.5mm；能；物方远心光路图略

物理光学篇

第八章　光的电磁理论基础

一、学习要求

通过对本章的学习，应明确麦克斯韦方程组、物质方程和波动方程的表达式及物理意义；掌握波动方程各种电磁波解（其中包括平面波解、简谐波解、球面波和柱面波解）的表达式、物理意义及公式中各参数的意义和关系；掌握平面电磁波的性质；了解电磁场的连续条件和菲涅耳公式；了解吸收、色散和散射的定义及相关公式；掌握 4 种不同条件下光波叠加后形成的物理现象、合成波表达式及其性质。

二、重点内容

1. 麦克斯韦方程组、物质方程和波动方程

麦克斯韦方程组是麦克斯韦在静电场和稳恒电流磁场基本规律基础上，考虑电场与磁场的变化，利用法拉第电磁感应定律和位移电流的概念对其进行补充和修正后得出的。它揭示了电场和磁场间相互激励的性质。麦克斯韦方程组有积分和微分两种表达式。

麦克斯韦方程组的积分形式

$$\oiint_S \boldsymbol{D}\cdot \mathrm{d}\boldsymbol{s} = Q \tag{8-1}$$

$$\oiint_S \boldsymbol{B}\cdot \mathrm{d}\boldsymbol{s} = 0 \tag{8-2}$$

$$\oint_l \boldsymbol{E}\cdot \mathrm{d}\boldsymbol{l} = -\frac{\mathrm{d}\Phi}{\mathrm{d}t} = -\iint \frac{\partial \boldsymbol{B}}{\partial t}\cdot \mathrm{d}\boldsymbol{s} \tag{8-3}$$

$$\oint_l \boldsymbol{H}\cdot \mathrm{d}l = I + \iint \frac{\partial \boldsymbol{D}}{\partial t}\cdot \mathrm{d}\boldsymbol{s} \tag{8-4}$$

式中，$\boldsymbol{D}$ 为电感强度；$\boldsymbol{E}$ 为电场强度；$\boldsymbol{B}$ 为磁感应强度；$\boldsymbol{H}$ 为磁场强度；Φ 为磁通量。

上述各式表示的物理意义为：1）电场是有源的（电荷可以单独存在）；2）磁场是无源的（磁荷不可以单独存在）；3）变化的磁场产生环形电场；4）变化的电场产生位移电流，它和传导电流共同产生环形磁场。

麦克斯韦方程组的微分形式

$$\nabla\cdot \boldsymbol{D} = \rho \tag{8-5}$$

$$\nabla \cdot \boldsymbol{B} = 0 \tag{8-6}$$

$$\nabla \times \boldsymbol{E} = -\frac{\partial \boldsymbol{B}}{\partial t} \tag{8-7}$$

$$\nabla \times \boldsymbol{H} = \boldsymbol{j} + \frac{\partial \boldsymbol{D}}{\partial t} \tag{8-8}$$

上述各式表示的物理意义为：①电位移矢量起止于存在自由电荷的地方；②磁场没有起止点；③磁感应强度的变化会引起环形电场；④位移电流和传导电流一样都能产生环形磁场。

描述物质在场的作用下特性的关系式称为物质方程。静止的、各向同性的媒质中的物质方程有如下关系：

$$\boldsymbol{j} = \sigma \boldsymbol{E} \tag{8-9}$$

$$\boldsymbol{D} = \varepsilon \boldsymbol{E} \tag{8-10}$$

$$\boldsymbol{B} = \mu \boldsymbol{H} \tag{8-11}$$

式中，σ 为电导率；ε 和 μ 分别为介电常数和磁导率。在各向同性均匀介质中，ε、μ 是常数，$\sigma = 0$。在真空中 $\varepsilon = \varepsilon_0 = 8.8542 \times 10^{-12} \mathrm{C^2/N \cdot m^2}$，$\mu = \mu_0 = 4\pi \times 10^{-7} \mathrm{N \cdot s^2/C^2}$。对于非磁性物质 $\mu = \mu_0$。

根据麦克斯韦方程组，结合物质方程，利用场论公式可推出无限大各向同性均匀介质中远离辐射源区域（$\rho = 0$，$\boldsymbol{j} = 0$）的波动方程：

$$\nabla^2 \boldsymbol{E} - \varepsilon\mu \frac{\partial^2 \boldsymbol{E}}{\partial t^2} = 0 \tag{8-12}$$

$$\nabla^2 \boldsymbol{B} - \varepsilon\mu \frac{\partial^2 \boldsymbol{B}}{\partial t^2} = 0 \tag{8-13}$$

上式具有一般波动微分方程的形式，表明 $\boldsymbol{E}$、$\boldsymbol{B}$ 随时间和空间的变化符合波动规律。

电磁波在介质中的传播速度为：$v = \dfrac{1}{\sqrt{\varepsilon\mu}}$；在真空中的传播速度为：$c = 1/\sqrt{\varepsilon_0\mu_0} \approx 3 \times 10^8 \mathrm{m/s}$，介质的折射率：$n = c/v \geqslant 1$。

2. 平面电磁波及其性质

平面电磁波的通解为 $\boldsymbol{E} = \boldsymbol{f}\left(\dfrac{z}{v} - t\right)$，$\boldsymbol{B} = \boldsymbol{f}\left(\dfrac{z}{v} - t\right)$ (8-14)

它与行波的表示形式相同，表示源点的振动经过一定时间延迟才传播到场点，电磁场是逐点传播的。

平面简谐波是最简单也是最重要的波动形式，是波动方程的特解，可用于表征平面单色光波。平面简谐波可用三角形式和复数形式表示，见表 8-1。

光波参数之间的关系为

$$\omega = 2\pi\nu = 2\pi/T,\ \lambda = vT,\ k = 2\pi/\lambda = \omega/v \tag{8-15}$$

介质中的光波参数与其在真空中对应的光波参数（下脚标为 0）之间关系为

$$\nu = \nu_0,\ \lambda = \lambda_0/n,\ k = nk_0 \tag{8-16}$$

由式（8-16）可知：光在非真空介质中（$n > 1$）传播时，波长会变短，波数会增大，频率不变，光的颜色不变。所以严格讲，光波的颜色是其频率的函数而非波长的函数。

表 8-1 平面简谐电磁波的表示

形式	表达式	物理意义
三角形式	$E=A\cos\left[\omega\left(\frac{z}{v}-t\right)\right]$ 或 $E=A\cos\left[2\pi\left(\frac{z}{\lambda}-\frac{t}{T}\right)\right]$ 或 $E=A\cos[kz-\omega t]$	表示以速度 v 沿 z 轴正向传播的平面简谐电磁波
	$E=A\cos[\boldsymbol{k}\cdot\boldsymbol{r}-\omega t]$ 或 $E=A\cos[k(x\cos\alpha+y\cos\beta+z\cos\gamma)-\omega t]$	表示沿任意 $\boldsymbol{k}$ 矢量方向传播的平面简谐电磁波，$\boldsymbol{r}$ 为矢径 $\cos\alpha$、$\cos\beta$ 和 $\cos\gamma$ 为 $\boldsymbol{k}$ 矢量的方向余弦
复数形式	$E=A\exp[i(\boldsymbol{k}\cdot\boldsymbol{r}-\omega t)]$ 或 $E=Ae^{i\boldsymbol{k}\cdot\boldsymbol{r}}e^{-i\omega t}=\widetilde{E}e^{-i\omega t}$	表示沿任意 $\boldsymbol{k}$ 矢量方向传播的平面简谐电磁波，其中 $\widetilde{E}=Ae^{i\boldsymbol{k}\cdot\boldsymbol{r}}$ 为复振幅

式中，ω 为角频率，单位为 rad/s；T 为周期，单位为 s；k 为波数，单位为 rad/m；λ 为波长，单位为 m

平面电磁波的性质可以表述为

1）平面电磁波是横波，即电矢量和磁矢量的方向均垂直于光的传播方向。

2）$\boldsymbol{E}$、$\boldsymbol{B}$、$\boldsymbol{k}$ 互成右手螺旋系。

3）$\boldsymbol{E}$、$\boldsymbol{B}$ 同相位，即

$$\frac{E}{B}=\frac{1}{\sqrt{\varepsilon\mu}}=v\text{。}\tag{8-17}$$

3. 球面波和柱面波

球面波和柱面波解的形式也可以由波动方程求解得到，其表达式和主要性质见表 8-2。

表 8-2 球面波与柱面波

种 类	表 达 式	物 理 性 质
球面波	$E=\frac{A_1}{r}\exp[i(k\cdot r-\omega t)]$ 发散球面波复振幅：$\widetilde{E}=\frac{A_1}{r}\exp(ikr)$ 会聚球面波复振幅：$\widetilde{E}=\frac{A_1}{r}\exp(-ikr)$	1. 由点光源在各向同性介质中传播产生 2. 等相位面为 $r=$ 常数的球面（r 为到点源的距离） 3. 振幅变化与 r 成反比
柱面波	$E=\frac{A_1}{\sqrt{r}}\exp[i(k\cdot r-\omega t)]$ 发散柱面波复振幅：$\widetilde{E}=\frac{A_1}{\sqrt{r}}\exp(ikr)$ 会聚柱面波复振幅：$\widetilde{E}=\frac{A_1}{\sqrt{r}}\exp(-ikr)$	1. 由线光源在各向同性介质中传播产生 2. 等相位面为柱面 3. 振幅变化与 $\sqrt{r}$ 成反比

4. 电磁场的连续条件及菲涅耳公式

根据电磁场的连续条件

$$\begin{cases}B_{1n}=B_{2n}\\D_{1n}=D_{2n}\\H_{1t}=H_{2t}\\E_{1t}=E_{2t}\end{cases}\tag{8-18}$$

可以推导出当单色平面电磁波入射到两种介质分界面时，表示入射波、反射波与折射波振幅

和位相关系的菲涅耳公式

$$r_s = \frac{A'_{1s}}{A_{1s}} = -\frac{\sin(\theta_1 - \theta_2)}{\sin(\theta_1 + \theta_2)} = \frac{n_1\cos\theta_1 - n_2\cos\theta_2}{n_1\cos\theta_1 + n_2\cos\theta_2} \tag{8-19}$$

$$t_s = \frac{A_{2s}}{A_{1s}} = \frac{2\cos\theta_1\sin\theta_2}{\sin(\theta_1 + \theta_2)} = \frac{2n_1\cos\theta_1}{n_1\cos\theta_1 + n_2\cos\theta_2} \tag{8-20}$$

$$r_p = \frac{A'_{1p}}{A_{1p}} = \frac{\tan(\theta_1 - \theta_2)}{\tan(\theta_1 + \theta_2)} = \frac{n_2\cos\theta_1 - n_1\cos\theta_2}{n_2\cos\theta_1 + n_1\cos\theta_2} \tag{8-21}$$

$$t_p = \frac{A_{2p}}{A_{1p}} = \frac{2\cos\theta_1\sin\theta_2}{\sin(\theta_1 + \theta_2)\cos(\theta_1 - \theta_2)} = \frac{2n_1\cos\theta_1}{n_2\cos\theta_1 + n_1\cos\theta_2} \tag{8-22}$$

式中，θ_1、θ_2 分别为光入射到两种介质分界面时的入射角和折射角；r_s、t_s 分别表示垂直入射面分量（s 波）的反射、折射系数；r_p、t_p 分别表示平行入射面分量（p 波）的反射、折射系数。各参量如图 8-1 所示。

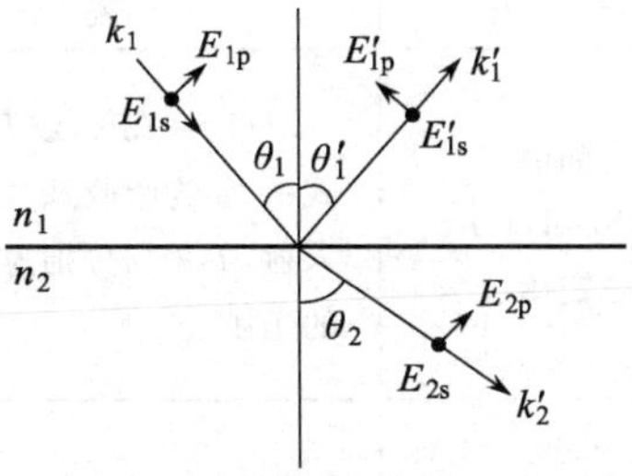

图 8-1 平面波在界面上的反射和折射

利用菲涅耳公式可以讨论光波入射到两种介质的光滑分界面上时，反射波、折射波中各分量的振幅关系和相位变化，反射比、透射比及偏振关系等。由式(8-19) 知：当光线从光疏介质入射到光密介质时，$n_1 < n_2$，$\theta_1 > \theta_2$，则 $r_s < 0$，即反射 s 波与入射 s 波反相；而当光线从光密介质入射到光疏介质时，$n_1 > n_2$，$\theta_1 < \theta_2$，则 $r_s > 0$，即反射 s 波与入射 s 波同相。由式（8-21）知：当 $\theta_1 + \theta_2 = \pi/2$ 时，$r_p = 0$，即反射光中不存在 p 波，此时 $\theta_1 = \arctan(n_2/n_1)$，称为布儒斯特角。由式（8-20）和式（8-22）知：t_s、t_p 恒为正，折射光两分量均不发生位相变化。

对于 $\theta_1 = 0$ 的垂直入射情况，式（8-19）～式（8-22）可以相应地表示为

$$r_s = \frac{A'_{1s}}{A_{1s}} = -\frac{n-1}{n+1} \tag{8-23}$$

$$t_s = \frac{A_{2s}}{A_{1s}} = \frac{2}{n+1} \tag{8-24}$$

$$r_p = \frac{A'_{1p}}{A_{1p}} = \frac{n-1}{n+1} \tag{8-25}$$

$$t_p = \frac{A_{2p}}{A_{1p}} = \frac{2}{n+1} \tag{8-26}$$

式中，$n = \dfrac{n_2}{n_1}$ 为相对折射率。

应用菲涅耳公式，可以计算 s 波和 p 波的反射比和透射比为

$$\rho_s = \left(\frac{A'_{1s}}{A_{1s}}\right)^2 = r_s^2 = \frac{\sin^2(\theta_1 - \theta_2)}{\sin^2(\theta_1 + \theta_2)} \tag{8-27}$$

$$\tau_s = \left(\frac{A_{2s}}{A_{1s}}\right)^2 \frac{n_2\cos\theta_2}{n_1\cos\theta_1} = \frac{n_2\cos\theta_2}{n_1\cos\theta_1} t_s^2 = \frac{n_2\cos\theta_2}{n_1\cos\theta_1} \frac{4\sin^2\theta_2\cos^2\theta_1}{\sin^2(\theta_1 + \theta_2)} \tag{8-28}$$

$$\rho_p = \left(\frac{A'_{1p}}{A_{1p}}\right)^2 = r_p^2 = \frac{\tan^2(\theta_1 - \theta_2)}{\tan^2(\theta_1 + \theta_2)} \tag{8-29}$$

$$\tau_p = \left(\frac{A_{2p}}{A_{1p}}\right)^2 \frac{n_2\cos\theta_2}{n_1\cos\theta_1} = \frac{n_2\cos\theta_2}{n_1\cos\theta_1} t_p^2 = \frac{n_2\cos\theta_2}{n_1\cos\theta_1} \frac{4\cos^2\theta_1\sin^2\theta_2}{\sin^2(\theta_1 + \theta_2)\cos^2(\theta_1 - \theta_2)} \tag{8-30}$$

当不考虑介质的吸收和散射时，根据能量守恒关系，得到

$$\rho_s + \tau_s = 1 \text{，} \rho_p + \tau_p = 1 \text{ 和 } \rho + \tau = 1 \tag{8-31}$$

5. 光的吸收、色散和散射

光的吸收、色散和散射是光波在物质中传播时所发生的普遍现象，是光与物质相互作用的表现。物质对光的一般吸收规律见表 8-3。在整个光学波段，所有物质的吸收都具有波长选择性，可用吸收系数和波长的关系曲线表示。光谱分析就是利用各种物质所特有的吸收波长选择性，通过对原子吸收光谱的定性和定量分析来发现新元素并测定其含量。

表 8-3 物质对光的一般吸收规律

定　律	表 达 式	物 理 意 义	适 用 条 件
朗伯 (Lambert) 定律	$\mathrm{d}I/I = -\alpha \mathrm{d}x$ 或 $I = I_0 \mathrm{e}^{-\alpha l}$ 式中，α 为吸收系数；光线沿 x 方向入射，I_0 和 I 分别为 $x = 0$ 和 $x = l$ 处的光强	由于物质对光的吸收，随着光进入物质深度的增加，光强按指数规律衰减	光源光强不能太强
比尔（Beer）定律	$I = I_0 \mathrm{e}^{-\alpha l} = I_0 \mathrm{e}^{-\beta c l}$ 式中，β 是与浓度 c 无关的常量	由于溶液对光的吸收，随着光进入溶液深度的增加，光强按指数规律衰减	光通过透明溶液，溶液浓度不能过大，且溶剂不能明显影响溶质对光的吸收作用

色散是光在物质中传播时其折射率（传播速度）随光波频率（波长）变化而变化的现象。发生在物质透明区，折射率随波长的增大而减小的色散，称为正常色散；发生在物质吸收区，折射率随波长的增大而增大的色散，称为反常色散。正常色散可用科希（Cauchy）公式描述：

$$n = A + \frac{B}{\lambda^2} + \frac{C}{\lambda^4} \tag{8-32}$$

式中，A、B、C 是三个与物质有关的常数，叫作科希常数。

由于物质（气体、液体或固体）中存在的微小粒子对光束的作用，使光波偏离原来的方向而向四周散开的现象称为光的散射。与光的吸收类似，光的散射也能使通过物质的光减弱。实际测量中，很难区分吸收和散射分别对透射光强的影响，因此可将这两个因素考虑在一起，将光通过某物质后的出射光强表示为

$$I = I_0 \exp[-(\alpha_a + \alpha_s) l] = I_0 \exp[-\alpha l] \tag{8-33}$$

式中，α_a 为吸收系数；α_s 为散射系数；$\alpha = \alpha_a + \alpha_s$ 为实际测量中总消光系数；I_0 为入射光强；l 为光通过某物质的距离。

各种散射的分类及其基本特征和性质见表 8-4。

6. 光波的叠加

光波的叠加原理：当光波在空间某区域相遇时，在相遇点产生的合振动是各个波单独在该点产生振动的矢量和。

四种不同条件下光波叠加所形成的物理现象、合成波表达式及其性质见表 8-5。

表 8-4　散射分类及其基本特征和性质

类　型	基本特征	条　件		主要性质	典型实例
瑞利(Rayleigh)散射	线性散射，即散射光的频率与入射光的频率相同	介质中的不均匀性与时间无关	散射粒子直径 d 比波长 λ 小得多(小于 $\lambda/5 \sim \lambda/10$)	1. 散射光强度与入射波长的 4 次方成反比 2. 散射光强随观察方向而变 3. 散射光具有偏振性，且与散射方向角有关	1. 晴朗天空呈蓝色(短波长散射占优势) 2. 正午的太阳呈白色而旭日和夕阳呈红色
米氏(Mie)散射			散射粒子直径 d 与入射波长 λ 接近或更大(大于 10λ)	1. 散射光强几乎与入射波长无关 2. 散射光强度的角分布和散射光的偏振特性随粒子的尺度 d/λ 的变化而变化	1. 蓝天中漂浮的白云(小水滴等散射) 2. 雾是白色的 3. “浑浊介质”(如：烟、乳状胶液、胶状溶液等)呈白色
拉曼(Raman)散射	非线性散射，即散射光中除与入射光相同的频率成分外，还出现与入射光频率不同的成分	介质中的不均匀性随时间而变化	介质中分子振动作用	1. 在入射光频率 ν_0 的两侧对称分布强度较弱的谱线 $\nu_0 \pm \nu_1$，$\nu_0 \pm \nu_2$，… 2. 频率差与散射物质的固有频率有关，与入射光频率无关	单色光源照射纯净液体或透明晶体时，在与入射光垂直的方向上观察到该现象
布里渊(Brillouin)散射			介质内因大量质点的统计热运动引起介质密度变化而产生的弹性声波作用	1. 散射光除包含原入射光频率 ν_0 外，两侧还有谱线 $\nu_0 \pm \nu_s$，频移量 ν_s 小 2. 频率差与弹性声波频率有关，与入射光频率无关	光通过热波产生的声波介质

表 8-5　光波的叠加

物理现象	定　义	条　件	合成波公式	合成波性质
干涉	在叠加区域出现强弱稳定的光强分布现象	1. 频率相同 2. 振动方向相同 3. 位相差恒定	$E = a_1\cos(\alpha_1 - \omega t) + a_2\cos(\alpha_2 - \omega t)$ $= A\cos(\alpha - \omega t)$ 式中 $A^2 = a_1^2 + a_2^2 + 2a_1a_2\cos(\alpha_1 - \alpha_2)$ $\tan\alpha = \dfrac{a_1\sin\alpha_1 + a_2\sin\alpha_2}{a_1\cos\alpha_1 + a_2\cos\alpha_2}$	1. 频率不变 2. 振幅和位相满足左式 3. 发光强度分布与 $\delta = \alpha_2 - \alpha_1$ 有关
驻波	在波的传播路径上，振幅随位置而变化的现象	1. 频率相同 2. 振动方向相同 3. 传播方向相反	$E = a\cos(kz + \omega t) + a\cos(kz - \omega t + \delta)$ $= A\cos(\omega t - \dfrac{\delta}{2})$ 式中 $A = 2a\cos(kz + \dfrac{\delta}{2})$	1. 振幅只与空间位置有关 2. 存在波腹和波节。相邻两波腹(或波节)之间的距离为 $\lambda/2$
椭圆(圆、线)偏振光	在垂直于光传播方向的平面内，合振动矢量末端运动轨迹是椭圆(圆、线)的光波	1. 频率相同 2. 振动方向垂直 3. 具有一定的相位差	$E_x = a_1\cos(kr_1 - \omega t), E_y = a_2\cos(kr_2 - \omega t)$ $\dfrac{E_x^2}{a_1^2} + \dfrac{E_y^2}{a_2^2} - 2\dfrac{E_x}{a_1}\dfrac{E_y}{a_2}\cos(\alpha_2 - \alpha_1)$ $= \sin^2(\alpha_2 - \alpha_1)$	1. 椭圆的形状与 $\dfrac{a_2}{a_1}$ 和 $\delta = \alpha_2 - \alpha_1$ 有关 2. 其旋转方向有左($\sin\delta > 0$)右($\sin\delta < 0$)之分
光学拍	合成波的振幅随位置和时间变化的现象	1. 频率接近 2. 振动方向相同 3. 振幅相同 4. 传播方向相同	$E_1 = a\cos(k_1z - \omega_1t)$，　$E_2 = a\cos(k_2z - \omega_2t)$ $E = E_1 + E_2 = 2a\cos(k_mz - \omega_mt)\cos(\bar{k}z - \bar{\omega}t)$ 式中 $\bar{\omega} = \dfrac{\omega_1 + \omega_2}{2}, \bar{k} = \dfrac{k_1 + k_2}{2}$ $\omega_m = \dfrac{\omega_1 - \omega_2}{2}, k_m = \dfrac{k_1 - k_2}{2}$	1. 相位变化迅速、振幅变化缓慢 2. 相速度(等相位面的传播速度)：$v = \dfrac{\bar{\omega}}{\bar{k}}$；群速度(等振幅面的传播速度)：$v_g = \dfrac{\omega_m}{k_m}$ 3. 各向同性介质中 $v = v_g$，色散介质中 $v \neq v_g$ 4. 可用于测光速

三、例题分析

例 8-1 一平面简谐电磁波在真空中沿 z 轴正向传播，其频率为 6×10^{14} Hz，电场振幅为 42.42V/m。如果该电磁波的振动面与 xz 平面成 45°，试写出 $\boldsymbol{E}$ 和 $\boldsymbol{B}$ 的表达式。

【提示】 本题知识点：平面简谐电磁波的表示、光波参数关系和平面电磁波的性质。这里 $\boldsymbol{E}$ 和 $\boldsymbol{B}$ 的表达式既可表示成分量形式，也可直接表示。

【解】 方法 1：电场振幅在 x 和 y 方向上的分量为

$$A_x = A\cos45^\circ = (42.42\times0.707)\text{V/m} = 30\ \text{V/m}$$

$$A_y = A\sin45^\circ = (42.42\times0.707)\text{V/m} = 30\ \text{V/m}$$

因此电场的表示式为

$$E_x = E_y = A_x\cos\left[\omega\left(\frac{z}{v}-t\right)\right] = 30\cos\left[2\pi\times6\times10^{14}\left(\frac{z}{3\times10^8}-t\right)\right]\text{V/m},\ E_z=0$$

又 $B_y = B_x = \dfrac{E_x}{c} = \dfrac{30}{3\times10^8}\text{T} = 1\times10^{-7}\ \text{T}$

磁场的表示式为 $B_y = -B_x = (1\times10^{-7})\cos\left[2\pi\times6\times10^{14}\left(\dfrac{z}{3\times10^8}-t\right)\right]$，$B_z=0$

方法 2：根据题意和平面电磁波的性质，确定 $\boldsymbol{E}$、$\boldsymbol{B}$ 和 $\boldsymbol{k}$ 方向如图 8-2 所示。

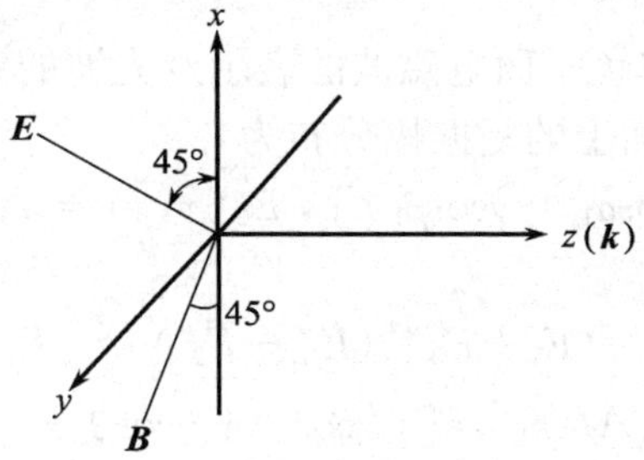

图 8-2 例 8-1 图

电场大小 $E = A\cos\left[\omega\left(\dfrac{z}{v}-t\right)\right] = 42.42\cos\left[2\pi\times6\times10^{14}\left(\dfrac{z}{3\times10^8}-t\right)\right]$ V/m

又 $B = \dfrac{E}{c} = \dfrac{42.42}{3\times10^8} = 1.414\times10^{-7}$ T

磁场大小 $B = (1.414\times10^{-7})\cos\left[2\pi\times6\times10^{14}\left(\dfrac{z}{3\times10^8}-t\right)\right]$ T

例 8-2 一平面电磁波可表示为 $E_x=0$，$E_y = 2\cos\left[2\pi\times10^{14}\left(\dfrac{z}{c}-t\right)+\dfrac{\pi}{2}\right]$，$E_z=0$，求：

（1）该电磁波的频率、波长、振幅和原点的初相位？

（2）波的传播方向和电矢量的振动方向？

（3）相应的磁场 B 的表达式？

【提示】 本题知识点：平面简谐电磁波的标准形式、光波参数关系和平面电磁波的性质。需注意单位。

【解】（1）由 $E_y = 2\cos\left[2\pi\times10^{14}\left(\dfrac{z}{c}-t\right)+\dfrac{\pi}{2}\right]$ 知

角频率 $\omega=2\pi\nu=2\pi\times10^{14}$ rad/s，即频率 $\nu=10^{14}$ Hz

$$\lambda=cT=\frac{c}{\nu}=\frac{3\times10^{8}}{10^{14}}=3\times10^{-6}\mathrm{m}=3\mu\mathrm{m}$$

$$A=2\mathrm{V/m}$$

当 $z=0$、$t=0$ 时，初位相 $\varphi_0=\frac{\pi}{2}$

（2）传播方向为 z 轴正向，振动方向为 y 轴方向。

（3）相应磁矢量 B 的大小

因为 $\frac{E}{B}=\frac{1}{\sqrt{\varepsilon\mu}}=c$　$B=\frac{2}{3\times10^{8}}=0.67\times10^{-8}\mathrm{T}$

相应磁场 B 的表达式为

$$\begin{cases}B_x=-0.67\times10^{-8}\cos\left[2\pi\times10^{14}\left(\frac{z}{c}-t\right)+\frac{\pi}{2}\right]\mathrm{T}\\B_y=0\\B_z=0\end{cases}$$

例 8-3　两列波长相同、振动方向相同的单色平面波照射到 xOy 平面上，它们的振幅分别为 A_1、A_2，传播方向余弦分别为（$\cos\alpha_1,\cos\beta_1,\cos\gamma_1$）和（$\cos\alpha_2,\cos\beta_2,\cos\gamma_2$），求 xOy 平面上的光强分布。

【提示】　本题知识点：单色平面电磁波的表示及光波的叠加。

【解】　两列波在 xOy 平面上的复振幅分布为

$$E_1(x,y)=A_1\exp[\mathrm{i}k(x\cos\alpha_1+y\cos\beta_1)],\ E_2(x,y)=A_2\exp[\mathrm{i}k(x\cos\alpha_2+y\cos\beta_2)]$$

合成光强

$$\begin{aligned}I(x,y)&=|E_1+E_2|^2=(E_1+E_2)(E_1^*+E_2^*)=|E_1|^2+|E_2|^2+E_1E_2^*+E_1^*E_2\\&=A_1^2+A_2^2+A_1A_2\exp\{\mathrm{i}k[(x\cos\alpha_1+y\cos\beta_1)-(x\cos\alpha_2+y\cos\beta_2)]\}+\\&\quad A_1A_2\exp\{-\mathrm{i}k[(x\cos\alpha_1+y\cos\beta_1)-(x\cos\alpha_2+y\cos\beta_2)]\}\\&=A_1^2+A_2^2+2A_1A_2\cos\{k[x(\cos\alpha_1-\cos\alpha_2)+y(\cos\beta_1-\cos\beta_2)]\}\end{aligned}$$

例 8-4　在 $Oxyz$ 坐标系 $(0,0,-d)$ 处有一单色点光源，求傍轴条件下该点光源发出的球面波在 xOy 平面上的复振幅分布。

【提示】　本题知识点：球面波的表示及在特定面上的复振幅分布。

【解】　单色点光源发出的球面波在与之相距 r 的 P 点（坐标为 (x,y,z)）的复振幅为

$$u(P)=\frac{A}{r}\exp(\mathrm{i}kr)$$

式中，$k=\frac{2\pi}{\lambda}$，A 为距点光源单位距离处的振幅；$r=\sqrt{x^2+y^2+(z+d)^2}$。

在 xOy 平面（$z=0$）上的分布为

$$u(x,y)=\frac{A}{\sqrt{x^2+y^2+d^2}}\exp(\mathrm{i}k\sqrt{x^2+y^2+d^2})$$

在傍轴近似条件下，$(x^2+y^2)^{1/2}\ll d$，则

$$r=\sqrt{x^2+y^2+d^2}=d\left[1+\frac{x^2+y^2}{d^2}\right]^{1/2}\approx d\left[1+\frac{1}{2}\left(\frac{x^2+y^2}{d^2}\right)\right]$$

由于振幅变换缓慢，故振幅因子中的 $r \approx d$。则复振幅分布为

$$u(x,y)=\frac{A}{d}\exp(\mathrm{i}kd)\cdot\exp\left[\mathrm{i}\frac{k}{2d}(x^2+y^2)\right]$$

弃去常数相位因子为 $u(x,y)=\frac{A}{d}\exp\left[\mathrm{i}\frac{k}{2d}(x^2+y^2)\right]$

例 8-5 电矢量振动方向与入射面成 45° 的线偏振光入射到两种介质的分界面上，第一种和第二种介质的折射率分别为 $n_1=1$ 和 $n_2=1.5$。问：入射角 $\theta_1=50°$ 时，反射光电矢量的方位角（与入射面所成角度）是多少？入射角 $\theta_1=60°$ 时，反射光电矢量的方位角又是多少？

【提示】 本题知识点：电磁场的性质和菲涅耳公式。注意入射角分别小于或大于布儒斯特角时，反射光中平行分量的变化。此题中布儒斯特角 $\theta_p=\arctan\left(\frac{n_2}{n_1}\right)=56.3°$。

【解】 （1）当 $\theta_1=50°$ 时，由折射定律 $n_1\sin\theta_1=n_2\sin\theta_2$ 求出折射角 $\theta_2=\arcsin\left(\frac{\sin 50°}{1.5}\right)=30.71°$，代入菲涅耳公式得

$$r_s=-\frac{\sin(\theta_1-\theta_2)}{\sin(\theta_1+\theta_2)}=-\frac{\sin(19.290°)}{\sin(80.710°)}=-0.3347$$

$$r_p=\frac{\tan(\theta_1-\theta_2)}{\tan(\theta_1+\theta_2)}=\frac{\tan(19.290°)}{\tan(80.710°)}=0.0572$$

由于入射光中电矢量振动方向与入射面成 45°，所以入射光中 $A_s=A_p=A$。

反射光分量：$A_s'=r_sA_s=-0.3347A$，$A_p'=r_pA_p=0.0572A$

合振动与入射面的夹角：$\alpha=\arctan(A_s'/A_p')=\arctan(-5.8719)=-80.335°=-80°20'$

（2）当 $\theta_1=60°$ 时，由折射定律 $n_1\sin\theta_1=n_2\sin\theta_2$ 求出折射角

$\theta_2=\arcsin\left(\frac{\sin 60°}{1.5}\right)=35.264°$，代入菲涅耳公式得

$$r_s=-\frac{\sin(\theta_1-\theta_2)}{\sin(\theta_1+\theta_2)}=-\frac{\sin(24.736°)}{\sin(95.264°)}=-0.4202$$

$$r_p=\frac{\tan(\theta_1-\theta_2)}{\tan(\theta_1+\theta_2)}=\frac{\tan(24.736°)}{\tan(95.264°)}=-0.0424$$

由于入射光中电矢量振动方向与入射面成 45°，所以入射光中 $A_s=A_p=A$。

反射光分量：$A_s'=r_sA_s=-0.4202A$，$A_p'=r_pA_p=-0.0424A$

合振动与入射面的夹角：$\alpha=\arctan(A_s'/A_p')=\arctan(9.9104)=84.238°=84°14'$

例 8-6 一根长为 35cm 的玻璃管，由于管内细微烟粒的散射作用，使透过光强为入射光强的 65%，待烟粒沉淀后，透过光强增大为入射光强的 88%。试求该管对光的散射系数和吸收系数（假设烟粒对光只有散射而无吸收）。

【提示】 本题知识点：光的吸收和散射。

【解】 同时考虑吸收和散射，则透射光强为 $I=I_0\exp[-(\alpha_a+\alpha_s)l]$。由题意有 $65\%=\exp[-0.35(\alpha_a+\alpha_s)]$

当烟粒沉淀后，只考虑管内其他物质的吸收，透射光强为 $I'=I_0\exp[-\alpha_a l]$。由题意有 $88\%=\exp[-\alpha_a\times 0.35]$

两式联立，解得 $\alpha_a=0.365\text{m}^{-1}$，$\alpha_s=0.866\text{m}^{-1}$

例 8-7 一束沿 z 方向传播的椭圆偏振光表示为 $\boldsymbol{E}(z,t)=\boldsymbol{x}_0 A\cos(kz-\omega t)+\boldsymbol{y}_0 A\cos\left(kz-\omega t-\frac{\pi}{4}\right)$，试求偏振椭圆的方位角和椭圆长半轴及短半轴大小。

【提示】 本题知识点：椭圆偏振光参量间的关系。椭圆偏光有两种表示方式：①在直角坐标系中 E_x、E_y 的振幅比 a_2/a_1 和相位差 $\delta=\alpha_2-\alpha_1$；②椭圆两个主轴长度及主轴（长轴）相对于坐标轴 x 的方位角 ψ 及旋转方向。两种表示法可相互转换。

【解】 $\delta=\alpha_2-\alpha_1=-\frac{\pi}{4}$，$\sin\delta=\sin\left(-\frac{\pi}{4}\right)<0$ 为右旋椭圆光。

因为 $0\leqslant\psi<\pi$，$\tan 2\psi=\frac{2a_1a_2}{a_2-a_1}\cos\delta\to\infty$

所以 $\psi=\pi/4$ 或 $\psi=3\pi/4$

椭圆方程为 $\frac{E_x^2}{A^2}+\frac{E_y^2}{A^2}-2\frac{E_xE_y}{A^2}\cos\left(-\frac{\pi}{4}\right)=\sin^2\left(-\frac{\pi}{4}\right)$

整理得 $E_x^2+E_y^2-\sqrt{2}E_xE_y=\frac{A^2}{2}$

如图 8-3 所示，设长轴半径为 ρ，则 A 点坐标 $\begin{cases}E_x=\rho\cos\psi\\E_y=\rho\sin\psi\end{cases}$ 应满足椭圆方程。

代入得

$(2-\sqrt{2}\sin 2\psi)\rho^2=A^2$

当 $\psi=\frac{\pi}{4}$ 时，$\rho=\frac{A}{\sqrt{2-\sqrt{2}}}=1.31A$

当 $\psi=\frac{3\pi}{4}$ 时，$\rho=\frac{A}{\sqrt{2+\sqrt{2}}}=0.54A$。此解与 ρ 为长轴半径相矛盾，故应舍去。

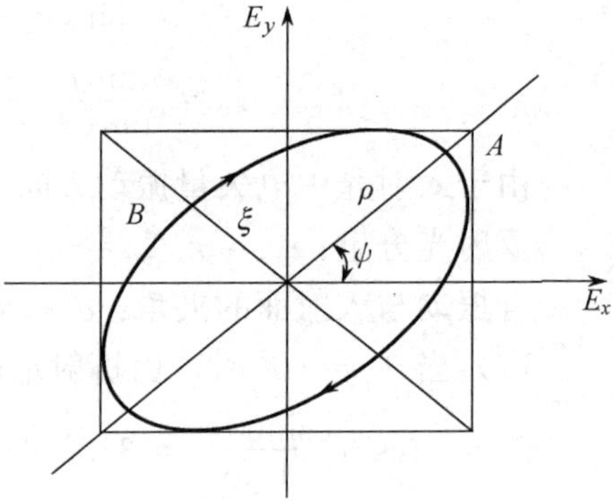

图 8-3 例 8-7 图

同理设短轴半径为 ξ，则 B 点坐标 $\begin{cases}E_x=\xi\cos(\psi+\frac{\pi}{2})\\E_y=\xi\sin(\psi+\frac{\pi}{2})\end{cases}$ 应满足椭圆方程，

且有 $\psi=\frac{\pi}{4}$，整理得

$(2+\sqrt{2})\xi^2=A^2$

所以 $\xi=\frac{A}{\sqrt{2+\sqrt{2}}}=0.54A$

例 8-8 真空中沿 z 方向传播的两个单色光波为

$$E_1=a\cos 2\pi\left(\frac{z}{\lambda}-\nu t\right),\ E_2=a\cos 2\pi\left[\frac{z}{\lambda+\Delta\lambda}-(\nu-\Delta\nu)t\right]$$

若 $a=100\text{V/m}$，$\nu=6\times10^{14}\text{Hz}$，$\Delta\nu=10^8\text{Hz}$，试求合成波在 $z=0$，$z=1\text{m}$ 和 $z=1.5\text{m}$ 各处的强度随时间变化的关系。若两波频差 $\Delta\nu=3\times10^8\text{Hz}$，试求合成波振幅变化和强度变化的空间周期。

【提示】 本题知识点：光波的叠加和光学拍。

【解】 (1) $E = E_1 + E_2$

$$= a\left\{\cos 2\pi\left(\frac{z}{\lambda} - \nu t\right) + \cos 2\pi\left[\frac{z}{\lambda+\Delta\lambda} - (\nu-\Delta\nu)t\right]\right\}$$

$$= 2a\cos\left\{\pi\left(\frac{z}{\lambda} - \nu t\right) + \pi\left[\frac{z}{\lambda+\Delta\lambda} - (\nu-\Delta\nu)t\right]\right\}\cos\left\{\pi\left(\frac{z}{\lambda} - \nu t\right) - \pi\left[\frac{z}{\lambda+\Delta\lambda} - (\nu-\Delta\nu)t\right]\right\}$$

$$= 2a\cos\left\{\pi\left[\left(\frac{1}{\lambda} + \frac{1}{\lambda+\Delta\lambda}\right)z - (2\nu-\Delta\nu)t\right]\right\}\cos\left\{\pi\left[\left(\frac{1}{\lambda} - \frac{1}{\lambda+\Delta\lambda}\right)z - \Delta\nu t\right]\right\}$$

$$A = \left|2a\cos\left\{\pi\left[\left(\frac{1}{\lambda} - \frac{1}{\lambda+\Delta\lambda}\right)z - \Delta\nu t\right]\right\}\right|$$

当 $\nu = 6\times10^{14}\,\text{Hz}$，$\Delta\nu = 10^8\,\text{Hz}$ 时

$$\lambda = \frac{c}{\nu} = \frac{3\times10^8}{6\times10^{14}}\text{m} = 5\times10^{-7}\,\text{m}$$

$$\Delta\lambda = \frac{\Delta\nu}{\nu}\lambda = \frac{1\times10^8}{6\times10^{14}}\times5\times10^{-7} = \frac{5}{6}\times10^{-13}\,\text{m}$$

当 $z = 0$ 时，$I = A^2 = 4a^2\cos^2[\pi\Delta\nu t] = 4\times10^4\cos^2(10^8\pi t)$

当 $z = 1$ 时，$I = A^2 = 4a^2\cos^2\left[\frac{\pi\Delta\lambda}{\lambda(\lambda+\Delta\lambda)} - \pi\Delta\nu t\right] = 4\times10^4\cos^2\left(\frac{\pi}{3} - 10^8\pi t\right)$

当 $z = 1.5$ 时，$I = A^2 = 4a^2\cos^2\left[\frac{3\pi\Delta\lambda}{2\lambda(\lambda+\Delta\lambda)} - \pi\Delta\nu t\right] = 4\times10^4\cos^2\left(\frac{\pi}{2} - 10^8\pi t\right)$

(2) 当 $\nu = 6\times10^{14}\,\text{Hz}$，$\Delta\nu = 3\times10^8\,\text{Hz}$ 时

$\lambda = \frac{c}{\nu} = \frac{3\times10^8}{6\times10^{14}} = 5\times10^{-7}\,\text{m}$，$\Delta\lambda = \frac{\Delta\nu}{\nu}\lambda = \frac{3\times10^8}{6\times10^{14}}\times5\times10^{-7} = 2.5\times10^{-13}\,\text{m}$ 代入

$$\lambda_m = \frac{2\pi}{k_m} = \frac{2\pi}{\pi\left(\frac{1}{\lambda} - \frac{1}{\lambda+\Delta\lambda}\right)} = \frac{2\lambda(\lambda+\Delta\lambda)}{\Delta\lambda}$$

得 $\lambda_m = 2\text{m}$，$\lambda_I = 1\text{m}$

四、自测练习

（一）多重选择（答案可能不止 1 个）

1. 一平面电磁波能表示成 $E_x = 0$，$E_y = 2\cos\left[2\pi\times10^{14}\left(\frac{z}{c} - t\right) + \frac{\pi}{2}\right]$，$E_z = 0$，则表明：

① 光波沿 z 轴正向传播。

② 原点的初位相是 $\frac{\pi}{2}$。

③ 当 $t = 2.5\times10^{-15}\,\text{s}$ 时，原点处的电场矢量 E 沿 y 轴正向。

④ 当 $t = 2.5\times10^{-15}\,\text{s}$ 时，原点处的磁感应强度矢量 B 沿 x 轴正向。

2. 一平面电磁波从真空进入折射率 $n > 1$ 的介质，则在该介质中：

① 电磁波的传播速度变小。　　② 电磁波的波长变小。

③ 电磁波的周期变小。　　④ 电磁波的波数变小。

3. 水面上浮一层油，若一束红光从空气以适当的角度射入油层，通过水后再经过玻璃器皿射出。已知油的折射率 $n_1 = 1.47$，水的折射率 $n_2 = 1.33$，玻璃的折射率 $n_3 = 1.5$。设光

线在油中、水中和玻璃中的频率分别为 ν_1、ν_2、ν_3，传播速度分别为 v_1、v_2、v_3，光的波长分别为 λ_1、λ_2、λ_3，则下列物理量排列顺序正确的是：

① $\nu_1>\nu_2>\nu_3$，$v_1=v_2=v_3$，$\lambda_1=\lambda_2=\lambda_3$

② $\nu_1=\nu_2=\nu_3$，$v_2>v_1>v_3$，$\lambda_2>\lambda_1>\lambda_3$

③ $\nu_1<\nu_2<\nu_3$，$v_2>v_1>v_3$，$\lambda_2>\lambda_1>\lambda_3$

④ $\nu_1=\nu_2=\nu_3$，$v_1>v_2>v_3$，$\lambda_1>\lambda_2>\lambda_3$

4. 如图 8-4，两束不同的单色光 P 和 Q 以适当的角度入射到半圆形玻璃砖的圆心处，其出射光线都沿 OF 方向射出，则下面说法正确的是：

① P 光在玻璃中的折射率大。

② P 光在玻璃中的波长比 Q 光在玻璃中的波长小。

③ P 光的频率大，穿过玻璃砖需要的时间长。

④ Q 光的频率大，穿过玻璃砖需要的时间长。

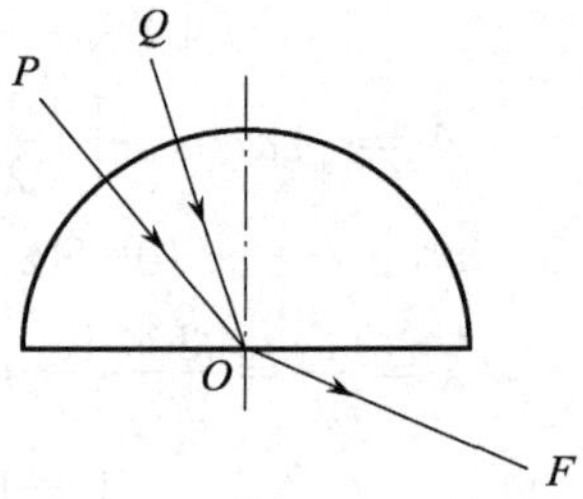

图 8-4　多选题 4 图

5. 设折射率为 n_2 的介质层放在折射率为 n_1 和 n_3 的两种介质之间，如图 8-5 所示，通过上下两界面反射的光线 1、2 存在半波损失的情况是：

① $n_1>n_2>n_3$　　② $n_1<n_2<n_3$

③ $n_1>n_2<n_3$　　④ $n_1<n_2>n_3$

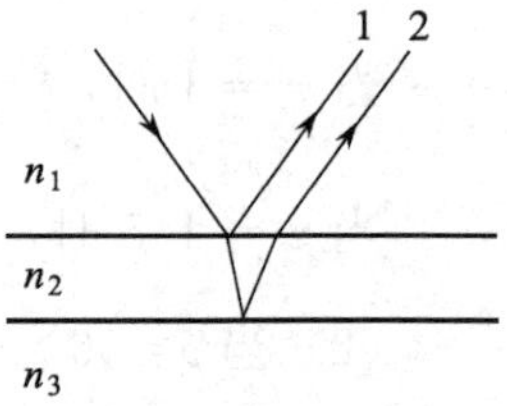

图 8-5　多选题 5 图

6. 由两个正交分量 $E_x(z,t)=\boldsymbol{x}_0A\cos\left[\omega\left(\frac{z}{c}-t\right)\right]$ 和 $E_y(z,t)=\vec{\mathbf{y}}_0A\cos\left[\omega\left(\frac{z}{c}-t\right)+\frac{5\pi}{4}\right]$ 表示的光波，其偏振态为

① 线偏振光　② 右旋圆偏振光　③ 左旋圆偏振光　④ 右旋椭圆偏振光

7. 能够产生光学拍现象的两个叠加光波应该是：

① 频率相同、振动方向相同、传播方向相同、振幅相等的光波。

② 频率相同、振动方向相反、传播方向相同、振幅相等的光波。

③ 频率接近、振动方向相同、传播方向相同、振幅相等的光波。

④ 频率相同、振动方向相同、传播方向相反、振幅相等的光波。

8. 两个频率相同、振动方向相同、传播方向相反的光波相叠加将会出现：

① 干涉现象　② 驻波现象　③ 偏振现象　④ 光学拍现象

9. 一频率为 10^{14} Hz 的球面波，距波源 1m 处的振幅为 2V/m，则：

① 距波源 4m 处的振幅为 0.5V/m　② 距波源 4m 处的振幅为 1V/m

③ 角频率为 $2\pi\times10^{14}$ rad/s　④ 角频率为 $2\pi\times10^{15}$ rad/s

10. 一个光波的复振幅具有 $E(r)=\frac{A}{r}e^{-ikr}$ 形式，这是一个：

① 发散球面波　② 会聚球面波　③ 平面波　④ 柱面波

11*. 一束光入射到两种透明介质的分界面上，有可能发生的现象是：

① 一部分光反射回原介质，同时另一部分光进入第二种介质中。

② 只有反射光，没有折射光。

③ 只有折射光，没有反射光。

④ 既没有折射光也没有反射光。

（二）填空

1. 某种红光波长为760nm，它在水中（$n=1.33$）的波长为（　　　　）nm，在水中的频率为（　　　　）Hz，在水中的颜色为（　　　）。

2. 当一束光波入射到两种介质的均匀分界面上时，一般会产生（　　　　）现象；当满足（　　　　）的条件时，会出现全反射现象；当满足（　　　　）的条件时，会出现“全透射”现象。

3. 驻波产生的条件是（　　　　　　　　）。

4. 一束光波可用如下两个正交分量 $E_x(z,t)=\boldsymbol{x}_0 A\cos\left[\omega\left(\frac{z}{c}-t\right)\right]$ 和 $E_y(z,t)=\boldsymbol{y}_0 A\cos\left[\omega\left(\frac{z}{c}-t\right)-\frac{5\pi}{4}\right]$ 表示，则光波的偏振态为（　　　　）。

5. 两束光波的波动方程分别为 $y_1=A\cos(\omega t+\varphi_1)$ 和 $y_2=A\cos(\omega t+\varphi_2)$，两波叠加将产生干涉现象，它们的合成波的振幅为（　　　　）。

6. 平面波 $E=100\exp\{\mathrm{i}[(2x+3y+4z)-1\times10^8 t]\}$ 在传播方向上的单位矢量(　　　)。

7. 已知光波的波函数为 $E(x,t)=10^3\sin[\pi(3\times10^6 x-9\times10^{14}t)]$ V/m，则该光波的波长为（　　　　）nm 。

8. 振幅值为 A，在 xOz 平面内沿与 z 轴成 θ 角方向传播的波长为 λ 的平面单色光波的复振幅可以表示为（　　　　）。

9. 某种玻璃的吸收系数为 $10^{-2}\mathrm{cm}^{-1}$，空气的吸收系数为 $10^{-5}\mathrm{cm}^{-1}$。则1cm厚的玻璃所吸收的光，相当于（　　　　）厚的空气层所吸收的光。

（三）计算

1. 在玻璃中传播的一个线偏振光可以表示为 $\begin{cases}E_x=10^2\cos\left[\pi\times10^{15}\left(\dfrac{z}{0.65c}-t\right)\right]\\E_y=0\\E_z=0\end{cases}$，试求：

（1）光的频率和波长。

（2）玻璃的折射率。

2. 两束振动方向相同的单色光波在空间某一点产生的光振动分别表示为 $E_1=a_1\cos(\alpha_1-\omega t)$ 和 $E_2=a_2\cos(\alpha_2-\omega t)$，若 $\omega=2\pi\times10^{15}$ rad/s，$a_1=6$V/m，$a_2=8$V/m，$\alpha_1=0$ 和 $\alpha_2=\frac{\pi}{2}$，求合振动的表示式。

3. 利用波的复数表达式求两个波 $\boldsymbol{E}_1=a\cos(kx+\omega t)$ 和 $\boldsymbol{E}_2=-a\cos(kx-\omega t)$ 的合成波。

4. 右旋圆偏振光以50°角入射到空气－玻璃界面（设玻璃的折射率为1.5），试求反射波和透射波的偏振态。

5. 假设线偏振光入射在一分界面上，其振动面和入射面所成的角度为 θ，如果平行入射面分量与垂直入射面分量的反射系数分别是 $r_{//}$ 和 $r_{\perp}$，试写出总反射比 R 的表达式。

6. 有一个光学系统由两片分离的透镜组成，两片透镜的折射率分别是1.5和1.7，求此系统的反射光能损失。如透镜表面镀有增透膜使反射率降为1%，问此系统的光能损失又是多少？

7. 有一种媒质，吸收系数 $a = 0.32\text{cm}^{-1}$，当透射光强分别为入射光强的10%、20%、50%及80%时，媒质的厚度各为多少？（注意：这里的入射光强与透射光强都已经考虑到媒质表面的反射，也即解题过程中只考虑吸收）

8. 一块光学玻璃对水银灯蓝、绿谱线435.8nm和546.1nm的折射率分别是1.65250和1.62450，用此数据定出科希公式中的 A、B 两常数，并用它计算此光学玻璃对钠黄光589.3nm的折射率以及色散率 $\mathrm{d}n/\mathrm{d}\lambda$ 。

9. 考虑两列振幅相同、偏振方向相同、频率分别为 $\omega+\mathrm{d}\omega$ 和 $\omega-\mathrm{d}\omega$ 的线偏振平面波，它们都沿 z 轴方向传播，求合成波及波的相位传播速度和振幅传播速度。

10. 设方位角为 θ 的斜椭圆偏振光在坐标轴上的分量分别为 E_x 、E_y ，其对应振幅为 a_1 、a_2 ，且 E_y 相对于 E_x 的相位差为 δ ，试求在 θ 方向的光强。

参考答案及提示

（一）多重选择（答案可能不止1个）

1. ①②③　2. ①②　3. ②　4. ④　5. ③④

6. ④　7. ③　8. ②　9. ①③　10. ②

11*. ①②③ **【提示】** 当满足全反射条件时，②现象发生；当入射光是 p 偏振光并以布儒斯特角入射时，③现象发生。

（二）填空

1. （571）（4×10^{14}）（红色）

2. （反射和折射）（$n_1 > n_2$ 且入射角大于临界角）（入射光为 p 方向的偏振光，且入射角等于布儒斯特角）

3. （频率相同、振动方向相同、传播方向相反 ）

4. （左旋椭圆偏振光）

5. $\left(2A\cos\dfrac{\varphi_1-\varphi_2}{2}\right)$

6. $\left(\boldsymbol{k}_0=\dfrac{2}{\sqrt{29}}\boldsymbol{x}_0+\dfrac{3}{\sqrt{29}}\boldsymbol{y}_0+\dfrac{4}{\sqrt{29}}\boldsymbol{z}_0\right)$

7. （666.7）

8. $\left(A\exp\left[\mathrm{i}\,\dfrac{2\pi}{\lambda}(x\sin\theta+z\cos\theta)\right]\right)$

9. （10m）

（三）计算

1. 5×10^{14}Hz；0.39μm；1.538

2. $E=10\cos(0.927-2\pi\times10^{15}t)$ V/m

3. $\boldsymbol{E}=-2a\sin kx\sin\omega t$

4. 反射波为左旋椭圆偏振光，透射波为右旋椭圆偏振光

5. $R = r_{//}^2\cos^2\theta + r_{\perp}^2\sin^2\theta$

6. 19.7%；3.9%

7. 7.2cm，5.0cm，2.2cm，0.7cm

8. $A = 1.57540$，$B = 1.4643 \times 10^4 \text{nm}^2$，$n = 1.61756$，$\text{d}n/\text{d}\lambda = -1.4310 \times 10^{-4} \text{nm}^{-1}$

9. $\mathbf{A} = \mathbf{A}_0 2\cos(dkz - d\omega t)\exp[\text{i}(kz - \omega t)]$，相速度 $v_\text{p} = \omega/k$，群速度 $v_\text{g} = \text{d}\omega/\text{d}k$

10. $I(\theta) = a_1{}^2\cos^2\theta + a_2{}^2\sin^2\theta + a_1 a_2 \sin 2\theta \cos\delta$

第九章　光的干涉和干涉系统

一、学习要求

通过对本章的学习，应明确光的干涉定义和条件；掌握杨氏双缝干涉和平板（包括平行平板和楔板）双光束干涉的装置、公式及性质和干涉条纹性质和特点；掌握典型的双光束干涉系统（斐索、迈克耳逊、泰曼和马赫-泽德）及其应用；掌握平行平板的多光束干涉条件、光强公式、干涉条纹特点和性质，以及基于平行平板多光束干涉的典型应用。明确条纹的可见度、时间相干性、空间相干性、相干长度、相干时间、定域干涉、非定域干涉、定域深度等相关概念。

二、重点内容

1. 干涉及干涉条件

在两个（或多个）光波叠加的区域，某些点的振动始终加强，另一些点的振动始终减弱，形成该区域内稳定的光强强弱分布的现象称为光的干涉。

光波叠加形成干涉的条件是：1）频率相同；2）振动方向相同；3）相位差恒定。而且叠加光波的光程差不超过光波的波列长度。

通过分波前法和分振幅法，可以由一个光波获得两个或多个相干光波。典型的例子有杨氏干涉和平板干涉。

2. 杨氏干涉

杨氏干涉是通过分波前法产生的。实验装置示意和坐标选取如图 9-1 所示。

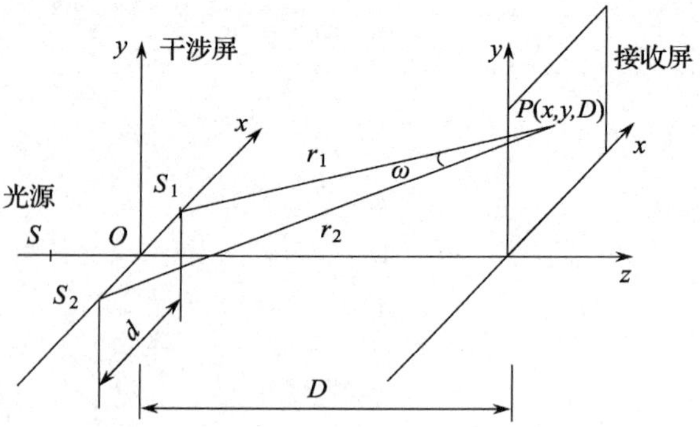

图 9-1　杨氏实验装置示意和坐标选取

接收屏上 P 点的干涉条纹光强分布为

$$I=I_1+I_2+2\sqrt{I_1 I_2}\cos\delta \tag{9-1}$$

由于 $I_1=I_2=I_0$ 时，上式简化为

$$I=4I_0\cos^2\frac{\delta}{2} \tag{9-2}$$

式中，δ 为 S_1、S_2 两点分别到 P 的位相差，

$$\delta=\frac{2\pi}{\lambda}\Delta \tag{9-3}$$

在杨氏实验装置中，光程差

$$\Delta=r_2-r_1=\frac{2xd}{r_2+r_1}\approx\frac{d}{D}x \tag{9-4}$$

干涉条纹性质：

1）形成垂直于 x 轴（x 轴平行于 S_1、S_2 连线）的等间隔直条纹，干涉条纹是屏上位置对 S_1、S_2 两点等光程差的轨迹。

2）当 $\delta=\frac{2\pi}{\lambda}\Delta=2m\pi,\Delta=m\lambda(m=0,\pm1,\pm2,\cdots)$，即 $x=m\frac{\lambda D}{d}$ 时，$I=I_{max}=4I_0$ 为亮条纹。

3）当 $\delta=\frac{2\pi}{\lambda}\Delta=(2m+1)\pi,\Delta=\left(m+\frac{1}{2}\right)\lambda(m=0,\pm1,\pm2,\cdots)$，即 $x=\left(m+\frac{1}{2}\right)\frac{\lambda D}{d}$ 时，$I=I_{min}=0$ 为暗条纹。

4）条纹间隔 $e=\frac{\lambda D}{d}=\frac{\lambda}{\omega}$，$\omega$ 称为干涉会聚角。该式表明条纹间隔 e 会随波长 λ 的增大而增大；随两干涉点源之间的距离 d 增大而减小；随两屏之间的距离 D 增大而增大。

3. 条纹的可见度

干涉场某点附近干涉条纹的可见度定义为

$$K=(I_{max}-I_{min})/(I_{max}+I_{min}) \tag{9-5}$$

它表征了干涉场中某处条纹亮暗的反差程度。式中，I_{max}、I_{min} 分别表示所考察位置附近的最大光强值和最小光强值。K 的取值范围为[0，1]；当 $I_{min}=0$ 时，$K=1$，可见度最好。

将式（9-1）和式（9-5）联立，可得

$$I=(I_1+I_2)\left(1+\frac{2\sqrt{I_1I_2}}{I_1+I_2}\cos\delta\right)=(I_1+I_2)(1+K\cos\delta) \tag{9-6}$$

影响条纹可见度的因素是两相干光束的振幅比、光源的大小和光源的非单色性，其相关公式和讨论见表 9-1。空间相干性和时间相干性均表示光波能够产生干涉的性质，分别与光源的大小和光源的非单色性有关，其定义、影响因素和衡量指标见表 9-2。

4. 平板的双光束干涉

干涉条纹的定域：两个单色相干点光源在空间任意一点相遇，总有一个确定的光程差，因而都能观察到清晰的干涉条纹，这种干涉称为非定域干涉。扩展光源情况下，在空间任意一点，由光源上不同点源发出的到达该点产生双光束干涉的两支相干光的光程差不同，对应该点引入光程差的变化 $\delta\Delta>\lambda/4$ 的区域，条纹可见度下降，不能观察到清晰的干涉条纹；对应该点引入光程差的变化 $\delta\Delta\leqslant\lambda/4$ 的区域，能够观察到高可见度的干涉条纹，这种干涉称为定域干涉。能够观察到清晰干涉条纹的区域称为定域区。

表 9-1　干涉条纹可见度的影响因素

影响因素	公　式	讨　论
两相干光束的振幅比	$K=\dfrac{2\sqrt{I_1I_2}}{I_1+I_2}=\dfrac{2(A_1/A_2)}{1+(A_1/A_2)^2}$，$A_1$、$A_2$ 分别为两光束的振幅	当 $A_1=A_2$ 时，$K=1$；当 $A_1\neq A_2$ 时，$K<1$。两光波振幅差越大，K 越小
光源的大小	$K=\left\|\dfrac{\lambda}{\pi b\beta}\sin\dfrac{\pi b\beta}{\lambda}\right\|$，$\beta$ 为干涉孔径角，b 为光源宽度，λ 为光源波长	临界宽度（条纹对比度为 0 时的光源宽度）$b_c=\lambda/\beta$；允许宽度（能够清晰看到条纹 $K=0.9$ 时）$b_p=b_c/4=\lambda/4\beta$
光源的非单色性	$K=\left\|\dfrac{\sin(\Delta k\cdot\Delta/2)}{\Delta k\cdot\Delta/2}\right\|$，$\Delta k$ 为对应光谱宽度 $\Delta\lambda$ 的波数增量，Δ 为干涉光程差	当 $\Delta k\Delta/2=\pi$ 时，得到对应于光谱宽度为 Δk 的光源能够产生干涉的最大光程差（相干长度）：$\Delta_{max}=\dfrac{2\pi}{\Delta k}=\dfrac{\lambda_1\lambda_2}{\Delta\lambda}\approx\dfrac{\lambda^2}{\Delta\lambda}$

表 9-2　空间相干性和时间相干性

种　类	定　义	影响因素	衡量指标
空间相干性	若通过光波场横向两点的光在空间相遇时能够产生干涉，则称通过这两点的光具有空间相干性	光源宽度 b_c	$b_c\beta=\lambda$（相干空间可用干涉孔径角 β 表示）
时间相干性	若同一光源在相干时间内发出的两束光经过不同路径在空间相遇时能够产生干涉，则称这两束光具有时间相干性。光通过相干长度所需时间，称为相干时间	光源非单色性（Δk 或 $\Delta\lambda$）	相干长度 $\Delta_{max}=\dfrac{2\pi}{\Delta k}\approx\dfrac{\lambda^2}{\Delta\lambda}$ 相干时间 $\Delta t=\Delta_{max}/c$

（1）平行平板的双光束干涉　平行平板的分振幅干涉是定域干涉，其干涉原理如图 9-2 所示。

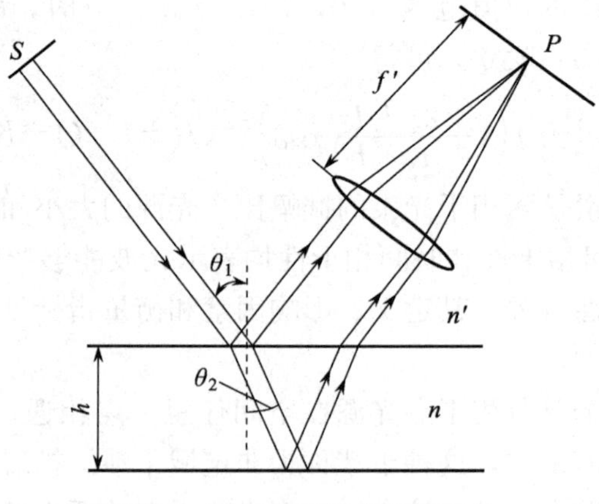

图 9-2　平行平板的分振幅干涉

平行平板双光束干涉的光程差为

$$\Delta=2nh\cos\theta_2+\lambda/2 \tag{9-7}$$

式中，$\lambda/2$ 项取决于光在平行平板上、下两表面反射时是否存在“半波损失”，如图 9-3 所示；n、h 分别是平行平板的折射率和厚度。

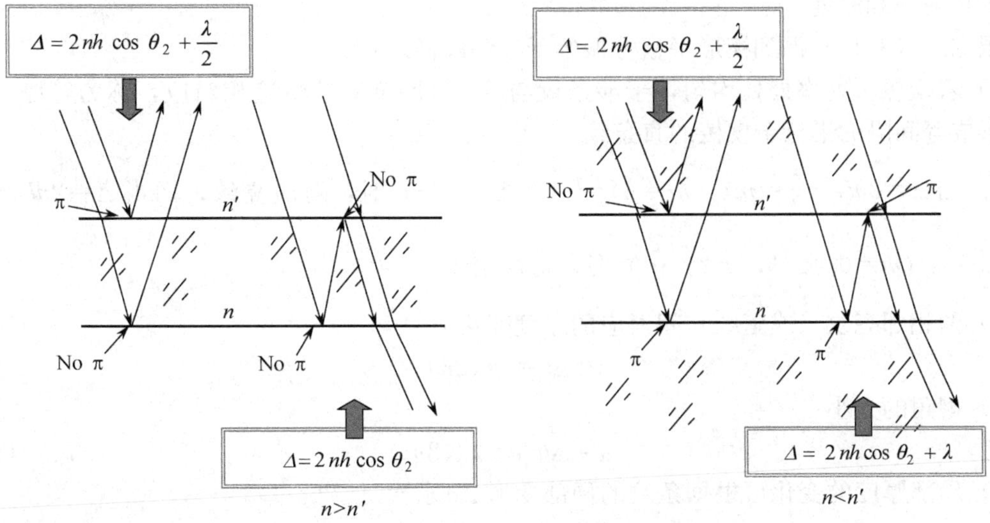

图 9-3　平行平板双光束干涉的 4 种情况

根据式（9-7）得到平行平板分振幅干涉条纹性质：

1）光程差只取决于折射角 θ_2（入射角 θ_1），相同 θ_1 的入射光构成同一级条纹，称为等倾干涉条纹，它是一组同心圆环。

2）当 $\Delta=2nh\cos\theta_2+\frac{\lambda}{2}=m\lambda$（$m=0$，$\pm1$，$\pm2$，…）时，对应亮环；当 $\Delta=2nh\cos\theta_2+\frac{\lambda}{2}=(m+\frac{1}{2})\lambda$（$m=0$，$\pm1$，$\pm2$…）时，对应暗环。

3）等倾干涉在中心处（$\theta_2=0$）光程差最大，干涉级次最高。

4）从中心向外数第 N 条亮纹的角半径

$$\theta_{1N}\approx\frac{1}{n'}\sqrt{\frac{n\lambda}{h}}\sqrt{N-1+q} \tag{9-8}$$

式中，q 为中心斑级次与从中心向外数第 1 个亮纹的级次之差，其取值范围 $0<q\leqslant1$。

5）条纹间隔

$$e=f'\mathrm{d}\theta_1=\frac{n\lambda}{2n'^2h\sin\theta_1}f' \tag{9-9}$$

式（9-9）表明：同心圆环间隔非线性，中心条纹间隔宽，边缘条纹间隔窄。

6）反射光场和入射光场干涉条纹分布互补。

（2）楔板的双光束干涉　楔形平板的定域情况复杂，这里仅考虑平行光垂直照射的情况，如图 9-4 所示。

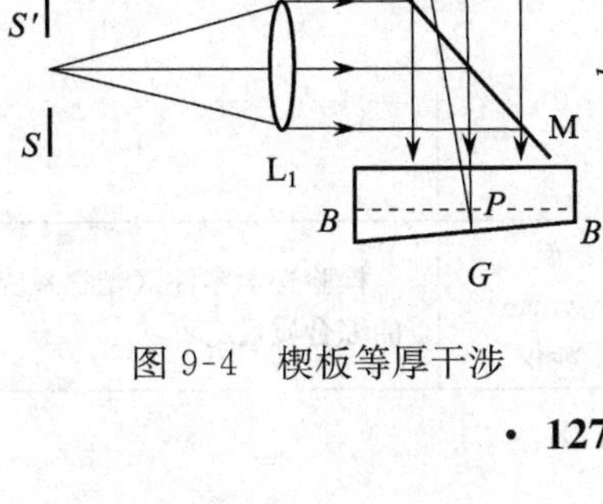

图 9-4　楔板等厚干涉

此时定域面在楔板内部（BB'），光程差公式为

$$\Delta=2nh+\lambda/2 \tag{9-10}$$

式中，$\lambda/2$ 项同样取决于光在楔板上、下两表面反射时是否存在“半波损失”；n、h 分别是楔板的折射率和厚度。

根据式（9-10）得到楔形平板分振幅干涉条纹性质：

1）若楔板折射率处处均匀，干涉条纹与等 h（厚度）的轨迹相对应，称为等厚干涉条纹，形成等间隔的平行于楔棱的直条纹。

2）当 $\Delta=2nh+\frac{\lambda}{2}=m\lambda$（$m=0$，$\pm1$，$\pm2$，…）时，对应亮纹；而当 $\Delta=2nh+\frac{\lambda}{2}=(m+\frac{1}{2})\lambda$（$m=0$，$\pm1$，$\pm2$，…）时，对应暗纹。

3）两相邻亮纹（或暗纹）间对应的厚度变化

$$\Delta h=\lambda/(2n) \tag{9-11}$$

4）楔角的大小

$$\alpha=\Delta h/e=\lambda/(2ne) \tag{9-12}$$

5）局部厚度的变化可根据条纹的局部变形 Δe 求出

$$H=\frac{\lambda}{2n}\frac{\Delta e}{e} \tag{9-13}$$

5. 典型的双光束干涉系统及应用

在充分了解斐索、迈克耳逊、泰曼和马赫-泽德 4 种典型双光束干涉系统结构特点的基础上，还需掌握 4 种干涉系统的用途、工作原理、干涉条纹的形状和性质等，主要内容见表 9-3。

表 9-3　典型的双光束干涉系统

名　　称	用　　途	工 作 原 理	干涉条纹性质
斐索（Fizeau）干涉仪	1. 测定平板表面的平面度和局部误差 2. 测量平行平板的平行度和小角度光楔的楔角 3. 测量透镜的曲率半径	1. 使标准平晶的下表面与待检平面构成空气平板 2. 去掉标准平晶，可直接利用被测平板上下表面形成双光束干涉 3. 将标准平晶换成球面样板，使球面样板曲面和待检曲面间构成空气板，进行检测	1. 形成等厚干涉条纹 2. 根据检测对象不同，干涉光束来自不同的标准反射面和被测面 3. 干涉光反射面选择不同，对应定域面位置不同
迈克耳逊（Michelson）干涉仪	1. 确定零光程差位置 2. 进行样品或长度测量 3. 精确测量单色光波长	1. 白光照明时，加上补偿板能够同时补偿各色光的光程差以获得零级白光条纹，用于准确地确定零光程差位置，作为精确测量基准 2. 因为干涉仪能够将参考光和测量光束分开，所以可将样品放置于测量光路中，观察干涉条纹的变化；或将长度待测量转化为动镜的移动量，通过测量干涉条纹的变化实现长度测量	1. 通过调节 M_1、M_2 的相对位置，改变虚平板的厚度和楔角，可实现平板的等倾干涉、等厚干涉和混合型干涉 2. 等倾干涉时，M_1 移动量 Δh 与视场中心移动的条纹数目 N 之间有关系式 $\Delta h=N\cdot\lambda/2$ 3. 干涉性质不同时，定域面位置不同
泰曼（Twyman）干涉仪	检验光学零件（光学系统）的综合质量	是改进型的迈克耳逊干涉仪。检验原理是通过研究光波波面经光学零件后的变形来确定零件质量	干涉条纹是等波面差的轨迹；参考波面为平面

（续）

名　称	用　途	工作原理	干涉条纹性质
马赫-泽德（Mach-Zehnder）干涉仪	检测相位物体引起的相位变化，如：大型风洞中气流引起的空气密度变化、微小物体的位相变化等	将相位物体置于光路中，能够观察到受相位调制的波面与基准平面波的光程差	1. 形成波面的等厚干涉条纹 2. 使用扩展光源时，条纹是定域的

6. 平行平板的多光束干涉及应用

平行平板的多光束干涉如图 9-5 所示，其形成条件是：平行平板表面镀高反膜。

透射场中，透射光在 P' 点的发光强度为

$$I_t = I_i \frac{1}{1+F\sin^2(\delta/2)} \qquad (9\text{-}14)$$

反射场中，反射光在 P 点的发光强度为

$$I_r = I_i \frac{F\sin^2(\delta/2)}{1+F\sin^2(\delta/2)} \qquad (9\text{-}15)$$

式中，I_i 为入射光光强；$\delta = k\Delta = \frac{2\pi}{\lambda}2nh\cos\theta_2$ 为相邻两光束之间的位相差；$F=\frac{4\rho}{(1-\rho)^2}$ 称为精细度系数；ρ 为界面反射比。

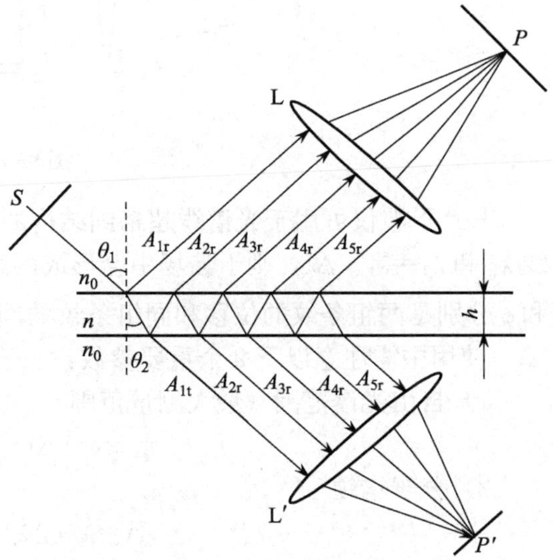

图 9-5　多光束干涉

式（9-14）和式（9-15）表明：干涉场强度随 ρ 和 δ 而变化，当 ρ 一定时，则仅由 δ 决定，即平板参数一定时发光强度只与光束的倾角有关，形成等倾干涉条纹（一组同心圆环）；透射光和反射光的光强互补。透射场干涉条纹特点如下：

1）当 $\delta=\frac{2\pi}{\lambda}\Delta=2m\pi$，$\Delta=m\lambda$（$m=0, \pm1, \pm2, \cdots$）时，$I_{t\max}=I_i$ 为亮条纹；当 $\delta=\frac{2\pi}{\lambda}\Delta=(2m+1)\pi$，$\Delta=\left(m+\frac{1}{2}\right)\lambda$（$m=0, \pm1, \pm2, \cdots$），时，$I_{t\min}=I_i/(1+F)$ 为暗条纹。可见度 $K_t=F/(2+F)$。

2）条纹锐度 $\Delta\delta$，用亮条纹的相位半宽度表示

$$\Delta\delta = \frac{4}{\sqrt{F}} = \frac{2(1-\rho)}{\sqrt{\rho}} \qquad (9\text{-}16)$$

当 $\rho \to 1$ 时，$\Delta\delta$ 变得很小，锐度极好。

3）条纹精细度定义为 $s=2\pi/\Delta\delta=\pi\sqrt{F}/2=\pi\sqrt{\rho}/(1-\rho)$，当 $\rho\to1$ 时，s 变得很大，条纹精细度极高。

综上可知：当 ρ 增大时，条纹变得细锐，且 K_t 增大。当 $\rho\to1$ 时，得到全暗背景上清晰的极细锐亮条纹，这是多光束干涉最显著最重要的特点。这在光学精密测量中非常有用。

基于多光束干涉原理的典型应用是：法布里-珀罗干涉仪（Fabry-Perot Interferometer，简称 F-P 干涉仪）和干涉滤光片。

（1）F-P 干涉仪　结构如图 9-6 所示，根据图中 h 是可变的还是固定的，分别称为F-P 干涉仪和 F-P 标准具。采用扩展光源照明，光进入平板 G_1、G_2（内表面平行，且均镀高反膜），经多次反射后出射，在透镜 L_2 的后焦面上将得到细锐的等倾干涉条纹。

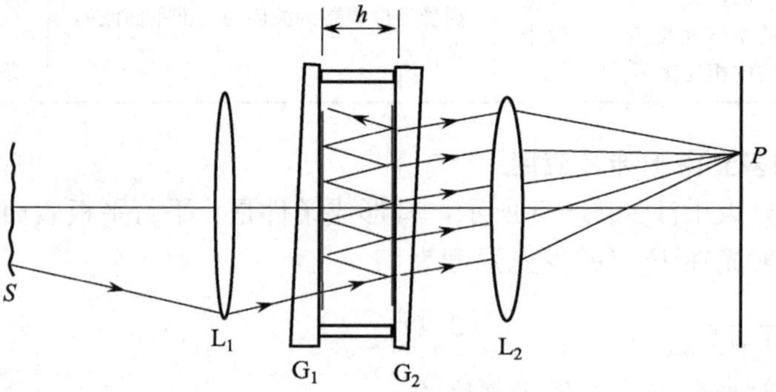

图 9-6　F-P 干涉仪

F-P 干涉仪可用于光谱线超精细结构的分析，其工作原理是：若照明光源中含有两条谱线 λ_1 和 $\lambda_2=\lambda_1+\Delta\lambda$，则干涉场中会形成两组干涉条纹，通过测量两组条纹的级差 $\Delta e/e$（Δe 和 e 分别是两组条纹的位移和同组条纹的间隔），代入公式 $\Delta\lambda=(\Delta e/e)\cdot(\bar{\lambda}^2/2h)$就可求出 $\Delta\lambda$。使用中需注意以下 2 个重要参数：

1）自由光谱范围（最大测量范围）

$$(\Delta\lambda)_{(S.R)}=\bar{\lambda}^2/2h \tag{9-17}$$

2）分辨本领

$$A=\lambda/(\Delta\lambda)_m=0.97ms=mN \tag{9-18}$$

式中，$(\Delta\lambda)_m$ 是 F-P 标准具能够分辨的最小波长差；m、s 分别为干涉级次和精细度；$N=0.97s$ 称为有效光束数。

（2）干涉滤光片　它是利用多光束干涉原理制成的一种能够从白光中过滤出近单色光的多层膜系，其结构如图 9-7 所示。它类似于间隔很小的 F-P 标准具。光学性能由以下 3 个参数表征：

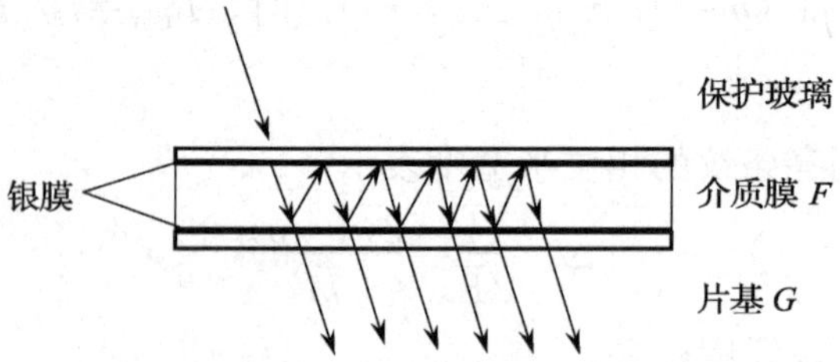

图 9-7　干涉滤光片结构

1）中心波长 λ_c，即对应透射比最大的波长

$$\lambda_c=2nh/m \tag{9-19}$$

2）透射带的波长半宽度 $\Delta\lambda$，即透过比为峰值透过比一半时所对应的两波长差

$$\Delta\lambda=\frac{\lambda^2}{2\pi nh}\frac{1-\rho}{\sqrt{\rho}} \tag{9-20}$$

3）峰值透过比 τ，即中心波长处的透过比

$$\tau=(I_t/I_i)_{\max} \tag{9-21}$$

三、例题分析

例 9-1 如图 9-8a 所示干涉装置，点光源 S 位于透镜的物方焦点上，P 为半透明观察屏，A 为平面反射镜，P 和 A 的夹角 δ 很小。试解释该装置的工作原理、观察屏上的条纹形状，并在图中表示透镜右侧能够观察到干涉条纹的区域。

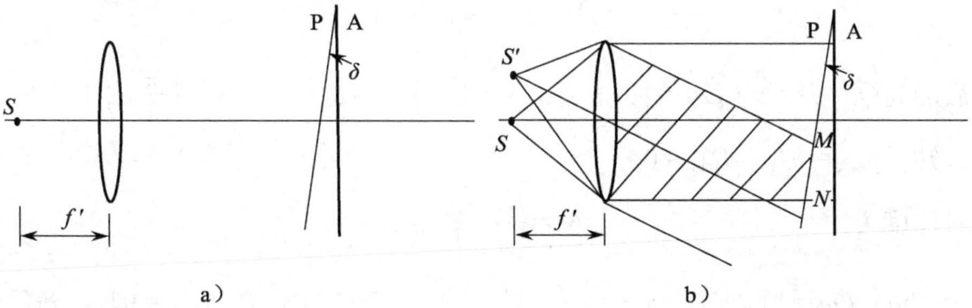

图 9-8 例 9-1 图

【提示】 本题知识点：干涉条件和干涉性质。

【解】 由几何光学知：S 点发出的光经透镜后，平行于光轴出射，经平面镜 A 和半透明屏 P 反射将分别成像于物方焦面 S、S'点，且 $|SS'|=f'\tan2\delta$，S、S'是相干光源，故该装置可以等效为两个相干点光源的干涉。由此知其干涉图样在空间为抛物面，因而在观察屏这一截面上看到的是等间隔的直条纹。观察屏上能够看到干涉条纹的部分在 MN 之间透镜右侧能够观察到干涉条纹的区域如图 9-8b 中阴影部分所示。

例 9-2* 三个频率相同、振动方向相同、振幅均为 A 的平面单色波在 yOz 平面内传播，其传播方向如图 9-9a 所示，它们在 $z=0$ 平面内叠加产生干涉，试求干涉强度分布和条纹可见度，并画图分析干涉条纹的光强分布特征。

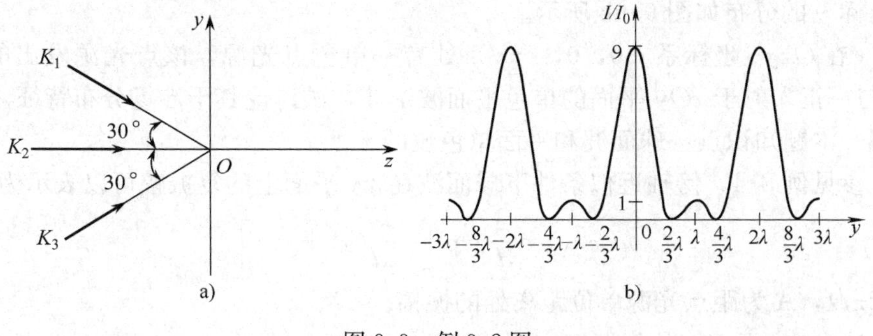

图 9-9 例 9-2 图

【提示】 本题知识点：平面单色波的表示、干涉条件和干涉条纹性质。

【解】 因为在 yOz 平面内传播的平面单色波复振幅可以表示为 $\widetilde{E}=A\mathrm{e}^{\mathrm{i}k(y\cos\beta+z\cos\gamma)}$ 式中，β 和 γ 分别表示平面电磁波与 y、z 两轴的夹角。

所以图中三个平面单色波可以分别表示为

$\widetilde{E}_1=Ae^{ik(y\cos 120°+z\cos 30°)}$，$\widetilde{E}_2=Ae^{ik(y\cos 90°+z\cos 0°)}$ 和 $\widetilde{E}_3=Ae^{ik(y\cos 60°-z\cos 30°)}$

当 $z=0$ 时，有

$\widetilde{E}_1=Ae^{-iky\sin 30°}$，$\widetilde{E}_2=A$，$\widetilde{E}_3=Ae^{iky\sin 30°}$

叠加后的复振幅

$$\begin{aligned}\widetilde{E}&=\widetilde{E}_1+\widetilde{E}_2+\widetilde{E}_3\\&=A+A(e^{iky\sin 30°}+e^{-iky\sin 30°})\\&=A+2A\cos\left(\frac{\pi}{\lambda}y\right)\end{aligned}$$

叠加后的光强　$I=\widetilde{E}\cdot\widetilde{E}^*=\left[A+2A\cos\left(\frac{\pi}{\lambda}y\right)\right]^2=I_0\left[1+2\cos\left(\frac{\pi}{\lambda}y\right)\right]^2$

由上式知　$I_{\max}=9I_0$，$I_{\min}=0$

条纹对比度为

$$K=\frac{I_M-I_m}{I_M+I_m}=1$$

当 $\frac{\pi}{\lambda}y=2m\pi$（$m=0$，$\pm1$，$\pm2$，…）时，即 $y=2m\lambda$ 时，$I=I_{\max}=9I_0$，满足形成亮纹条件。对 $y=2m\lambda$ 求导，得 $\Delta y=2\Delta m\lambda$，当 $\Delta m=1$ 时，得到亮条纹间隔 $e_L=\Delta y=2\lambda$；

当 $\frac{\pi}{\lambda}y=\frac{2}{3}n\pi$（$n=3m+1$，$3m+2$，$m=0$，$\pm1$，$\pm2$，…）时，即 $y=\frac{2}{3}n\lambda$ 时，$I=I_{\min}=0$，满足形成暗纹条件。对 $y=\frac{2}{3}n\lambda$ 求导，得 $\Delta y=\frac{2}{3}\Delta n\lambda$，当 $\Delta n=1$ 时，得到暗条纹间隔 $e_A=\Delta y=\frac{2}{3}\lambda$，但有缺级。

当 $\frac{\pi}{\lambda}y=(2m+1)\pi$（$m=0$，$\pm1$，$\pm2$，…）时，$I=I_0$，满足形成次级亮纹条件。对 $y=(2m+1)\lambda$ 求导，得 $\Delta y=2\Delta m\lambda$，当 $\Delta m=1$ 时，得到次级亮条纹间隔 $e_{CL}=\Delta y=2\lambda$；

由分析可知：平面内干涉条纹垂直于 y 轴，亮纹和次亮纹交替分布于暗纹之间。相对光强随位置坐标 y 的分布如图 9-9b 所示。

例 9-3　在 $Oxyz$ 坐标系（0，0，$-d$）处有一单色点光源，该点光源发出的球面波在 xy 平面上与一正入射于 xOy 平面的单色平面波干涉，试讨论其干涉场分布特征。

【提示】　本题知识点：球面波和平面单色波的干涉。

【解】　参见例 8-4，傍轴近似条件下球面波在 xy 平面上的复振幅可以表示为

$$u(x,y)=\frac{A}{d}\exp\left[i\frac{k}{2d}(x^2+y^2)\right]$$

式中，$k=2\pi/\lambda$，A 为距点光源单位距离处的振幅。

设平面波在 xy 平面上的复振幅为 $u'(x,y)=r_0$

则在干涉场（xy 平面）中的任一点，球面波与平面波干涉，两束光的合振幅为

$$E(x,y)=u(x,y)+u'(x,y)$$

其强度分布为

$$I(x,y)=|u(x,y)+u'(x,y)|^2=\left(\frac{A}{d}\right)^2+r_0^2+2\left(\frac{A}{d}\right)r_0\cos\left(k\frac{x^2+y^2}{2d}\right)$$

当 $k\dfrac{x^2+y^2}{2d}=2m\pi$（$m=0,1,2,\cdots$）时，光强为极大（亮条纹），因此干涉场中亮条纹的方程为 $x^2+y^2=2\lambda dm=R^2$（$m=0,1,2,\cdots$）

该式表明，此时干涉条纹是一组半径 R 与干涉级次 m 的二次方根成正比的同心圆环。

例 9-4 如图 9-10 所示的杨氏双缝实验中，波长为 λ 的单色光垂直入射到双缝上，将一块厚度为 t、折射率为 n 的玻璃片放在缝 S_1 和观察屏之间。

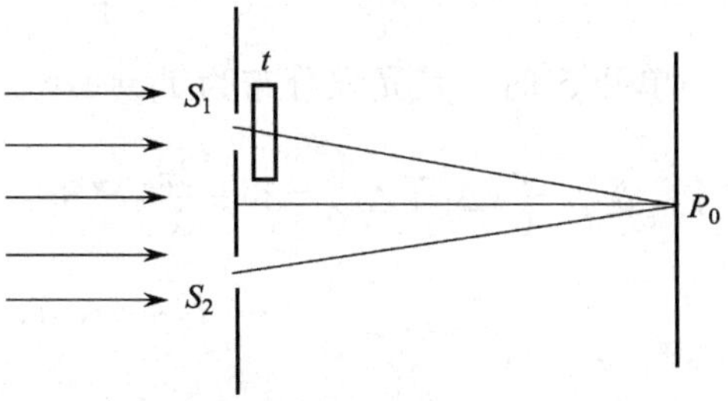

图 9-10 例 9-4 图

(1) 讨论 P_0 点的发光强度特性。

(2) 若入射光为准单色光，其平均波长为 500nm，波长宽度为 0.1nm，设玻璃的折射率为 $n=1.5$，试求玻璃片多厚时可使 P_0 点附近的条纹消失？

【提示】 本题知识点：杨氏双缝干涉和时间相干性。

【解】 (1) 由图可知，从两缝发出的光到 P_0 点的相位差为 $\delta=k\Delta=\dfrac{2\pi}{\lambda}(n-1)t$

因而 P_0 点的光强为 $\quad I=4I_0\cos^2\dfrac{\delta}{2}=4I_0\cos^2\left[(n-1)\dfrac{\pi}{\lambda}t\right]$

由上式可知，当 $\dfrac{\delta}{2}=(n-1)\dfrac{\pi}{\lambda}t=m\pi$ 或 $t=\dfrac{m\lambda}{n-1}(m=1,2,\cdots)$ 时，P_0 点的光强最大；

当 $\dfrac{\delta}{2}=(n-1)\dfrac{\pi}{\lambda}t=(2m+1)\dfrac{\pi}{2}$ 或 $t=\dfrac{(2m+1)\lambda}{2(n-1)}(m=0,1,2,\cdots)$ 时，P_0 点的光强最小。

(2) P_0 点对应的光程差为 $\Delta=(n-1)t$，这一光程差如果大于准单色光的相干长度，P_0 点处条纹将消失。

准单色光的相干长度为 $\quad \Delta_{max}\approx\dfrac{\bar{\lambda}^2}{\Delta\lambda}$

当 $\Delta\geqslant\Delta_{mzx}$ 时，有 $(n-1)t\geqslant\dfrac{\bar{\lambda}^2}{\Delta\lambda}$，即 $t\geqslant\dfrac{\bar{\lambda}^2}{(n-1)\Delta\lambda}=\dfrac{(500\times10^{-6})^2}{(1.5-1)\times0.1\times10^{-6}}\text{mm}=5\text{mm}$

故当玻璃片厚度大于等于 5mm 时，P_0 点附近的条纹消失。

例 9-5 在杨氏双缝实验中，在原来的光源 S 的正上方再开一个光源狭缝 S'，如图 9-11 所示。

(1) 若 $S'S_2-S'S_1=\lambda/2$，求单独打开 S 或 S' 及同时打开 S 和 S' 时，屏上的光强分布。

(2) 若 $S'S_2-S'S_1=\lambda$，同时打开 S 和 S' 时，屏上的光强分布。

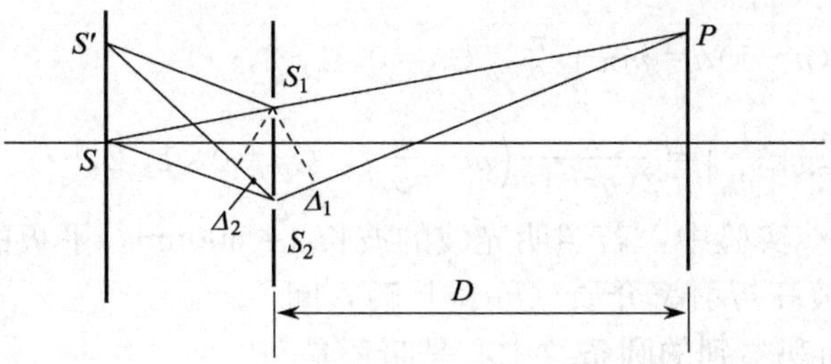

图 9-11 例 9-5 图

【提示】 本题知识点：杨氏双缝干涉和光波的非相干叠加。

【解】 (1) 单开 S 时，其光强分布为 $I_1=4A^2\cos^2\left(\frac{\delta_1}{2}\right)$，

式中，$\delta_1=\frac{2\pi}{\lambda}\Delta_1=\frac{2\pi}{\lambda}(S_2P-S_1P)$。

单开 S' 时，其光强分布为 $I_2=4A^2\cos^2\left(\frac{\delta_2}{2}\right)$，

式中，$\delta_2=\frac{2\pi}{\lambda}(\Delta_1+\Delta_2)=\delta_1+\frac{2\pi}{\lambda}(S'S_2-S'S_1)=\delta_1+\pi$ 整理得

$$I_2=4A^2\cos^2\left(\frac{\delta_2}{2}\right)=4A^2\sin^2\left(\frac{\delta_1}{2}\right)$$

同时打开 S 和 S' 时，非相干叠加得 $I=I_1+I_2=4A^2\left[\cos^2\left(\frac{\delta_1}{2}\right)+\sin^2\left(\frac{\delta_1}{2}\right)\right]=4A^2$

整个屏幕亮度均匀，其条纹可见度为 0。

(2) 若 $S'S_2-S'S_1=\lambda$，单开 S' 时，其光强分布为 $I_2=4A^2\cos^2\left(\frac{\delta_2}{2}\right)$，

式中，$\delta_2=\frac{2\pi}{\lambda}(\Delta_1+\Delta_2)=\delta_1+\frac{2\pi}{\lambda}(S'S_2-S'S_1)=\delta_1+2\pi$ 整理得

$$I_2=4A^2\cos^2\left(\frac{\delta_2}{2}\right)=4A^2\cos^2\left(\frac{\delta_1}{2}\right)$$

非相干叠加得 $I=I_1+I_2=4A^2\cos^2\left(\frac{\delta_1}{2}\right)+4A^2\cos^2\left(\frac{\delta_1}{2}\right)=8A^2\cos^2\left(\frac{\delta_1}{2}\right)$

两组干涉条纹的亮纹、暗纹重合，亮纹强度增加。

例 9-6 垂直入射的平面波通过折射率为 n 的玻璃板，透射光经透镜会聚到焦点上。玻璃板的厚度沿着中点 C 且垂直于图面的直线发生光波波长量级的突变 d，如图 9-12 所示。问 d 为多少时焦点光强是玻璃板无突变时光强的一半。

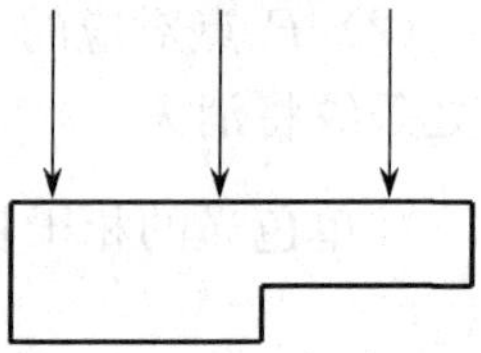

图 9-12 例 9-6 图

【提示】 本题知识点：双光束干涉。

【解】 将通过玻璃板左右两部分的光强设为 I_0，当没有突变 d 时，$\Delta=0$

$$I(p)=I_0+I_0+2\sqrt{I_0I_0}\cos k\Delta=4I_0$$

当有突变 d 时，$\Delta'=(n-1)d$。此时 $I'(p)=I_0+I_0+2\sqrt{I_0I_0}\cos k\Delta'=2I_0+2I_0\cos k\Delta'=\frac{1}{2}I(p)$

所以 $\cos k\Delta'=0$，即 $\frac{2\pi}{\lambda}(n-1)d=m\pi+\frac{\pi}{2}$，$(m=0, 1, 2, \cdots)$

解得 $d=\frac{\lambda}{n-1}\left(\frac{m}{2}+\frac{1}{4}\right)=\frac{\lambda}{2(n-1)}\left(m+\frac{1}{2}\right)$，$(m=0, 1, 2, \cdots)$

例 9-7 在等倾干涉实验中，若照明光波的波长 $\lambda=600\text{nm}$，平板的厚度 $h=2\text{mm}$，折射率 $n=1.5$，其下表面镀高折射率介质 ($n_H>1.5$)，问

(1) 在反射光方向观察到的圆条纹中心是暗还是亮？

(2) 由中心向外计算，第 10 个亮纹的半径是多少？(观察望远镜物镜的焦距为 20cm)

(3) 第 10 个亮环处的条纹间距是多少？

【提示】 本题知识点：等倾干涉。中心斑与从中心向外数第 1 亮纹之间的干涉级次差 q 的范围是 $0<q\leqslant 1$。当中心是亮斑时 $q=1$，当中心是暗斑时 $q=0.5$，其他情况时为一个小数。

【解】 (1) 因为平板下表面镀高折射率膜，所以光程差 $\Delta=2nh\cos\theta_2$

当 $\cos\theta_2=1$ 时，中心处光程差 $\Delta=2nh=(2\times1.5\times2)\text{mm}=6\text{mm}$

$m_0=\dfrac{\Delta}{\lambda}=\dfrac{6\text{mm}}{600\text{nm}}=\dfrac{6\times10^6}{600}=1\times10^4$。所以应为亮斑，级次为$10^4$。

(2) $\theta_{1N}\approx\dfrac{1}{n'}\sqrt{\dfrac{n\lambda}{h}}\sqrt{N-1+q}=\sqrt{\dfrac{1.5\times600}{2\times10^6}}\sqrt{10-1+1}\,\text{rad}=0.067\text{rad}=3.843°$

半径 $R_N=(200\times0.067)\text{mm}=13.4\text{mm}$

(3) 所以 $\Delta\theta_1=\dfrac{n\lambda}{2n'^2\theta_1h}=\dfrac{1.5\times600}{2\times0.067\times2\times10^6}\text{rad}=0.00336\text{rad}$，$\Delta R_{10}=0.67\text{mm}$

例 9-8 用氦氖激光照明迈克耳逊干涉仪，通过望远镜看到视场内有 20 个暗环，且中心是暗斑。然后移动反射镜 M_1，看到环条纹收缩，并且一一在中心消失了 20 个环，此时视场内只有 10 个暗环，试求：

(1) M_1移动前中心暗斑的干涉级次（设干涉仪分光板 G_1不镀膜）。

(2) M_1移动后第 5 个暗环的角半径。

【提示】 本题知识点：迈克耳逊干涉仪。解题时应注意：①当分光镜不镀膜时，两光路之间有半波损失；当分光镜镀膜时，两路光的光程差非 0、也非 $\lambda/2$，应根据膜层厚度和膜层折射率的影响而定，但接近于 0；②视场范围有限，视场中看到的不是全部条纹；③两个变化过程中，不变量是视场大小，即视场最边缘条纹的角半径不变；④公式中亮条纹均为整数级次，暗条纹均与亮条纹级次相差 0.5。

【解】 (1) 在 M_1移动前 $\theta_{1N}=\dfrac{1}{n'}\sqrt{\dfrac{n\lambda}{h_1}}\sqrt{N_1-1+q}$，$N_1=20.5$，$q=0.5$。在 M_1移动后

$\theta'_{1N}=\dfrac{1}{n'}\sqrt{\dfrac{n\lambda}{h_2}}\sqrt{N_2-1+q}$，$N_2=10.5$，$q=0.5$

因为 $\theta_{1N}=\theta'_{1N}$， 得$\dfrac{h_1}{h_2}=\dfrac{20}{10}$，推导出 $\dfrac{\Delta h}{h_2}=\dfrac{h_1-h_2}{h_2}=\dfrac{10}{10}=1$

又 $\Delta h=N\dfrac{\lambda}{2}=20\times\dfrac{\lambda}{2}=10\lambda$，解得

$h_1=20\lambda$，$h_2=10\lambda$

因为 $\Delta=2nh_1+\dfrac{\lambda}{2}=2\times20\lambda+\dfrac{\lambda}{2}=40.5\lambda$ 所以 $m_0=40.5$

(2) $\theta_{1N}=\dfrac{1}{n'}\sqrt{\dfrac{n\lambda}{h_2}}\sqrt{N-1+q}=\sqrt{\dfrac{\lambda}{10\lambda}}\sqrt{5.5-1+0.5}\,\text{rad}=0.707\text{rad}$

例 9-9 在迈克耳逊干涉仪的一臂上用凸面反射镜 M_2 代替平面镜（如图 9-13 所示），反射镜的曲率中心在 OO_2 的延长线上。调节 M_1 位置，使 $OO_1=OO_2$。假设半反射镜面 A 的镀膜恰使两相干光束的附加光程差为零。用准直单色光照明，S 位于 L 的焦点上。问观察到的干涉图样成什么形状？当 M_1 向分束板移动时，干涉条纹如何变化？

【提示】 本题知识点：迈克耳逊干涉仪中等厚干涉的条纹变化规律。

【解】 干涉图样为牛顿环（等厚干涉同心圆环）。当 M_1 向分束板移动时，使虚薄板（由 M_1 和 M'_2 构成）厚度增加，圆环向中心移动，圆环间距不变。

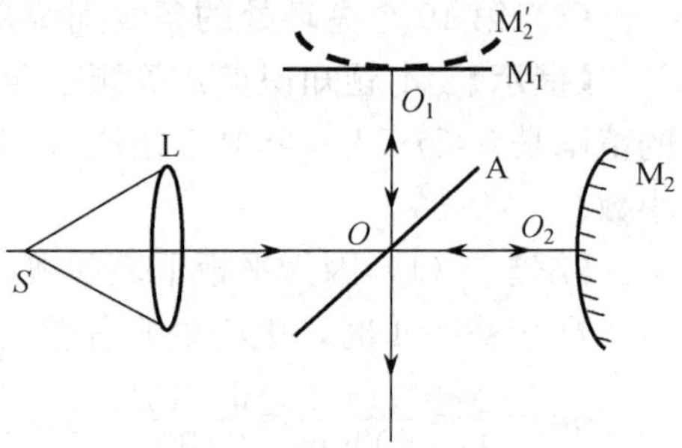

图 9-13 例 9-9 图

例 9-10 假设照明迈克耳逊干涉仪的光源发出波长为 λ_1 和 λ_2 的两个等振幅的单色光波，$\lambda_2=\lambda_1+\Delta\lambda$，且 $\Delta\lambda \ll \lambda_1$，这样当平面镜 M_1 移动时，干涉条纹呈周期性地消失和再现，从而使条纹可见度做周期性变化。试求：

（1）条纹可见度随光程差的变化规律。

（2）相继两次条纹消失时，平面镜 M_1 移动的距离 Δh。

（3）对于钠灯，设 $\lambda_1=589.0\text{nm}$，$\lambda_2=589.6\text{nm}$ 均为单色光，求 Δh 的值。

【提示】 本题知识点：迈克耳逊干涉仪和干涉条纹的可见度。求干涉条纹可见度的方法一般有两种，一是按照定义式（9-5），二是先求光强分布式，再整理成式（9-6）形式求出 K。相比之下，方法二更有效。

【解】（1）λ_1 的干涉光强 $I'_1=I_1+I_2+2\sqrt{I_1I_2}\cos k_1\Delta=I_1+I_2+2\sqrt{I_1I_2}\cos\dfrac{2\pi}{\lambda_1}\Delta$

λ_2 的干涉光强 $I'_2=I_1+I_2+2\sqrt{I_1I_2}\cos k_2\Delta=I_1+I_2+2\sqrt{I_1I_2}\cos\dfrac{2\pi}{\lambda_2}\Delta$

设 $A=I_1+I_2$，$B=2\sqrt{I_1I_2}$，$\bar{\lambda}=\dfrac{\lambda_1+\lambda_2}{2}$

$$
\begin{aligned}
I=I'_1+I'_2&=2A+B\left(\cos\frac{2\pi}{\lambda_1}\Delta+\cos\frac{2\pi}{\lambda_2}\Delta\right)\\
&=2A+B\left[2\cos\left(\frac{\lambda_1+\lambda_2}{\bar{\lambda}^2}\pi\Delta\right)\cos\left(\frac{\lambda_1-\lambda_2}{\bar{\lambda}^2}\pi\Delta\right)\right]\\
&=2A+2B\left[\cos\left(\frac{2\pi\Delta}{\bar{\lambda}}\right)\cos\left(\frac{\Delta\lambda}{\bar{\lambda}^2}\pi\Delta\right)\right]\\
&=2A\left[1+\frac{B}{A}\cos\left(\frac{\Delta\lambda}{\bar{\lambda}^2}\pi\Delta\right)\cos\delta\right]
\end{aligned}
$$

所以 $K=\left|\dfrac{B}{A}\cos\left(\dfrac{\Delta\lambda}{\bar{\lambda}^2}\pi\Delta\right)\right|$

（2）条纹可见度最大时满足条件 $\dfrac{\Delta\lambda}{\bar{\lambda}^2}\pi\Delta=m\pi$，整理得 $\Delta=m\dfrac{\bar{\lambda}^2}{\Delta\lambda}$

取微分得 $\delta\Delta=\dfrac{\bar{\lambda}^2}{\Delta\lambda}\delta m$ 。令 $\delta m=1$，且 $\delta\Delta=2\Delta h$，得到 $\Delta h=\dfrac{\lambda_1\lambda_2}{2\Delta\lambda}$

（3）$\Delta h=\dfrac{589.6\times589}{2\times(589.6-589)}\text{nm}=0.289\text{nm}$

例 9-11 画出测量平行平板两表面平行度的斐索干涉仪结构，简述工作原理，说明可能观察到的干涉图形。（假设平行平板表面无局部瑕疵）

【提示】 本题知识点：斐索干涉仪的结构和基本测量原理。

【解】 测量平行平板两表面平行度的斐索干涉仪结构如图 9-14 所示。激光器输出的光束经 L_1扩束，针孔 H 滤波，分光板 G 反射后被 L_2准直成平行光束垂直入射到待测零件 Q 上。Q 置于可微调的平台上。从待测平面的上、下表面分别反射的光返回经过 G 进入观察系统 L_3，可测量平板的平行度。此时观察到的是待测零件上、下表面形成的等厚干涉条纹。

若平行平板两表面平行，则会看到视场中一片均匀；若平行平板两表面不严格平行，则会看到等间隔的等厚干涉直条纹。

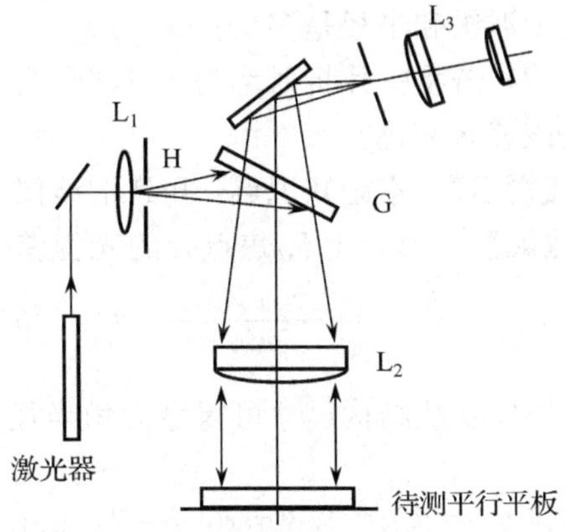

图 9-14 例 9-11 图

例 9-12 将一个波长稍小于 600nm 的光波与一个波长为 600nm 的光波在 F-P 干涉仪上比较，当 F-P 干涉仪两镜面间距改变 1.5mm 时，两光波的条纹就重合一次，试求未知光波的波长。

【提示】 本题知识点：F-P 干涉仪。每隔 1.5mm 重合一次，是由于 F-P 干涉仪跃级重合造成的，超过了自由光谱区范围后，就会发生周期性的跃级重合现象。

【解】 λ_1 对应的条纹满足关系 $\delta=\frac{2\pi}{\lambda_1}2h\cos\theta+2\varphi=2m_1\pi$（式中 2φ 为在金属内表面反射引起的位相差）接近中心处时，$\cos\theta=1$，上式表示成$\frac{4\pi}{\lambda_1}h+2\varphi=2m_1\pi$

同理对 λ_2 有 $\frac{4\pi}{\lambda_2}h+2\varphi=2m_2\pi$

$\Delta m=m_2-m_1=\left(\frac{2h}{\lambda_1}+\frac{\varphi}{\pi}\right)-\left(\frac{2h}{\lambda_2}+\frac{\varphi}{\pi}\right)=\frac{2h\Delta\lambda}{\lambda_1\lambda_2}$，此式两边求导得 $\delta(\Delta m)=\frac{2\Delta\lambda}{\lambda_1\lambda_2}\delta h$

当 $\delta(\Delta m)=1$ 时，$\delta h=1.5\text{mm}$ 代入上式得 $\Delta\lambda=\frac{\lambda_1\lambda_2}{2\delta h}=\frac{(600)^2}{2\times1.5\times10^6}\text{nm}=0.12\text{nm}$

所以 $\lambda=(600-0.12)\text{nm}=599.88\text{nm}$

例 9-13 如图 9-15 所示，F-P 标准具两镜面的间隔为 1cm，在其两侧各放一个焦距为 15cm 的准直透镜 L_1 和会聚透镜 L_2。直径为 1cm 的光源（中心在光轴上）置于 L_1 的焦平面上，光源为波长 589.3nm 的单色光，空气折射率为 1。求：

(1) 透镜 L_2焦点处的干涉级次，在 L_2的焦面上能看到多少个亮条纹？其中半径最大条

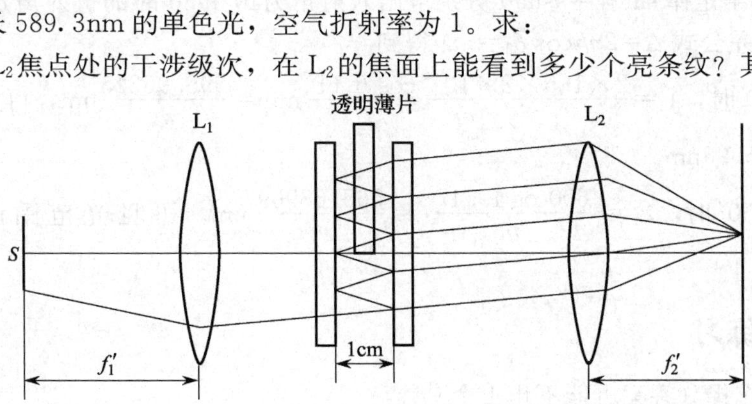

图 9-15 例 9-13 图

纹的干涉级和半径是多少？

（2）若将一片折射率为 1.5，厚为 0.5mm 的透明薄片插入其间至一半位置，干涉环条纹应该怎么变化？

【提示】 本题知识点：F-P 干涉仪。

【解】 （1）由 L_2 焦点处的光程差公式 $\Delta_0=2nh+\lambda=m_0\lambda$ 可得对应级次

$m_0=\dfrac{2nh}{\lambda}+1=\dfrac{2\times1\times10^7}{589.3}+1=33939.5$，因此中心为暗斑。

根据系统结构尺寸可得最大角半径 $\theta_{\max}=\dfrac{b/2}{f'}=\dfrac{0.5}{15}\text{rad}=\dfrac{1}{30}\text{rad}$

将 $\theta_{1N}=\theta_{\max}=1/30\text{rad}$，$h=10^7\text{nm}$，$q=0.5$，$n=1$ 代入公式 $\theta_{1N}=\dfrac{1}{n'}\sqrt{\dfrac{n\lambda}{h}}\sqrt{N-1+q}$ 得到 $N=19$

所以 L_2 焦面上能看到 19 个亮条纹，其中最边缘条纹的干涉级次 $m=m_0-q-(N-1)=33921$，最大半径 $r_{\max}=\theta_{\max}f'=\dfrac{1}{30}\times15\text{cm}=5\text{mm}$

（2）插入透明片后，上半视场在中心点处增加的光程为 $\Delta=d\Delta n=(0.5\times0.5)\text{mm}=0.25\text{mm}$，对应的位相增量 $\delta=k\Delta=\dfrac{2\pi}{589.3}\times0.25\times10^6=424.23\times2\pi$

故将会在原干涉环基础上再出现一套独立的干涉圆环。

例 9-14 有一干涉滤光片间隔层的厚度为 2×10^{-4}mm，折射率 $n=1.5$。求：

（1）正入射时滤光片在可见区内的中心波长。

（2）$\rho=0.9$ 时透射带的波长半宽度。

（3）倾斜入射时，入射角分别为10°和30°时的透射光波长。

【提示】 本题知识点：干涉滤光片。

【解】 （1）正入射时中心波长 $\lambda_c=\dfrac{2nh}{m}=\dfrac{2\times1.5\times2\times10^{-4}\times10^6}{m}=\dfrac{600}{m}\text{nm}$

在可见光范围内，$m=1$ 时，$\lambda_c=600\text{nm}$

（2）$\Delta\lambda=\dfrac{\lambda^2}{2\pi nh}\dfrac{1-\rho}{\sqrt{\rho}}=\dfrac{600^2\times0.1}{2\pi\times1.5\times2\times10^{-4}\times10^6\times\sqrt{0.9}}\text{nm}=20\text{nm}$

（3）根据折射定律 $\sin\theta_1=n\sin\theta_2$ 分别求出入射角为10°和30°时的折射角 $\theta_2=6.65°$ 和 $\theta_2'=19.47°$，由光程差公式 $\Delta=2nh\cos\theta_2=m\lambda$ 得到

入射角为10°时，$\lambda_c=\dfrac{2\times1.5\times2\times10^{-4}\cos6.65°}{m}\text{mm}=\dfrac{595.96325}{m}\text{nm}$，可见光范围内，$m=1$ 时，$\lambda_c=595.96\text{nm}$

入射角为 30° 时，$\lambda_c=\dfrac{600\cos19.47°}{m}=\dfrac{565.68969}{m}\text{nm}$，可见光范围内，$m=1$ 时，$\lambda_c=565.69\text{nm}$

四、自测练习

（一）多重选择（答案可能不止 1 个）

1. 不是干涉所必须的条件是

① 两列光波的频率相同。 ② 两列光波的初相位相同。

③ 两列光波的振动方向相同。 ④ 两列光波的光程差小于波列长度。

2. 在杨氏干涉实验中

① 干涉条纹是垂直于双孔连线方向的等间隔直条纹。

② 若照明光波长增大，则条纹间隔变小。

③ 若两孔间距增大，则条纹间隔变小。

④ 若两孔到屏之间的距离增大，则条纹间隔变小。

3. 在杨氏干涉实验中，满足亮条纹的条件是

① $\delta=(2m+1)\pi$，$(m=0,\ \pm1,\ \pm2,\ \cdots)$ ② $\Delta=m\lambda$，$(m=0,\ \pm1,\ \pm2,\ \cdots)$

③ $x=m\dfrac{\lambda d}{D}$，$(m=0,\ \pm1,\ \pm2,\ \cdots)$ ④ $x=m\dfrac{\lambda D}{d}$，$(m=0,\ \pm1,\ \pm2,\ \cdots)$

4. 下列说法中正确的是

① 在面光源照明的光场中，各点（次波源）都是完全不相干的。

② 在点光源照明的光场中，各点（次波源）都是完全相干的。

③ 在理想的单色点光源照明的光场中，各点（次光源）都是完全相干的。

④ 以纵向相干长度为轴，横向的相干面积为底作一柱体，其体积被称为相干体积。在相干体积内，任意两点（次波源）都有较高程度的相干性。

5. 在杨氏干涉实验中，假定光源是单色缝光源（缝与干涉屏上 S_1、S_2 的连线相平行），其宽度刚好等于允许宽度 b_c，判断以下说法的正确性：

① 当光源缝向双缝移近时，干涉条纹无变化。

② 将整个装置放入水中时，干涉条纹的间隔变小。

③ 当光源缝的宽度增大时，干涉条纹无变化。

④ 当观察屏移离双缝时，条纹的间隔增大。

6. 干涉实验中，光源的允许宽度

① 是光源临界宽度的 1/4。 ② 随照明波长的增大而增大。

③ 随干涉孔径角的增大而增大。 ④ 可保证可见度 $K=0.8$。

7. 平行平板的双光束干涉形成圆条纹时

① 属于等厚干涉。 ② 其干涉条纹为等间隔同心圆环。

③ 圆环的中央级次较高，边缘的级次较低。 ④ 平板越厚，条纹越密。

8. 用扩展光源照射平行平板

① 会形成定域干涉条纹，且定域面在无穷远处。

② 平板越厚，中心条纹的干涉级次越高。

③ 反射场和透射场的干涉条纹相同。

④ 入射光波长越长，条纹间隔越稀。

9. 若想观察到非定域干涉条纹，则首选

① 单色扩展光源 ② 单色点光源 ③ 白光扩展光源 ④ 白光点光源

10. 在楔形平板的双光束干涉中

① 楔角越小，条纹间隔越宽。

② 楔角一定时，照射波长越长，条纹间隔越宽。

③ 局部高度变化越大，条纹变形越严重。

④ 将该楔板叠放在另一材料相同的平行平板之上时，干涉条纹的间隔不变。

11. 楔形平板的干涉是定域干涉，将形成定域干涉条纹

① 当照射光线垂直于楔板照射时，其定域条纹位于楔板内部。

② 当照明光源与楔板的棱各在一方时，其定域条纹位于楔板下方。

③ 楔板的楔角越小，定域条纹离楔板越远。

④ 楔板的厚度越小，定域条纹离楔板越远。

12. 在一个由两块玻璃平板构成的空气楔内放置了三个大小相近的滚珠，当用激光垂直照射时，得到如图 9-16 所示干涉条纹，当用手轻压 D 处时，条纹间隔变大，则 A、B、C 球的直径大小关系是

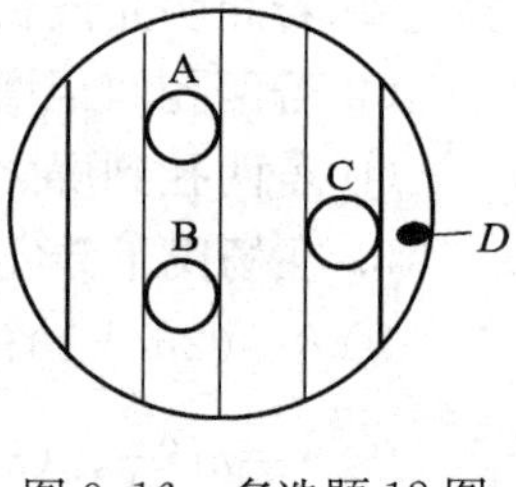

图 9-16　多选题 12 图

① $r_A > r_B > r_C$　　② $r_A = r_B < r_C$

③ $r_A = r_B > r_C$　　④ $r_A < r_B < r_C$

13. 将一金属细丝置于两块玻璃平板之间，构成如图 9-17 所示的结构。垂直向下观察可见干涉条纹。当在 A 点施加一个均匀增加的力 F 时

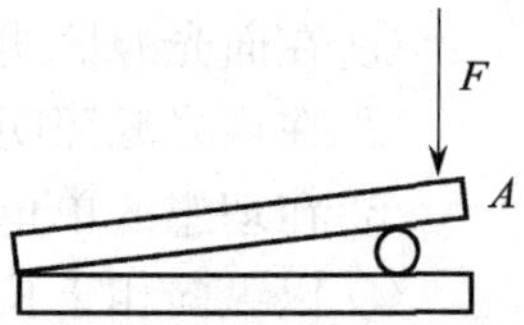

图 9-17　多选题 13 图

① 条纹间隔逐渐增大。

② 条纹数量逐渐减少。

③ 条纹向右逐渐移出。

④ 条纹向级次低的方向移动。

14. 将一个平凹透镜以凹面向下放在一标准平面上，向下观察可见干涉条纹。若在透镜上轻施一力 F 时，看到

① 干涉条纹向中心移动。　　② 中心处的条纹级次低于边缘处的级次。

③ 条纹间隔增大。　　④ 条纹数量减少。

15. 在牛顿环装置中，若用平行光垂直照明，则当透镜凸面与平板间距缩小时，条纹将

① 向外扩展。　　② 向中心收缩。

③ 不受影响。　　④ 条纹间隔增大。

16. 在迈克耳逊干涉仪中，若照明采用扩展白光源，则

① 有可能看到干涉条纹。

② 不可能看到干涉条纹。

③ 无法获得零级白光条纹。

④ 可以通过移动动镜 M_1 的位置补偿光程，从而获得零级白光条纹。

17. 平板的多光束干涉

① 形成条件是在平板的表面镀增透膜。

② 透射场的特点是在全暗的背景上得到极细锐的亮纹。

③ 膜层的透过率越高，透射场亮纹越细锐。

④ 透射场亮纹的光强等于入射光强。

18. 平行平板干涉中，当平板的反射率很高时（不考虑吸收影响），若相邻光束之光程差为波长的整数倍时，则

① 反射光强等于入射光强。　　② 透射光强等于入射光强。

③ 反射光强随表面反射率的增大而增大。　　④ 透射光强随表面反射率的增大而增大。

19. 法布里-珀罗干涉仪有如下特点

① 基本工作原理是平板的多光束干涉。

② 其主要用途是进行光谱超精细结构的研究。

③ 其高分辨率主要取决于较高的干涉级次。

④ 它的自由光谱区范围很大。

20. 镀于玻璃表面的单层增透膜，选用膜层材料的折射率应该

① 大于玻璃折射率。 ② 等于玻璃折射率。

③ 介于玻璃折射率和空气折射率之间。 ④ 小于空气折射率。

(二) 填空

1. 形成干涉现象的基本条件是（ ）。

2. 平板干涉孔径角 $\beta=0$ 的几何意义是（ ）。

3. 光源的相干长度与相干时间的关系（ ）。相干长度越长，说明光源的时间相干性（ ）。

4. 获得相干光的方法有分波前法和分振幅法，杨氏双缝干涉属于（ ），平行平板等倾干涉属于（ ）。

5. 干涉条纹可见度的定义用公式表示为（ ），其取值范围是（ ），影响可见度的因素有（ ）。

6. 在杨氏干涉系统中，当观察屏位于两相干点源连线的等分线的远方且垂直于该等分线时，屏上的条纹为（ ）；当观察屏垂直于两相干点源的连线时，屏上的条纹为一组（ ）。

7. 多光束干涉常采用（ ）干涉结构，因为其条纹为（ ），利用多光束干涉原理工作的典型仪器是（ ）。

8. 在杨氏干涉实验中，双缝间距 1mm，离观察屏 1m，用钠光灯做光源，它发出两种波长的单色光 $\lambda_1=589.0$nm 和 $\lambda_2=589.6$nm，则两种单色光的第 10 级亮条纹之间的间距为（ ）。

9. 当一透明塑料薄膜置于杨氏干涉装置的某一狭缝后，对应白光条纹系的中心亮条纹发生了 4 个条纹的位移。材料的折射率为 1.480，光的有效波长为 550nm，则薄膜增加的光程差是（ ）mm，薄膜的厚度是（ ）mm。

10. 一个点光源（设 $\lambda=550$nm）照明某一杨氏干涉装置中，若干涉装置的干涉孔径角为 1.25×10^{-3} rad，则点光源允许的最大尺寸为（ ）mm。

11. 若两列相干光波的振幅比是 1∶3，干涉条纹的可见度为（ ）。

12. 某一光源发射中心波长为 600nm 的光波，原子发射时间是 10^{-9} s，则光源发出光波的波长宽度为（ ）nm。

13. 迈克耳逊干涉仪的反射镜 M_1 移动 0.233mm 时，条纹被吞没了 792 条，则照射光源的波长为（ ）nm。

14. 一束波长为 λ 的单色光从空气垂直入射到折射率为 n 的透明膜中，要使反射光加强，膜的厚度至少为（ ）。

15. 有一干涉滤光片间隔层的厚度为 2×10^{-4}mm，折射率为 1.5，求正入射时滤光片在可见光区域内的中心波长（ ）。

16. 用波长为660nm的单色光垂直照射一玻璃楔时，发现干涉条纹出现局部弯曲，测得此时 $\Delta e=\frac{1}{5}e$。设玻璃的折射率为1.5，则玻璃楔的局部厚度变化为（　　　）nm。

17. 利用等厚干涉条纹测量楔角时，所用光波波长 $\lambda=600$nm，已知楔板材料的折射率 $n=1.52$，在长5cm的范围内刚好有15个条纹间隔，则楔角的大小为（　　　）rad。

18. 若把牛顿环装置（都是用折射率为1.52的玻璃制成的）由空气搬入折射率为1.33的水中，则干涉条纹会（　　　）。

19. 两平板玻璃一端相接，距此20cm处夹一直径0.05mm的细丝，当用波长为589nm的光波垂直照射时，相邻暗纹的间距为（　　　）mm。

20. 在两块平板玻璃A和B之间夹一小圆柱G，形成空气劈尖。用单色光垂直照射劈尖，如图9-18所示。当稍稍用力下压玻璃板A时，干涉条纹间距（　　　），条纹向（　　）移动。若使平行单色光倾斜照射玻璃板（入射角 $i_1>0$），形成的干涉条纹与垂直照射时相比，条纹间距（　　）。

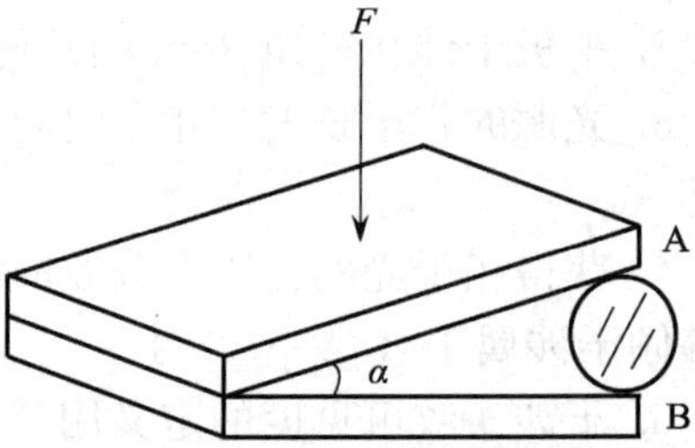

图9-18　填空题20图

21. 有两个波长在600nm附近相差1nm，要用法布里-珀罗干涉仪把它们分辨开，设反射率 $R=0.95$，问间隔 h 应为（　　　）μm。

22. F-P标准具的间隔为2.5mm，对于500nm的光，条纹系中心的干涉级次是（　　　），如果照明光波中包含平均波长为500nm的两种光波，且它们的环条纹距离为1/100条纹间距，则这两种光波的波长差为（　　　）nm。

23. 选择填空

选填内容	牛顿干涉环（正入射）	Michelson 干涉圆环	Fabry-perot 干涉圆环
a. 等厚干涉；b. 等倾干涉			
干涉条纹：a. 非定域；b. 定域在无限远；c. 定域于膜表面附近			
中央条纹比边缘条纹的级次：a. 高；b. 低			
增加空气膜厚度条纹将：a. 变细；b. 变粗			
条纹中心为：a. 暗；b. 亮；c. 不定			

（三）问答

如图9-19所示，S 是一个单色点光源，M是水平放置的平面镜，S 到M所在平面间的

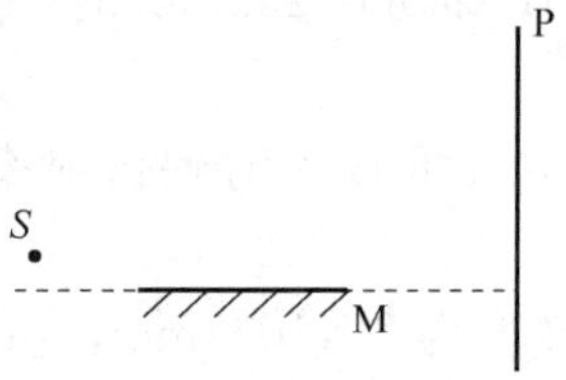

图9-19　问答题图

距离很近。P 为一个光屏，放置在竖直面内。试用作图法确定在光屏上能够观察到干涉现象的范围并说明理由。

（四）计算

1 *．三个频率相同、振幅均为 A 的平面单色波在 yOz 平面内振动，它们的磁感强度 B 方向相同，传播方向如图 9-9a 所示，它们在 $z=0$ 平面内叠加产生干涉，试求干涉强度分布表达式和条纹可见度。

2．在杨氏双缝干涉实验装置中，双缝间隔为 0.5mm，接收屏距双缝 1m，点光源距离双缝 300mm，发射出 500nm 的单色光，试求：

（1）屏上干涉条纹的间隔。

（2）若点光源由光轴向下平移 2mm，屏上干涉条纹向什么方向移动？移动多少距离？

（3）若点光源发射出的光波为 500±2.5nm 范围内的准单色光，求屏上能够看到的干涉极大的最高级次。

（4）若光源有一定的宽度，屏上干涉条纹消失时，它的临界宽度是多少？

3．一双缝实验（参见图 9-10），波长为 λ 的单色光垂直入射到缝宽均为 d 的双缝上，因而在远处的屏幕上观察到干涉图样。将一块厚度为 t，折射率为 n 的薄玻璃片放在缝 S_1 和屏幕之间。

（1）讨论 P_0 点的发光强度特性。

（2）如果将一个缝的宽度增加到 $2d$，而另一个缝的宽度保持不变，P_0 点的光强发生怎样的变化？（假设薄片不吸收光）。

4．垂直入射的平面波（$\lambda=630$nm）通过折射率 $n=1.5$ 的玻璃平板，透射光经透镜会聚到焦点上。若玻璃板的厚度沿中点 C 且垂直于图面的直线发生光波长量级的突变 d 时（参见图 9-12），焦点光强为玻璃板无突变时光强的 1/4，问突变的最小量是多少？

5．肥皂膜的反射光呈绿色，这时膜的法线和视线的夹角为35°，试估计膜的最小厚度。（设肥皂水的折射率为 1.33，绿光的波长为 500nm）

6．在如图 9-20 所示装置中，透镜焦距 $f'=20$cm，照明光的波长 $\lambda=600$nm，薄膜是玻璃板（折射率 $n_g=1.5$）上的氟化镁涂层，其厚度为 $h=5.00\times10^{-2}$mm，折射率 $n=1.38$。求：

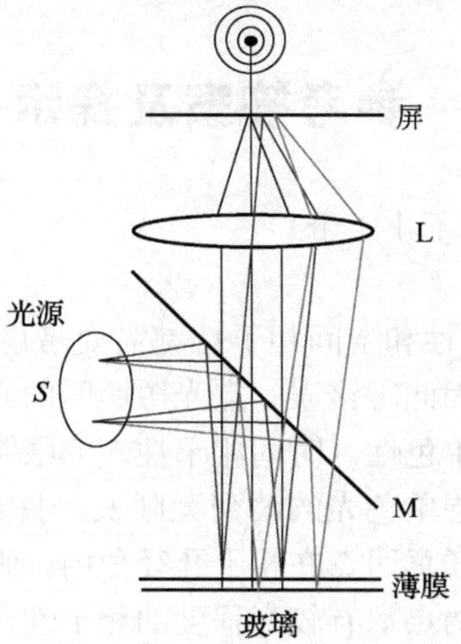

图 9-20　计算题 6 图

(1) 在反射光方向观察到的干涉圆环中心是亮点还是暗点？

(2) 从中心向外计算，第 5 个亮环的半径是多少？

(3) 第 5 个亮环处的条纹间距是多大？

7. 在一块平面玻璃板上放置一个曲率半径为 R 的平凸透镜，如图 9-21 所示，并把这一组合放到如图 9-14 所示系统中代替待测平行平板，以观测透镜凸表面和玻璃板平面之间空气薄层产生的牛顿条纹。

(1) 证明条纹间隔 $e=\frac{1}{2}\sqrt{\frac{R\lambda}{N}}$，式中，$N$ 是由中心向外计算的条纹数；λ 为单色光波长。

(2) 若测得相距 k 个条纹的两个环半径分别为 r_N 和 r_{N+k}，证明：$R=\frac{r_{N+k}^2-r_N^2}{k\lambda}$。

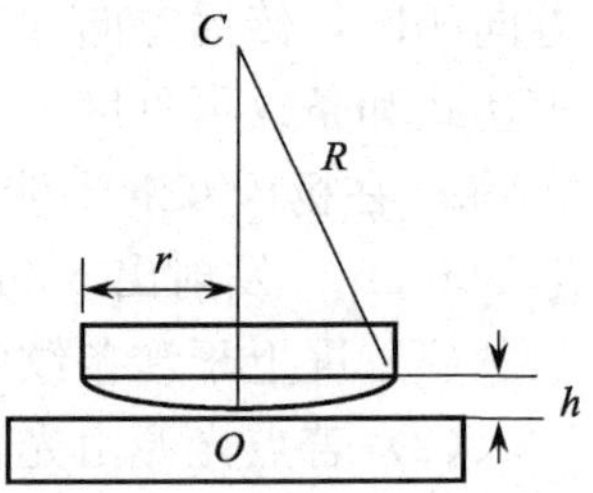

图 9-21　计算题 7 图

(3) 比较牛顿环条纹和等倾干涉圆条纹之间的异同。

8. 迈克耳逊干涉仪可以用来精确测量单色光波长。调整仪器，使得观察到单色光照明下的等倾圆条纹。如果把可移动臂移动了 0.03164mm 时，条纹移动了 100 个，问单色光波长为多少？

9. F-P 标准具的间隔为 0.25mm，它产生的 λ_1 谱线的干涉环系中的第 2 环和第 5 环的半径分别是 2mm 和 3.8mm，λ_2 谱系的干涉环系中第 2 环和第 5 环的半径分别是 2.1mm 和 3.85mm。两谱线的平均波长为 500nm，求两谱线的波长差。

10. 已知汞绿线的超精细结构为 546.0753nm、546.0745nm、546.0734nm 和 546.0728nm，它们分别属于汞的同位素 Hg^{100}、Hg^{200}、Hg^{202} 和 Hg^{204}。问：用法布里-珀罗标准具分析这一结构时应如何选取标准具的间距？（设标准具面的反射比为 0.9）

11. 干涉滤光片（参见图 9-7）中，设银膜的反射率 $R=0.96$，透明膜的折射率 1.55，膜厚 $h=4\times10^{-4}$mm，平行光正入射，求：

(1) 可见光范围内，透射最强的谱线有几条？波长为多少？

(2) 每条谱线的半宽度为多少？

参考答案及提示

(一) 多重选择（答案可能不止 1 个）

1.② 2.①③ 3.②④

4.③④ 【提示】时间相干性和空间相干性都需要考虑。光源扩展只对空间相干性有影响，对时间相干性并无影响，因此①错误。点光源照明的光场有最高的空间相干性，但纵向波线上两点的相干性还会受到单色性（时间相干性）的限制，故②错误。点光源照明的光场有最高的空间相干性，同时理想单色光的波列无限长，具有最高的时间相干性，故③正确。在相干体积内，横向波面上的任意两点在相干孔径角内，纵向波面上的任意两点都在相干长度以内，故相干体积内的任意两点都有较高程度的相干性，④正确。

5.②④　　6.①②　　7.③④　　8.①②④

9. ②	10. ①②③④	11. ①③	12. ②
13. ①②③	14. ①③④	15. ①	16. ①
17. ②④	18. ②	19. ①②③	20. ③

（二）填空

1. （频率相同、振动方向相同、位相差恒定）
2. （在干涉场中叠加的相干光是由光源的一条光线经上、下表面反射后所分离出来的）
3. （$\Delta_{max}=c\Delta t$）（越好）
4. （分波前方法）（分振幅法）
5. （$K=\frac{I_{max}-I_{min}}{I_{max}+I_{min}}$）（0～1）（相干光束的振幅比、光源宽度和光源的非单色性）
6. （等距直条纹）（一组同心圆条纹）
7. （透射光）（全暗背景上的细锐亮纹）（F-P 干涉仪）
8. （6 μm）
9. （2.2×10^{-3}）（4.583×10^{-3}）
10. （0.11）
11. （0.6）
12. （1.2×10^{-3}）
13. （588）
14. （$\lambda/4n$）
15. （600nm）
16. （44）
17. （5.92×10^{-5}）
18. （变密）
19. （1.18）
20. （增大）（右）（增大）
21. （3.03）
22. （10000）（5×10^{-4}）
23. 选择填空

选 填 内 容	牛顿干涉环（正入射）	Michelson 干涉圆环	Fabry-perot 干涉圆环
a. 等厚干涉；b. 等倾干涉	a	b	b
干涉条纹：a. 非定域；b. 定域在无限远；c. 定域于膜表面附近	c	b	b
中央条纹比边缘条纹的级次：a. 高；b. 低	b	a	a
增加空气膜厚度条纹将：a. 变细；b. 变粗	a	a	a
条纹中心为：a. 暗；b. 亮；c. 不定	a	c	c

（三）问答

图 9-22 中屏上 cd 范围。【提示】只要设法把一束光分成两束，就可以在两束光叠加的区

域内观察到光的干涉现象。方法可参照例 9-1。本题这种装置叫劳埃镜，为了真正观察到干涉条纹，点源 S 到平面镜的距离必须非常小（请思考原因）。

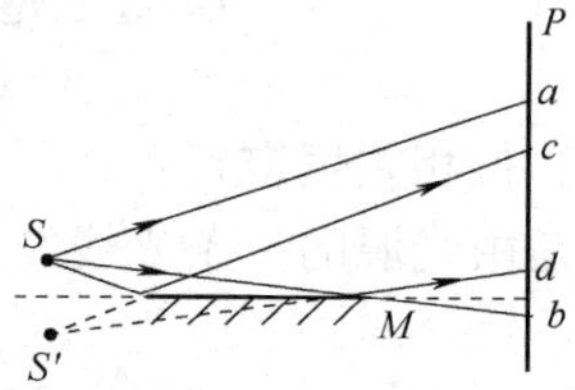

图 9-22 问答题解

（四）计算

1*. $I=A^2\left[3+2\sqrt{3}\cos\left(\frac{\pi}{\lambda}y\right)+\cos\left(\frac{2\pi}{\lambda}y\right)\right]$，0.866【提示】只有振动方向相同的光波才能产生干涉，故需要将在 yOz 平面内传播的平面单色波复振幅沿 y 轴和 z 轴分解。（请思考本题与例 9-2 的差异）

2. 1mm；由轴向上平移 6.67mm；100；0.3mm

3. $I=4I_0\cos^2\frac{\delta}{2}=4I_0\cos^2\left[(n-1)\frac{\pi}{\lambda}t\right]$；$I_0\left[5+4\cos\frac{2\pi t}{\lambda}(n-1)\right]$

4. 420nm

5. 104.17nm

6. 亮点；5.75cm；5.75mm。【提示】由于薄膜折射率介于空气和玻璃之间，两相干光之间无附加光程差。

7. 证明略。两种条纹之间的相同点：1）均为同心圆环；2）中心条纹稀疏，边缘条纹密集。两种条纹的区别：1）牛顿环条纹的中心总是暗斑，而等倾干涉条纹中心的亮暗由干涉级次来决定；2）牛顿环的干涉级次由中心向外递增，而等倾圆条纹干涉级次由中心向外减小，圆心级次最高。

8. 632.8nm

9. $\Delta\lambda=0.06$nm

10. 8.6mm$<h<$59.64mm。【提示】标准具间距选取原则是使标准具的光谱范围大于超精细结构的最大波长，并且使标准具的分辨极限小于超精细结构的最小波长差。

11. （1）620nm，413.3nm；（2）4.03nm，1.79nm

第十章 光的衍射

一、学习要求

通过对本章的学习，应掌握衍射的定义、衍射系统的构成和衍射的分类；了解衍射公式的推导过程、基本依据和近似条件，明确有透镜系统夫琅和费衍射公式的物理意义；掌握矩孔、单缝、圆孔和多缝的夫琅和费衍射光强分布公式，并会依此分析其夫琅和费衍射图样的特点；了解夫琅和费衍射和傅里叶变换的关系，掌握光学系统衍射对分辨本领的影响；掌握光栅的相关概念、光栅方程和分光特性，掌握闪耀光栅和阶梯光栅的工作原理、光栅方程和光谱特性。

二、重点内容

1. 衍射的概念

光波在空间传播遇到障碍物（其尺寸与光波波长相当）时，其传播方向偏离直线传播，进入几何阴影中，且呈现不均匀的光强分布的现象叫衍射。

衍射系统由光源、衍射屏和接收屏三部分组成。根据其三者的位置关系，衍射可分为菲涅耳衍射和夫琅和费衍射。

菲涅耳衍射也称为近场衍射，其衍射系统中光源和衍射屏、衍射屏和接收屏之间均为有限距离或其中之一为有限距离。

夫琅和费衍射也称为远场衍射，其衍射系统中光源和衍射屏、衍射屏和接收屏之间的距离均为无限大。实际的夫琅和费衍射系统借助透镜来实现光源、衍射屏和接收屏三者之间的距离要求，系统如图 10-1 所示。

夫琅和费衍射和菲涅耳衍射的判断依据之一是：

$z_1<\frac{(x_1^2+y_1^2)_{\max}}{\lambda}$为菲涅耳衍射

$z_1>\frac{(x_1^2+y_1^2)_{\max}}{\lambda}$为夫琅和费衍射

式中，z_1 为衍射屏到接收屏的距离；(x_1, y_1) 为衍射屏平面坐标；λ 为照明光波长。

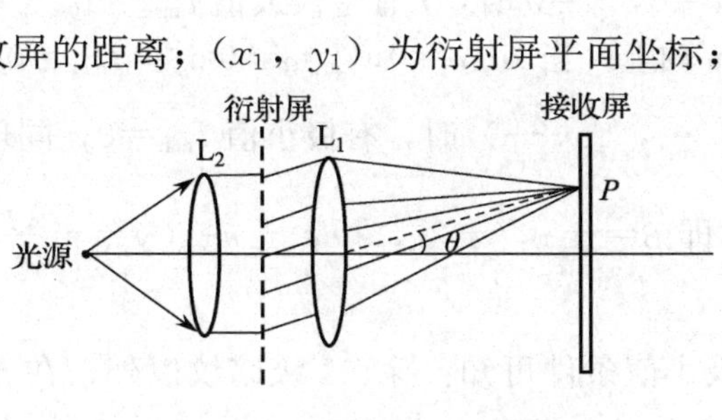

图 10-1　夫琅和费衍射系统

2. 夫琅和费衍射公式及其物理意义

夫琅和费衍射公式的依据是惠更斯-菲涅耳原理。其公式表达式如下：

$$E(x,y)=\frac{1}{\mathrm{i}\lambda z_1}\exp\left[\mathrm{i}k\left(z_1+\frac{x^2+y^2}{2z_1}\right)\right]\iint_{\Sigma}E(x_1,y_1)\exp\left[-\mathrm{i}\frac{k}{z_1}(xx_1+yy_1)\right]\mathrm{d}x_1\mathrm{d}y_1 \quad (10\text{-}1)$$

式中，$(x_1,\ y_1)$、$(x,\ y)$分别是衍射屏和接收屏上的坐标；z_1 为衍射屏到接收屏之间的距离。

若用焦距为 f 的透镜将夫琅和费衍射图样成像在接收屏上，式（10-1）可表示为

$$E(x,y)=\frac{1}{\mathrm{i}\lambda f}\exp\left[\mathrm{i}k\left(f+\frac{x^2+y^2}{2f}\right)\right]\iint_{\Sigma}E(x_1,y_1)\exp\left[-\mathrm{i}\frac{k}{f}(xx_1+yy_1)\right]\mathrm{d}x_1\mathrm{d}y_1 \quad (10\text{-}2)$$

式中，常数因子 $\exp\left[\mathrm{i}k\left(f+\frac{x^2+y^2}{2f}\right)\right]$表示衍射屏中心 O 到接收屏上任意点 P 的位相延迟；积分式中因子 $\exp\left[-\mathrm{i}\frac{k}{f}(xx_1+yy_1)\right]$表示衍射屏孔径上其他点发出的光波与 O 点发出光波分别到达 P 点的位相差；积分则表示孔径上各点子波的相干叠加。

3. 典型孔径的夫琅和费衍射

（1）矩孔的夫琅和费衍射　矩孔衍射屏及其沿 x 轴方向的夫琅和费衍射光强分布如图 10-2所示。光强分布公式为

$$I=I_0\left(\frac{\sin\alpha}{\alpha}\right)^2\left(\frac{\sin\beta}{\beta}\right)^2,\ I_0=|E_0|^2=(Cab)^2 \quad (10\text{-}3)$$

式中，$\alpha=\frac{kla}{2}=\frac{\pi x}{\lambda f}a=\frac{\pi}{\lambda}a\sin\theta_x$；$\beta=\frac{kmb}{2}=\frac{\pi y}{\lambda f}b=\frac{\pi}{\lambda}b\sin\theta_y$；$a$、$b$ 分别为矩孔的宽度和长度；θ_x、θ_y 分别为 x、y 方向的衍射角。

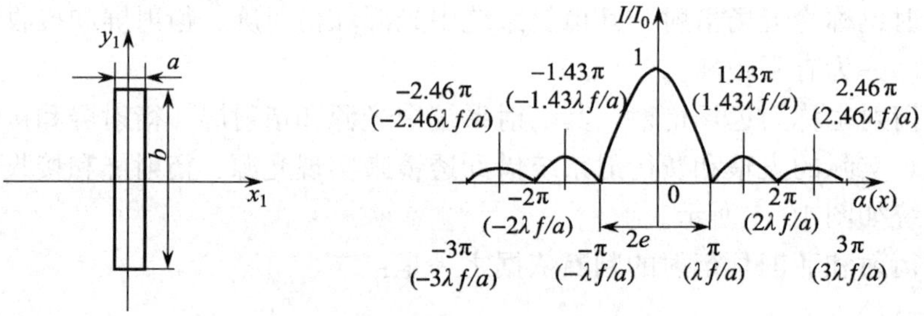

图 10-2　矩孔衍射屏及其夫琅和费衍射光强分布

矩孔衍射的光强分布特点可概括如下：

1）主极大位置。当 $x=0$，$y=0$ 时，I 有主极大值 $I_{\max}=I_0$。

2）极小值条件。在 x 轴上，当 $\sin\alpha=0$，且 $\alpha\neq0$ 时，$I_{\min}=0$，即 $\alpha=\pm\pi$，$\pm2\pi$，…，$\pm n\pi$（$x=\pm\frac{\lambda f}{a}$，$\pm2\frac{\lambda f}{a}$，…，$\pm n\frac{\lambda f}{a}$）时，有极小值 $I_{\min}=0$；同理，在 y 轴上，当 $\sin\beta=0$，且 $\beta\neq0$ 时，$I_{\min}=0$，即 $\beta=\pm\pi$，$\pm2\pi$，…，$\pm n\pi$（$y=\pm\frac{\lambda f}{b}$，$\pm2\frac{\lambda f}{b}$，…，$\pm n\frac{\lambda f}{b}$）时，有极小值 $I_{\min}=0$。

3）暗条纹间隔。由极小值条件可知：除±1 级暗纹以外，在 x 轴上，相邻两暗纹之间的宽度为 $e_x=\frac{\lambda f}{a}$；在 y 轴上，相邻两暗纹之间的宽度为 $e_y=\frac{\lambda f}{b}$。

4）主极大宽度。即为±1 级暗纹之间的距离，$X=2e_x=2\dfrac{\lambda f}{a}$，$Y=2e_y=2\dfrac{\lambda f}{b}$。

5）次极大的位置。由方程 $\tan\alpha=\alpha$ 和 $\tan\beta=\beta$ 确定，解方程得到 x 轴上次极大位置 $\alpha=\pm1.43\pi$，$\pm2.459\pi\cdots$，即 $x=\pm1.43\dfrac{\lambda f}{a}$，$\pm2.459\dfrac{\lambda f}{a}\cdots$和 y 轴上次极大位置$\beta=\pm1.43\pi$，$\pm2.459\pi\cdots$，即 $y=\pm1.43\dfrac{\lambda f}{b}$，$\pm2.459\dfrac{\lambda f}{a}\cdots$（注意：次极大的位置并不在次级亮纹的中心处，以次极大位置计算出的两相邻亮纹间的间隔不等）。

6）沿 x、y 轴光强分布具有对称性。在整个 xy 平面上任意点的相对光强值等于其对应 x、y 坐标轴上相对光强值的乘积。

（2）单缝的夫琅和费衍射　单缝衍射屏及其夫琅和费衍射的光强分布如图 10-3 所示，因缝的长度 b 远大于缝的宽度 a，故沿 y 轴方向的衍射效应可以忽略。光强分布公式为

$$I=I_0\left(\frac{\sin\alpha}{\alpha}\right)^2 \tag{10-4}$$

式中，$\alpha=\dfrac{kla}{2}=\dfrac{\pi x}{\lambda f}a=\dfrac{\pi}{\lambda}a\sin\theta_x$；$a$ 为单缝的宽度；θ_x 为 x 方向的衍射角。

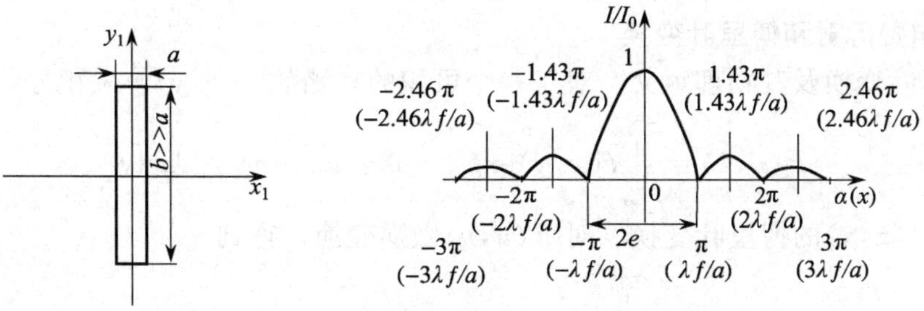

图 10-3　单缝衍射屏及其夫琅和费衍射光强分布

单缝衍射形成垂直于 x 轴的直条纹，其光强分布特点可概括如下：

1）主极大位置。当 $x=0$ 时，I 有主极大值 $I_{\max}=I_0$。

2）极小值条件。当 $\sin\alpha=0$，且 $\alpha\neq0$ 时，$I_{\min}=0$，即 $\alpha=\pm\pi$，$\pm2\pi\cdots$，$\pm n\pi$（$x=\pm\dfrac{\lambda f}{a}$，$\pm2\dfrac{\lambda f}{a}$，…，$\pm n\dfrac{\lambda f}{a}$）时，有极小值 $I_{\min}=0$。

3）中央主极大半角宽度。$\Delta\theta=\dfrac{\lambda}{a}$，中央主极大的宽度 $d=2(\Delta\theta)f=2\dfrac{\lambda f}{a}$。

4）次极大方程。次极大的位置由方程 $\tan\alpha=\alpha$ 确定，解方程得到次极大位置 $\alpha=\pm1.43\pi$，$\pm2.459\pi\cdots$，即 $x=\pm1.43\dfrac{\lambda f}{a}$，$\pm2.459\dfrac{\lambda f}{a}\cdots$。

5）暗条纹间距。$e=\dfrac{\lambda f}{a}$。

（3）圆孔的夫琅和费衍射　圆孔衍射屏及其夫琅和费衍射的光强分布如图 10-4 所示。光强分布公式为

$$I(\theta)=I_0\left[\frac{2J_1(ka\theta)}{ka\theta}\right]^2 \tag{10-5}$$

式中，a 为圆孔半径；k 为波数；$\theta=\frac{r}{f}$为衍射角；$J_1()$ 表示一阶贝塞尔函数。

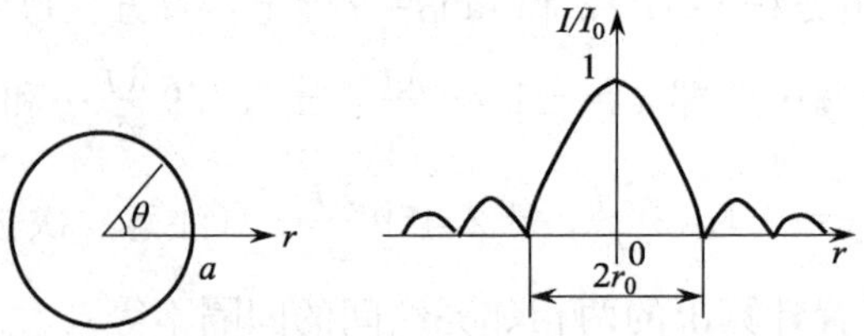

图 10-4 圆孔衍射屏及其夫琅和费衍射光强分布

圆孔衍射形成不等间隔的同心圆环，其光强分布特点可概括如下：

1）主极大位置。当 $r=0$ 时，I 有主极大值 $I_{\max}=I_0$。

2）极小值条件。设 $z=ka\theta$，当 $J_1(z)=0$ 且 $z\neq0$ 时，有 $I_{\min}=0$。

3）次极大位置。由方程$\frac{\mathrm{d}}{\mathrm{d}z}\left[\frac{J_1(z)}{z}\right]=-\frac{J_2(z)}{z}=0$ 确定，可通过查表求解。

4）爱里斑半径。$r_0=0.61\frac{\lambda f}{a}$。

4. 夫琅和费衍射和傅里叶变换

（1）傅里叶变换及其物理意义　对于一个可积的复函数 $f(x,y)$，做积分

$$F(u,v)=\iint_{-\infty}^{+\infty}f(x,y)\exp\left[-\mathrm{i}2\pi(ux+vy)\right]\mathrm{d}x\mathrm{d}y \tag{10-6}$$

称 $F(u,v)$是 $f(x,y)$的傅里叶变换。对 $F(u,v)$做逆变换，得到

$$f(x,y)=\iint_{-\infty}^{+\infty}F(u,v)\exp\left[\mathrm{i}2\pi(xu+yv)\right]\mathrm{d}u\mathrm{d}v \tag{10-7}$$

$f(x,y)$和$F(u,v)$互为傅里叶变换对。式（10-7）表明：函数 $f(x,y)$可以分解为无穷多个不同频率$(u,\ v)$的基频函数 $\exp\left[\mathrm{i}2\pi(xu+yv)\right]$的组合，每个函数所占的权重是 $F\ (u,\ v)$。

（2）光学衍射和傅里叶变换　只要设 $u=\frac{x}{\lambda f}$，$v=\frac{y}{\lambda f}$代入夫琅和费衍射式（10-2）中，即可得到除常数项外，形式如式（10-7）的表达式，表明夫琅和费衍射的复振幅分布就是衍射物复振幅分布的傅里叶变换。

（3）傅里叶变换性质的应用　傅里叶变换性质为分析夫琅和费衍射复振幅（光强）分布的变化提供了非常有利的数学方法。若设 $\mathfrak{F}[f(x)]=F(u)$，则傅里叶变换性质与对应的物理意义见表 10-1。

表 10-1　傅里叶变换与对应的物理意义

傅里叶变换性质	物 理 意 义	衍射复振幅（光强）分布特征
$\mathfrak{F}[f(ax)]=\frac{1}{\lvert a\rvert}F\left(\frac{u}{a}\right)$	物函数坐标的收缩或展宽，使频谱函数坐标按同一比例展宽或收缩，同时频谱的振幅相应降低或增加。但频谱函数的形式不变	衍射屏上通光孔径的收缩或展宽，使其夫琅和费衍射光复振幅分布按同一比例展宽或收缩，同时振幅相应降低或增加。但衍射复振幅分布的形式不变。光的限制越严重，衍射现象越显著

（续）

傅里叶变换性质	物 理 意 义	衍射复振幅（光强）分布特征
$\mathfrak{F}[f(x-x_0)]=F(u)\exp(-\mathrm{i}2\pi u x_0)$	物函数在空域中横向平移，并不影响频谱面上的光场振幅分布，只是其相位有一线性变化，频谱面上的光强分布不变	衍射屏上通光孔径在空域中横向平移，并不影响夫琅和费衍射的光场振幅分布，只是其相位有一线性变化，接收面上的光强分布不变
$\mathfrak{F}[f(x)\exp(\mathrm{i}2\pi u_0 x)]=F(u-u_0)$	空域中的线性相移引起频谱分布的横向移动	孔径或衍射屏被一束单位振幅的倾斜平面波照明时，其夫琅和费光强分布发生横向平移

5. 光学系统的分辨本领

无像差光学系统中物点所成的像不是一个点而是一个衍射光斑，这个衍射光斑的光强分布与系统孔径的夫琅和费衍射图样完全相同。

光学系统的分辨本领是指光学系统能够分辨开两个靠近的点物或物体细节的能力。其判定准则是瑞利判据。

（1）瑞利判据　当一个点物的衍射光斑主极大和另一个点物的衍射第一极小重合时，两个点物刚好被分辨开。

（2）典型系统的分辨本领　望远物镜、照相物镜和显微物镜的分辨本领见表 10-2。

表 10-2　望远物镜、照相物镜和显微物镜的分辨本领（分辨率）

系　统	工作条件	分辨率表示	公　式
望远物镜	对无限远物体成像	用恰好刚刚能够分辨的两物点对望远物镜的张角 α 表示，单位 rad	$\alpha=1.22\lambda/D$，D 为物镜的通光孔径
照相物镜	对无限远或准无限远物体成像	用能够分辨的最靠近的两直线在感光底片上的距离的倒数，即像面上每毫米内的线对数 N 来表示，单位 lp/mm	$N=\dfrac{D}{1.22\lambda f'}$，$f'$ 为物镜焦距
显微物镜	对近距离微小物体成像	用能够分辨的最靠近两物点之间的距离 σ 表示，单位 mm	$\sigma=\dfrac{0.61\lambda}{NA}$，$NA=n\sin u$ 为数值孔径

6. 多缝的夫琅和费衍射

缝宽为 a、相邻两缝间隔为 d、缝数为 N 的多缝衍射屏如图 10-5 所示。光强分布公式为

$$I=I_0\left(\frac{\sin\alpha}{\alpha}\right)^2\left(\frac{\sin N\dfrac{\delta}{2}}{\sin\dfrac{\delta}{2}}\right)^2 \tag{10-8}$$

式中，$\alpha=\dfrac{kla}{2}=\dfrac{\pi x}{\lambda f}a=\dfrac{\pi}{\lambda}a\sin\theta$；$\theta$ 为衍射角；$\delta=\dfrac{2\pi}{\lambda}d\sin\theta$，为相邻两缝到达接收屏上一点 P 的位相差。

多缝衍射的光强分布特点可概括如下：

1）多缝衍射的光强分布是多缝干涉和单缝衍射共同作用的结果，可看成是经过单缝衍射调制的多缝干涉光强分布。

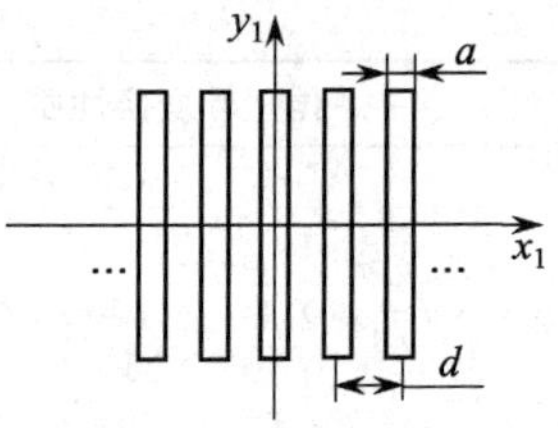

图 10-5　多缝衍射屏

2）主极大位置。由干涉因子$\left(\dfrac{\sin N\dfrac{\delta}{2}}{\sin\dfrac{\delta}{2}}\right)^2$知，当$\delta=\dfrac{2\pi}{\lambda}d\sin\theta=2m\pi(m=\pm1,\pm2\cdots)$，即$d\sin\theta=m\lambda$时，在$\theta$方向上有极大值$I=N^2I_0\left(\dfrac{\sin\alpha}{\alpha}\right)^2$。

3）极小值条件。当$\delta=\dfrac{2\pi}{\lambda}d\sin\theta=\left(m+\dfrac{m'}{N}\right)\pi$（$m'=1，2，\cdots，N-1$）时，在$\theta$方向上有极小值$I_{\min}=0$。由此可知，在两个主极大值之间有$N-1$个极小值。两个相邻零值之间的角距离$\Delta\theta=\dfrac{\lambda}{Nd\cos\theta}$，表明相邻两个暗纹之间的间隔是非线性的，靠近中心处（对应θ较小处）间隔窄，边缘处间隔宽，且随着缝数N的增大，条纹变窄。

4）次极大个数。在两个主极大值之间有$N-2$个次极大值，其光强很小，最强的也只有主极大值的4%左右。

5）缺级现象。当满足公式$\dfrac{m}{n}=\dfrac{d}{a}$时，第$m$级干涉主极大位置正好与第$n$级衍射极小位置重合，出现缺级现象。

7. 光栅

光栅是能够对入射光波的振幅或位相进行空间周期调制，或对振幅和位相同时进行空间周期调制的光学元件。光栅按调制方式不同可分为振幅型或位相型；按工作方式不同可分为透射型或反射型；按工作表面不同可分为平面型或凹面型；按制作方法不同又可分为机制光栅、复制光栅和全息光栅等。光栅的夫琅和费衍射图样被称作光栅光谱，光栅的主要作用是分光。

（1）光栅的分光性能

1）光栅方程。决定光栅各级干涉主极大位置的方程称作光栅方程，当光正入射时可表示为

$$d\sin\theta=m\lambda \tag{10-9}$$

当平行光束以入射角i入射时，光栅方程表示为

$$d(\sin i\pm\sin\theta)=m\lambda \tag{10-10}$$

在考察与入射光同侧衍射光谱时，式（10-10）取正号；在考察与入射光异侧衍射光谱时，式（10-10）取负号。

2）光栅的色散。用角色散或线色散表示。相差单位波长的两条谱线通过光栅分开的角度为角色散，由光栅方程微分可得

$$\frac{\mathrm{d}\theta}{\mathrm{d}\lambda}=\frac{m}{d\cos\theta} \tag{10-11}$$

表明光栅的角色散与光栅常数d成反比，与级次成正比。光栅的线色散是聚焦物镜焦面上相差单位波长的两条谱线分开的距离。设物镜焦距为f'，则线色散为

$$\frac{\mathrm{d}l}{\mathrm{d}\lambda}=\frac{m}{d\cos\theta}f' \tag{10-12}$$

3）光栅的色分辨本领。指能够分辨开两个波长差很小的谱线的能力。光栅的色分辨本领

$$A=\frac{\lambda}{\Delta\lambda}=mN \tag{10-13}$$

它正比于光谱级次 m 和光栅线数 N，与光栅常数 d 无关。

4）光栅的自由光谱范围。不发生光谱重叠现象时的最大光程差

$$\Delta\lambda=\lambda/m \tag{10-14}$$

由于光谱级次 m 很小，因此其自由光谱区范围比较大。

（2）其他典型光栅

1）闪耀光栅通过设置刻槽面和光栅面之间的夹角（闪耀角 γ），能够将衍射中央极大和干涉零级主极大分开，将光能量从干涉零级主极大转移并集中到某一级光谱上，实现该级光谱的闪耀。闪耀光栅结构和参数如图 10-6 所示。

当入射光垂直刻槽面入射（自准直入射）时，对波长 λ_B 的 m 级光谱闪耀的条件是

$$2d\sin\gamma=m\lambda_B \tag{10-15}$$

2）阶梯光栅通过设置阶梯的方法增大平面光栅相邻两缝之间的光程差，从而增大光谱级次 m，提高光栅的分辨本领，参照式（10-13）。阶梯光栅结构和参数如图 10-7 所示。

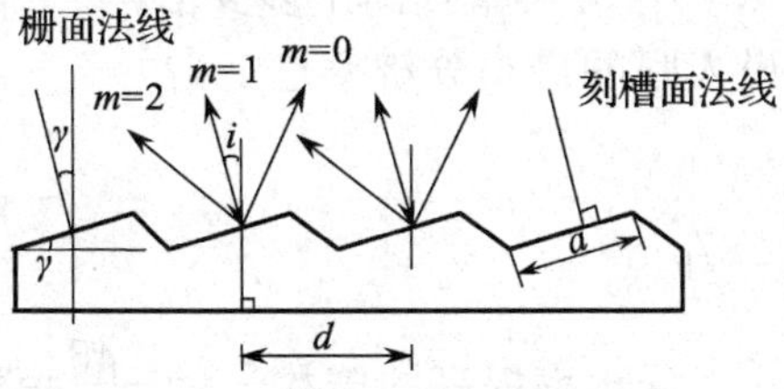

图 10-6　闪耀光栅

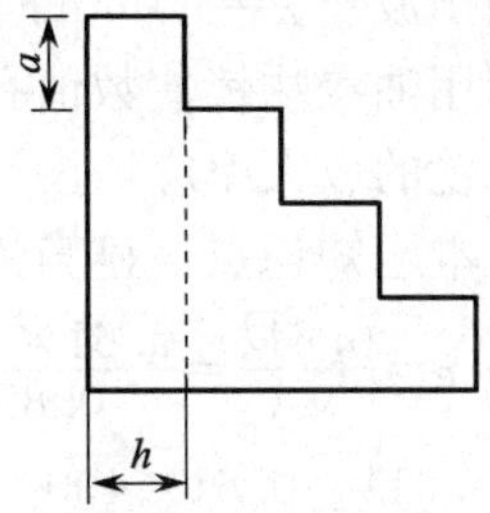

图 10-7　阶梯光栅

对应透射式阶梯光栅的光栅方程为

$$\Delta=h(n-1)+a\theta=m\lambda \tag{10-16}$$

对应反射式阶梯光栅的光栅方程为

$$\Delta=2h-a\theta=m\lambda \tag{10-17}$$

三、例题分析

例 10-1　波长 $\lambda=500\text{nm}$ 的单色光垂直入射到边长为 3cm 的方孔上，在光轴（它通过孔中心并垂直方孔平面）附近离孔 z 处观察衍射，试求出夫琅和费衍射区的大致范围。

【提示】　本题知识点：夫琅和费衍射条件。

【解】　因为夫琅和费衍射应满足条件 $k\dfrac{(x_1^2+y_1^2)_{\max}}{2z}<\pi$，整理得

$$z>\frac{(x_1^2+y_1^2)_{\max}}{\lambda}=\frac{9\times10^{-4}}{2\times500\times10^{-9}}\text{m}=900\text{m}$$

例 10-2　波长为 500nm 的平行光垂直照射在宽度为 0.025mm 的单缝上，以焦距为 50cm 的会聚透镜将衍射光聚焦于焦面上进行观察，求：

（1）衍射图样中央亮纹的半宽度。

（2）第一亮纹和第二亮纹到中央亮纹的距离。

（3）第一亮纹和第二亮纹相对于中央亮纹的强度比。

【提示】 本题知识点：单缝衍射。

【解】（1）中央极大半角宽度 $\theta_0=\dfrac{\lambda}{a}=\dfrac{500}{0.025\times10^6}\text{rad}=0.02\text{rad}$ 所以中央极大半宽度 $d=\theta_0 f'=10\text{mm}$

（2）亮纹方程为 $\tan\alpha=\alpha$。满足此方程的第一次极大 $\alpha_1=1.43\pi$，第二次极大 $\alpha_2=2.459\pi$

由 $\alpha=\dfrac{kla}{2}=\dfrac{\pi}{\lambda}a\sin\theta_x$ 得 $\sin\theta_x=\dfrac{\lambda\alpha}{\pi a}$

一级次极大 $\theta_1\approx\sin\theta_1=\dfrac{500\times1.43\pi}{\pi\times0.025\times10^6}\text{rad}=0.0286\text{rad}$，$x_1=\theta_1 f'=14.3\text{mm}$

二级次极大 $\theta_2\approx\sin\theta_2=\dfrac{500\times2.459\pi}{\pi\times0.025\times10^6}\text{rad}=0.04918\text{rad}$，$x_2=\theta_2 f'=24.6\text{mm}$

（3）$\dfrac{I_1}{I_0}=\left(\dfrac{\sin\alpha}{\alpha}\right)^2=\left(\dfrac{\sin 1.43\pi}{1.43\pi}\right)^2=0.047$，$\dfrac{I_2}{I_0}=\left(\dfrac{\sin\alpha}{\alpha}\right)^2=\left(\dfrac{\sin 2.459\pi}{2.459\pi}\right)^2=0.016$

例 10-3 一台显微镜的数值孔径为 0.85，问

（1）它用于波长 $\lambda=400\text{nm}$ 时的最小分辨距离是多少？

（2）若利用油浸物镜使数值孔径增大到 1.45，分辨率提高了多少倍？

（3）显微镜的放大率应该设计成多大（设人眼的最小分辨率是 $1'$）？

【提示】 本题知识点：显微镜的分辨率。

【解】（1）$\varepsilon=\dfrac{0.61\lambda}{NA}=\dfrac{0.61\times400}{0.85}\text{nm}=0.287\mu\text{m}$

（2）$\varepsilon'=\dfrac{0.61\lambda}{NA}=\dfrac{0.61\times400}{1.45}\text{nm}=0.168\mu\text{m}$，分辨率提高的倍数 $\dfrac{\varepsilon}{\varepsilon'}=\dfrac{1.45}{0.85}=1.706$

（3）设人眼在 250mm 明视距离处观察，满足人眼最小分辨角时对应像高

$$y'=250\times\frac{1}{60}\times\frac{\pi}{180}\text{mm}=72.72\mu\text{m}$$

所以 $\Gamma=\beta=\dfrac{y'}{y}=\dfrac{72.72}{0.168}\approx430$

例 10-4 在双缝夫琅和费实验中，所用的光波波长 $\lambda=632.8\text{nm}$，透镜焦距 $f=50\text{cm}$，观察到两相邻亮条纹间的距离 $e=1.5\text{mm}$，并且第 4 级亮纹缺级。试求：

（1）双缝的缝距和缝宽。

（2）第 1，2，3 级亮纹的相对强度。

【提示】 本题知识点：双缝夫琅和费衍射。

【解】 （1）因为 $d\sin\theta=m\lambda$（$m=0$，±1，$\pm2\cdots$），$\sin\theta=\dfrac{x}{f}$，所以 $x=\dfrac{m\lambda}{d}f$

上式两边微分，且取 $\Delta m=1$ 得 $\Delta x=e=\dfrac{\lambda}{d}f$

所以 $d=\dfrac{\lambda f}{e}=\dfrac{632.8\times10^{-6}}{1.5}\times500\text{mm}=0.21\text{mm}$

因为 $\dfrac{m}{n}=\dfrac{d}{a}$，由第 4 级亮纹缺级得 $a=\dfrac{d}{4}=0.05\text{mm}$

（2）当 $m=1$ 时，第一级亮纹对应 $\sin\theta_1=\dfrac{\lambda}{d}$；当 $m=2$ 时，第二级亮纹对应 $\sin\theta_2=\dfrac{2\lambda}{d}$；当 $m=3$ 时，第三级亮纹对应 $\sin\theta_3=\dfrac{3\lambda}{d}$，代入公式 $\dfrac{I}{I_0}=\left(\dfrac{\sin\beta}{\beta}\right)^2$，$\beta=\dfrac{\pi}{\lambda}a\sin\theta$ 得

第一级亮纹相对强度 $\dfrac{I_1}{I_0}=\dfrac{\sin^2\left(\dfrac{\pi}{\lambda}a\dfrac{\lambda}{d}\right)}{\left(\dfrac{\pi}{\lambda}a\dfrac{\lambda}{d}\right)^2}=\dfrac{\sin^2\left(\dfrac{\pi a}{d}\right)}{\left(\dfrac{\pi a}{d}\right)^2}=\dfrac{\dfrac{1}{2}}{\left(\dfrac{\pi}{4}\right)^2}=0.81$

第二级亮纹相对强度 $\dfrac{I_2}{I_0}=\dfrac{\sin^2\left(\dfrac{2\pi a}{d}\right)}{\left(\dfrac{2\pi a}{d}\right)^2}=\dfrac{1}{\left(\dfrac{2\pi}{4}\right)^2}=0.41$，

第三级亮纹相对强度 $\dfrac{I_3}{I_0}=\dfrac{\sin^2\left(\dfrac{3\pi}{4}\right)}{\left(\dfrac{3\pi}{4}\right)^2}=0.09$

例 10-5 设计一块光栅，要求：（1）使波长 $\lambda=600\text{nm}$ 的第二级谱线的衍射角 $\theta\leqslant30°$。（2）色散尽可能大。（3）第三级谱线缺级。（4）在波长 $\lambda=600\text{nm}$ 的第二级谱线处能分辨 0.02nm 的波长差。在选定光栅的参数后，问在透镜的焦面上只可能看到波长 600nm 的几条谱线？试画出衍射光强分布图。

【提示】 本题知识点：平面光栅的参数确定和光栅方程。

【解】 设光栅的缝宽为 a，间隔为 d，总缝数为 N。

由光栅方程 $d\sin\theta=m\lambda$ 得 $d=\dfrac{m\lambda}{\sin\theta}\geqslant\dfrac{2\times600\text{nm}}{\sin30°}=2400\text{nm}$。由 $\dfrac{\mathrm{d}\theta}{\mathrm{d}\lambda}=\dfrac{m}{d\cos\theta}$ 知，若使 $\dfrac{\mathrm{d}\theta}{\mathrm{d}\lambda}$ 尽可能大，则 d 应该尽可能小，所以 $d=2400\text{nm}$

又因为 $d=a\left(\dfrac{m}{n}\right)$，式中 m、n 分别为干涉级次和衍射级次，得到 $a=\dfrac{1}{3}d=800\text{nm}$

由 $\Delta\lambda=\dfrac{\lambda}{mN}$ 得 $N=\dfrac{\lambda}{m\Delta\lambda}=\dfrac{600}{2\times0.02}=15000$

当 $\sin\theta=1$ 时，$m=\dfrac{d\sin\theta}{\lambda}=\dfrac{2400}{600}=4$，故除去缺级外，接收屏上只能看到 5 条谱线，它们分别是 0 级、±1 级和±2 级。衍射光强分布如图 10-8 所示。

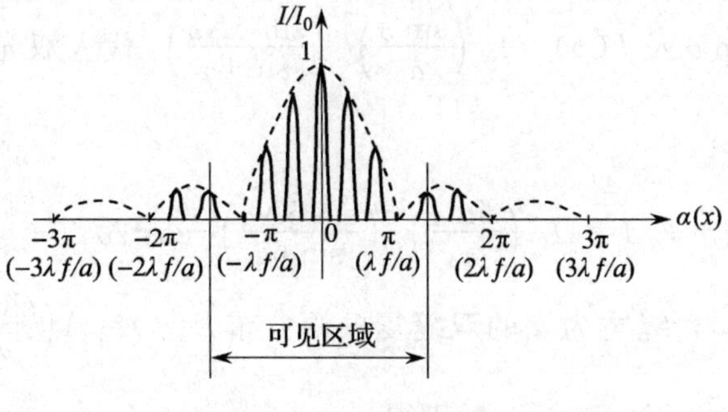

图 10-8 例 10-5 图

例 10-6 一个光栅每毫米刻线 500 条，长度为 30mm，求：

（1）该光栅二级光谱在 500nm 附近的角色散本领和自由光谱范围。

（2）在二级光谱的 500nm 附近能够分辨的最小波长差为多少。

【提示】 本题知识点：光栅的分光性质。

【解】 （1）光栅常数 $d=\frac{1}{500}\text{mm}=2\times10^{-3}\text{mm}$，二级光谱角位置满足 $\sin\theta=2\frac{\lambda}{d}=0.5$，所以 $\theta=30°$

代入角色散公式 $\frac{d\theta}{d\lambda}=\frac{m}{d\cos\theta}$，得 $\frac{d\theta}{d\lambda}=\frac{2}{2\times10^{3}\cos30°}\text{rad/nm}=1.15\times10^{-3}\text{rad/nm}$

$$(\Delta\lambda)_{\max}=\frac{\lambda}{m}=\frac{500}{2}\text{nm}=250\text{nm}$$

（2）$(\Delta\lambda)_{\min}=\frac{\lambda}{mN}=\frac{500\text{nm}}{2\times500\times30}=1.7\times10^{-2}\text{nm}$

例 10-7* 有一多缝衍射屏如图 10-9 所示，缝数为 $2N$，缝宽为 a，缝间不透明部分的宽度依次为 a 和 $3a$。试求正入射情况下，这一衍射屏的夫琅和费衍射强度分布公式。

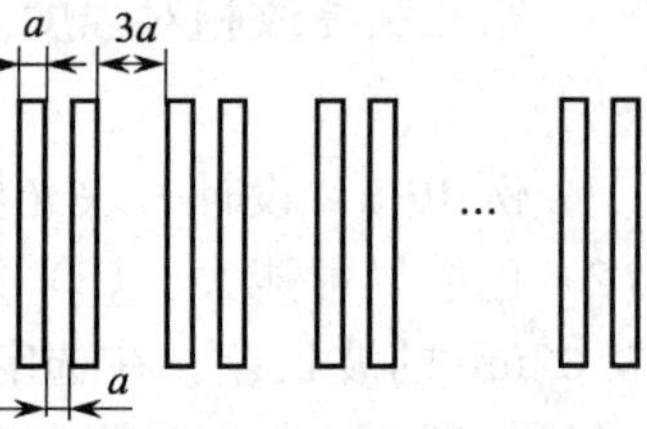

图 10-9 例 10-7 图

【提示】 本题知识点：多缝的夫琅和费衍射。可以有三种解法：1）按两组缝数为 N、缝宽为 a、相距 $d=6a$ 的多缝复振幅分布的相干叠加求解；2）按 N 组双缝衍射复振幅分布的相干叠加求解；3）按照最初的多缝衍射关系推导，以第 1 条缝为基准，找出其余各缝与它的位相差，再相干叠加求解。

【解】 方法 1：N 条缝宽为 a，相距 $d=6a$ 的多缝光强分布公式

$$I(p)=I_0\left(\frac{\sin\alpha}{\alpha}\right)^2\left(\frac{\sin N\frac{\delta}{2}}{\sin\frac{\delta}{2}}\right)^2$$

式中，$\alpha=\frac{\pi}{\lambda}a\sin\theta$，$\delta=\frac{2\pi}{\lambda}d\sin\theta$

将 $\delta=\frac{2\pi}{\lambda}d\sin\theta=\frac{12\pi}{\lambda}a\sin\theta=12\alpha$ 代入得 $I(p)=I_0\left(\frac{\sin\alpha}{\alpha}\right)^2\left(\frac{\sin 6N\alpha}{\sin 6\alpha}\right)^2$

两组光强分布相差的光程差 $\Delta'=2a\sin\theta$，$\delta'=k\Delta'=\frac{4\pi}{\lambda}a\sin\theta$

将 $\delta'=k\Delta'=\frac{4\pi}{\lambda}a\sin\theta$ 及 $I(p)=I_0\left(\frac{\sin\alpha}{\alpha}\right)^2\left(\frac{\sin 6N\alpha}{\sin 6\alpha}\right)^2$ 代入双光束相干叠加公式，$I=4I(p)\cos^2\frac{\delta'}{2}$ 整理得

$$I=4I_0\left(\frac{\sin\alpha}{\alpha}\right)^2\left(\frac{\sin 6N\alpha}{\sin 6\alpha}\right)^2\cos^2 2\alpha$$

方法 2：相邻 $d=2a$，缝宽为 a 的双缝复振幅分布 $\widetilde{E}(p)=A\left(\frac{\sin\alpha}{\alpha}\right)(1+\exp i\delta)$，式中 $\alpha=\frac{\pi}{\lambda}a\sin\theta$，$\delta=k\Delta=\frac{2\pi}{\lambda}2a\sin\theta=4\alpha$，整理得

$\widetilde{E}(p)=A\left(\frac{\sin\alpha}{\alpha}\right)(1+\exp i\delta)$

$$=A\left(\frac{\sin\alpha}{\alpha}\right)\exp\left(\frac{i\delta}{2}\right)\left[\exp\left(-\frac{i\delta}{2}\right)+\exp\left(\frac{i\delta}{2}\right)\right]$$

$$=2A\left(\frac{\sin\alpha}{\alpha}\right)\cos 2\alpha\exp i2\alpha$$

N 组相邻 $d'=6a$（对应 $\delta'=kd\sin\theta=12\alpha$）的 $\widetilde{E}$（p）相叠加

$$\sum\widetilde{E}(p)=\widetilde{E}(p)[1+\exp i(12\alpha)+\exp i(24\alpha)+\cdots+\exp i(N-1)12\alpha]$$

$$=\widetilde{E}(p)\frac{1-\exp iN(12\alpha)}{1-\exp i(12\alpha)}=\widetilde{E}(p)\frac{\exp i6N\alpha}{\exp i6\alpha}\frac{\sin 6N\alpha}{\sin 6\alpha}$$

$$=2A\left(\frac{\sin\alpha}{\alpha}\right)\cos 2\alpha\frac{\sin 6N\alpha}{\sin 6\alpha}\exp[i(6N-4)\alpha]$$

光强为　$I=|\sum\widetilde{E}(p)|^2=4I_0\left(\frac{\sin\alpha}{\alpha}\cos 2\alpha\right)^2\left(\frac{\sin 6N\alpha}{\sin 6\alpha}\right)^2$

方法 3：设最左边一个单缝的夫琅和费衍射复振幅是 $\widetilde{E}(p)=A\left(\frac{\sin\alpha}{\alpha}\right)$，式中 $\alpha=\frac{kma}{2}=\frac{\pi}{\lambda}a\sin\theta$

第偶数条缝与其前面缝之间的光程（相位）差为　$\Delta_1=2a\sin\theta$，$\delta_1=2a\frac{2\pi}{\lambda}\sin\theta=4\alpha$

第奇数条缝与其前面缝之间的光程（相位）差为　$\Delta_2=4a\sin\theta$，$\delta_2=4a\frac{2\pi}{\lambda}\sin\theta=8\alpha$

$$\sum\widetilde{E}(p)=A\left(\frac{\sin\alpha}{\alpha}\right)\{[1+\exp i(12\alpha)+\exp i(24\alpha)+\cdots+\exp i(N-1)12\alpha]+$$
$$\exp i(4\alpha)[1+\exp i(12\alpha)+\exp i(24\alpha)+\cdots+\exp i(N-1)12\alpha]\}$$

$$=A\left(\frac{\sin\alpha}{\alpha}\right)[1+\exp i(4\alpha)]\frac{1-\exp[iN(12\alpha)]}{1-\exp i(12\alpha)}$$

$$=A\left(\frac{\sin\alpha}{\alpha}\right)[1+\exp i(4\alpha)]\frac{\exp(i6N\alpha)[(\exp -i6N\alpha-\exp(i6N\alpha)]}{\exp(i6\alpha)[\exp(-i6\alpha)-\exp(i6\alpha)]}$$

$$=A\left(\frac{\sin\alpha}{\alpha}\right)\exp(i2\alpha)[\exp(-i2\alpha)+\exp(i2\alpha)]\frac{\exp(i6N\alpha)}{\exp(i6\alpha)}\frac{\sin 6N\alpha}{\sin 6\alpha}$$

$$=2A\left(\frac{\sin\alpha}{\alpha}\right)\cos 2\alpha\frac{\sin 6N\alpha}{\sin 6\alpha}\exp[i(6N-4)\alpha]$$

光强为　$I=|\sum\widetilde{E}(p)|^2=4I_0\left(\frac{\sin\alpha}{\alpha}\cos 2\alpha\right)^2\left(\frac{\sin 6N\alpha}{\sin 6\alpha}\right)^2$

例 10-8　一块闪耀光栅宽 260mm，每毫米有 300 个刻槽，闪耀角为$77°12'$。

（1）求光束垂直于槽面入射时，对于波长 $\lambda=500$nm 的光的分辨本领。

（2）光栅的自由光谱范围多大?

（3）试同空气间隔为 1cm，精细度为 25 的法布里-珀罗（F-P）标准具的分辨本领和光谱范围做一比较。

【提示】　本题知识点：闪耀光栅。

【解】　（1）根据题意解得光栅常数　$N=260\times300=7.8\times10^4$，$d=\frac{1}{300}\text{mm}=3.333\times10^{-3}\text{mm}$

由 $2d\sin\gamma=m\lambda$ 解得 $\quad m=\frac{2d\sin\gamma}{\lambda}=\frac{2\sin 77°12'}{300\times500\times10^{-6}}=13$

所以 $A=mN=13\times7.8\times10^4=1.014\times10^6$

（2）$\Delta\lambda=\frac{\lambda}{m}=\frac{500\text{nm}}{13}=38.46\text{nm}$

（3）由 $2nh=m\lambda$ 得 $\quad m=\frac{2\times10\times10^6}{500}=4\times10^4$

$$A=0.97ms=0.97\times4\times10^4\times25=0.97\times10^6$$

自由光谱区范围 $\quad(\Delta\lambda)_{S.R}=\frac{\bar{\lambda}^2}{2h}=\frac{500\times500}{2\times1\times10^7}\text{nm}=0.0125\text{nm}$

比较可知：此闪耀光栅的分辨率略高于 F-P 标准具，同时其自由光谱区范围远大于F-P 标准具。

例 10-9 一透射式阶梯光栅由 20 块折射率相等、厚度相等的玻璃平板平行呈阶梯状叠成，板厚 $t=1\text{cm}$，玻璃折射率 $n=1.5$，阶梯高度 $d=1\text{mm}$。以波长 $\lambda=500\text{nm}$ 的单色光垂直照射，试计算

（1）入射光方向上干涉主极大的级数。

（2）光栅的角色散和分辨本领（假定玻璃折射率不随波长变化）。

【提示】 本题知识点：阶梯光栅。

【解】 （1）将 $n=1.5$，$t=1\text{cm}$，$d=1\text{mm}$，$\theta=0$ 代入光程差公式 $\Delta=(n-1)t+d\theta=m\lambda$，整理得 $m=10^4$

（2）对 $\Delta=(n-1)t+d\theta=m\lambda$ 两边进行微分得 $d(d\theta)=md\lambda$

所以光栅的角色散 $\quad\frac{d\theta}{d\lambda}=\frac{m}{d}=\frac{10^4}{0.1\times10^7}\text{rad/nm}=10^{-2}\text{rad/nm}$

分辨本领 $\quad A=\frac{\lambda}{\Delta\lambda}=mN=2\times10^5$

例 10-10 * 在宽度为 b 的狭缝上放一折射率为 n、折射角为 α 的小光楔，如图 10-10a 所示。由平面单色波垂直照射，求夫琅和费衍射图样的光强分布及中央零级极大和极小的方向。

【提示】 本题知识点：多缝衍射和阶梯光栅的综合练习。

【解】 将该光楔分成 N 个部分，近似看成是一个由 N 条缝构成的阶梯光栅，则缝宽为 $\frac{b}{N}$，缝间隔为 $\frac{b}{N}$，如图 10-10b 所示。

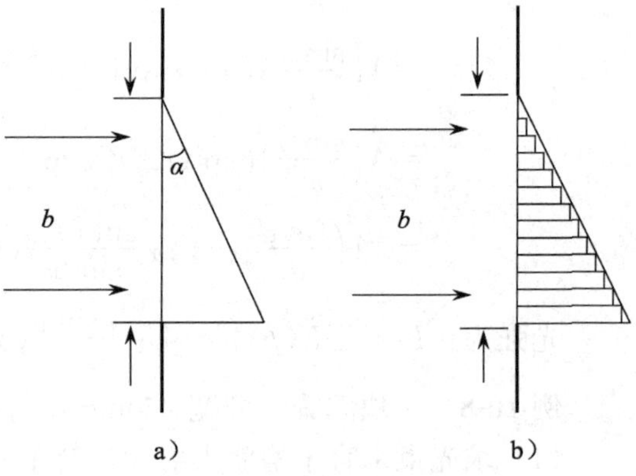

图 10-10　例 10-10 图

将 $\alpha=\frac{kla}{2}=\frac{\pi}{\lambda}\frac{b}{N}\sin\theta$，$\delta=\frac{2\pi}{\lambda}\Delta=\frac{2\pi}{\lambda}\left[(n-1)\alpha\frac{b}{N}+\frac{b}{N}\sin\theta\right]$ 代入多缝衍射公式 $I=I_0\left(\frac{\sin\alpha}{\alpha}\right)^2\left(\frac{\sin N\frac{\delta}{2}}{\sin\frac{\delta}{2}}\right)^2$，其中 I_0 为一个 $\frac{b}{N}$ 宽的缝产生的最大光强值。整理得

$$I=I_0\left(\frac{\sin\dfrac{\pi}{\lambda}\dfrac{b}{N}\sin\theta}{\dfrac{\pi}{\lambda}\dfrac{b}{N}\sin\theta}\right)^2\frac{\sin^2\left\{\dfrac{\pi}{\lambda}b\left((n-1)\alpha+\sin\theta\right)\right\}}{\sin^2\left\{\dfrac{\pi}{\lambda}\dfrac{b}{N}\left[(n-1)\alpha+\sin\theta\right]\right\}}$$

当 $N\to\infty$ 时，$\frac{\pi}{\lambda}\frac{b}{N}\sin\theta\to0$，所以 $\left(\frac{\sin\frac{\pi}{\lambda}\frac{b}{N}\sin\theta}{\frac{\pi}{\lambda}\frac{b}{N}\sin\theta}\right)^2\to1$

$\sin\frac{\pi}{\lambda}\frac{b}{N}\left[(n-1)\alpha+\sin\theta\right]\approx\frac{\pi}{\lambda}\frac{b}{N}\left[(n-1)\alpha+\sin\theta\right]$

整理得光强分布公式 $I=N^2I_0\left\{\frac{\sin\frac{\pi}{\lambda}b\left[(n-1)\alpha+\sin\theta\right]}{\frac{\pi}{\lambda}b\left[(n-1)\alpha+\sin\theta\right]}\right\}^2$

当$\frac{\pi}{\lambda}b\left[(n-1)\ \alpha+\sin\theta\right]=0$ 时，$I=I_{max}$，得中央零级极大的方向角 $\theta=\arcsin\left[(1-n)\alpha\right]$；

当$\frac{\pi}{\lambda}b\left[(n-1)\alpha+\sin\theta\right]=m\pi$（$m=\pm1,\pm2,\pm3\cdots$）时，$I=I_{min}$，即 $\theta=\arcsin\left[\frac{m\lambda}{b}+(1-n)\alpha\right]$时，有极小值。

四、自测练习

（一）多重选择（答案可能不止 1 个）

1. 单缝的夫琅和费衍射图样

① 是垂直于单缝方向的直条纹。 ② 每个相邻暗条纹间的距离相等。

③ 暗条纹间隔与入射光波的波长成正比，与缝宽成反比。

④ 每个相邻次极大间的距离相等。

2. 若要使单缝夫琅和费衍射条纹的间隔增大，可采取下列任一种方法：

① 增大照明光源的波长。 ② 增大单缝宽度。

③ 增大准直透镜焦距。 ④ 增大衍射屏后会聚透镜的焦距。

3. 在如图 10-11 所示的单缝夫琅和费衍射装置中，采用点光源照明

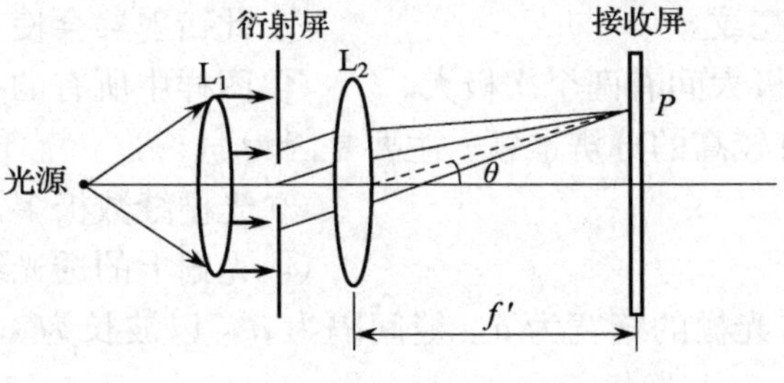

图 10-11 单缝夫琅和费衍射装置

① 若将衍射屏沿光轴方向移动时，则其衍射图样将会成比例放大缩小。

② 若将衍射屏沿垂直于尖轴方向移动时（不超出入射光束照明范围），则其衍射图样也同向移动。

③ 若将会聚透镜 L_2 沿光轴方向移动时，则其衍射图样无任何变化。

④ 若将会聚透镜 L_2 沿垂直于光轴方向移动时（不超出入射光束照明范围），则其衍射图样也同向移动。

4. 在如图 10-11 所示的单缝夫琅和费衍射装置中，采用点光源照明

① 若沿平行于单缝方向微量平移点光源，则其衍射图样也同向移动。

② 若在图面内沿垂直于单缝方向微量平移点光源，则其衍射图样也同向移动。

③ 若将点光源沿平行于单缝方向扩展成一线光源，则其衍射图变明亮。

④ 若将点光源在图面内沿垂直于单缝方向扩展成一线光源，则其衍射图变明亮。

5. 在如图 10-11 所示的单缝夫琅和费衍射装置中，采用点光源照明

① 若在图面内沿垂直于单缝方向平移准直物镜，则其衍射条纹也向相同方向移动。

② 若沿平行于单缝方向平移准直物镜，则其衍射条纹也向相同方向移动。

③ 若单缝绕光轴旋转 θ 角，其衍射图样同向旋转相同的角度。

④ 若准直物镜绕光轴旋转 θ 角，其衍射图样同向旋转相同的角度。

6. 在如图 10-11 所示的夫琅和费衍射装置中

① 增大透镜 L_2 的焦距时，则位于该透镜焦面上的衍射条纹无变化。

② 增大透镜 L_2 的口径时，则位于接收屏上的衍射条纹无变化。

③ 将衍射屏沿系统光轴方向前后移动，则位于接收屏上的衍射条纹无变化。

④ 衍射屏在图面内做垂直于单缝的移动（不超出入射光束照明范围），则位于接收屏上的衍射条纹无变化。

7. 在圆孔的夫琅和费衍射中

① 衍射图样是间隔不等的同心圆环。　　② 光能量集中在中央亮斑处。

③ 中央亮斑的大小只与衍射圆孔的大小有关。④ 中央亮斑的衍射级次最高。

8. 相同半径的一个圆盘和一个圆孔的夫琅和费衍射图样

① 强度分布完全相反。　　② 强度分布完全相同。

③ 除衍射图样中心处外，强度分布相同。　　④ 除衍射图样中心处外，强度分布相反。

9. 一衍射屏上有 4 个缝宽为 a 的缝，相邻两缝间不透光的部分为 $2a$，则当以波长 $\lambda=\frac{a}{2}$ 的光线正入射照明时

① 最多能看到 7 条亮纹。　　② 此衍射屏会使 3、6、9…级缺级。

③ 在相邻的两个主极大间有两个次极大。　　④ 图样中所有的亮纹宽度相等。

10. 平面透射光栅有较高的分辨本领，主要是因为

① 光栅间隔极小。　　② 光栅缝数极多。

③ 衍射级次很高。　　④ 光栅上的透光缝极窄。

11. 设一个平面透射光栅的缝宽为 a，缝间隔为 d，以波长为 λ 的光垂直入射。若它的缝数 N 增大，则

① 光栅的分辨本领提高。　　② 光栅衍射图样中的亮纹变细。

③ 两亮纹之间的间隔增大。　　④ 缺少的亮纹级次不变。

12. 设一个平面透射光栅的缝宽为 a，缝间隔为 d，总缝数为 N，以波长为 λ 的光垂直入射。当光栅缝间隔 d 减小时，则

① 光栅的色散本领提高，因此其分辨本领也随之提高。

② 光栅衍射图样中的亮纹变细。

③ 两亮纹之间的间隔增大。

④ 缺少的亮纹级次不变。

13. 设一个平面透射光栅的缝宽为 a，缝间隔为 d，总缝数为 N，以波长为 λ 的光垂直入射。当光栅缝宽 a 增大时，则

① 光栅的分辨本领提高。　　② 光栅衍射图样中的亮纹变细。

③ 两亮纹之间的间隔增大。　　④ 缺少的亮纹级次改变。

14. 设线数 $N_1=600$ 的光栅其零级主极大强度为 I_1，在其他条件相同时，$N_2=1800$ 的光栅其零级主极大强度为 I_2，则 I_2/I_1 为

① 1/3　　② 1/9　　③ 3　　④ 9

15. 某元素的特征光谱中含有波长分别为 $\lambda_1=450\text{nm}$ 和 $\lambda_2=750\text{nm}$ 的光谱线，在光栅光谱中，这两种波长的谱线有重叠现象，重叠处的谱线的级数是：

① 2，3，4，5…　　② 2，5，8，11…

③ 2，4，6，8…　　④ 3，6，9，12…

16. 一束平行单色光垂直入射在光栅上，当光栅常数（$a+b$）为下列哪种情况（a 代表每条缝的宽度，b 为不透光部分的宽度）时，$k=3$、6、9 等级次的主极大均不出现。

① $a+b=2a$　　② $a+b=3a$

③ $a+b=4a$　　④ $a+b=6a$

（二）填空

1. 光的衍射现象是指（　　　　）的现象。

2. 假如一个人在一定距离处通过丝绸手帕观看一白炽灯的灯丝，他看到中央的白丝旁有不同的颜色的灯丝，这是（　　　　）现象的例子。

3. 按照光源、衍射屏和观察屏之间的关系，衍射可以分成（　　　　）和夫琅和费衍射两类。夫琅和费衍射又称（　　　　），它是指（　　　　）的衍射。

4. 根据惠更斯-菲涅耳原理，若已知光在某时刻的波振面为 S，则 S 的前方某点 P 的发光强度决定于波振面 S 上所有面积元发出的子波各自传到 P 点的（　　　　）。

5. 已知物镜直径为 D，眼睛瞳孔的直径为 d，为了充分利用望远镜的分辨率，其放大率应为（　　　　）。

6. 一平行单色光垂直入射到光栅上，在满足 $d\sin\theta=3\lambda$ 时，经光栅相邻两缝沿 θ 方向衍射的两束光的光程差为（　　　　），此时在 θ 方向上得到的条纹级次为（　　　　），经第 1 缝和第 n 缝衍射的两束光的光程差为（　　　　）。

7. 在不透明细丝的夫琅和费衍射图样中，测得暗条纹的间距是 1.5mm，所用透镜的焦距为 50mm，光波波长为 632.8nm，则细丝的直径为（　　　　）。

8. 在夫琅和费单缝衍射实验中，以钠黄光（波长为 589nm）垂直入射，若缝宽为 0.1mm，则第一级极小出现在（　　　　）弧度的方向上。

9. 若要分辨角间隔为 0.05″的两颗星，需要望远镜的口径至少为（　　　　）。

10. 用 1mm 内有 500 条刻痕的平面透射光栅观察钠光谱（$\lambda=0.589\,\mu\text{m}$），当光线以 30° 入射时，最多能看到（　　）条光谱线。

11. 要使 50 线/mm 的光栅在第 2 级光谱中能分辨钠双线 $\lambda_1=589\text{nm}$ 和 $\lambda_2=589.6\text{nm}$，光栅的宽度应选（　　　）。

12. 一束准直的单色光正入射到一个直径为 1cm 的会聚透镜，透镜焦距为 50cm，光波波长 $\lambda=546\text{nm}$，则透镜焦平面上衍射图样中央亮斑的直径是（　　　）。

13. 在白光形成的单缝夫琅和费衍射图样中，某色光波的第三级极大与 600nm 的第二级极大重合，该色波的波长是（　　　）。

14. 若双缝夫琅和费衍射的中央峰恰好含有 11 条干涉亮纹，那么缝宽和缝间距的比为（　　　）。

15. 已知闪耀光栅的闪耀角为15°，光栅常数 $d=1\ \mu\text{m}$，平行光垂直于光栅平面入射时在一级光谱处得到最大光强，则入射光的波长为（　　　）nm。

（三）计算

1. 观察强度为 I_0 的平行光照射一个矩孔（其宽为 a，长为 b）所产生的夫琅和费衍射图样。求沿着图样对角线方向上的第一级和第二级极大的发光强度。

2. 平行的白光（波长范围为 390～700nm）垂直照射到平行的双缝上，双缝相距 1mm，用一个焦距 $f=1\text{m}$ 的透镜将双缝的衍射图样聚焦在屏幕上。若在屏幕上距中央白色条纹 3mm 处开一个小孔，在该处检查透过小孔的光，问将缺少哪些波长？

3. 钠黄光垂直照射某光栅，其第二级光谱恰好可以分辨钠光双线（$\lambda_1=0.5890\mu\text{m}$，$\lambda_2=0.5896\mu\text{m}$），并测得 λ_1 的第二级光谱线所对应的衍射角为 2.5°，第三级缺级，试求该光栅的总缝数 N、光栅常数 d 和缝宽 a。

4. 设计一块光栅，要求①使波长 $\lambda=600\text{nm}$ 的第三级谱线的衍射角 $\theta\leqslant30°$；②色散尽可能大；③第 4 级谱线缺级；④对波长 $\lambda=600\text{nm}$ 的第三级谱线能分辨 0.02nm 的波长差。在选定光栅的参数后，问在透镜的焦面上只可能看到波长 600nm 的几条谱线？

5. 一块光栅的宽度为 100mm，每毫米内有 500 条缝，光栅后面放置的透镜焦距为 500mm。问：

（1）它产生的波长 $\lambda=632.8\text{nm}$ 的单色光的 1 级和 2 级谱线的半宽度是多少？

（2）若入射光线是波长为 632.8nm 和波长与之相差 0.5nm 的两种单色光，它们的 1 级和 2 级谱线之间的距离是多少？

6. 有一个多缝衍射屏（参见图 10-9），缝数为 $2N$，缝宽为 a，缝间不透明部分的宽度依次为 a 和 $3a$。试求在下列各种情况下夫琅和费衍射强度分布公式：

（1）遮住偶数缝。

（2）遮住奇数缝。

（3）全放开。

7*. 有三条平行狭缝，宽度均为 a，缝距分别为 d 和 $2d$，如图 10-12 所示。求正入射时其夫琅和费衍射强度分布公式。

8*. 两条平行狭缝，缝宽分别是 a 和 $2a$，缝距是 $d=3a$，如图 10-13 所示。求正入射时其夫琅和费衍射强度分布公式。

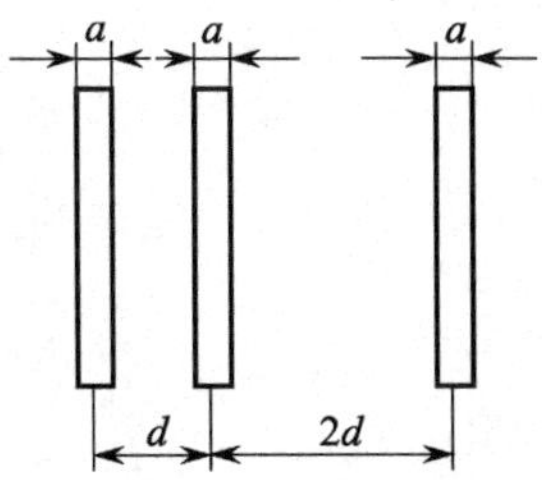

图 10-12　计算题 6 图

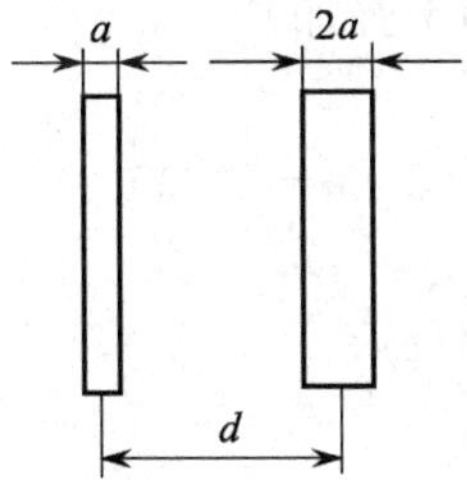

图 10-13　计算题 7 图

9. 斜入射时多缝夫琅和费衍射的光强是如何分布的？如图 10-14 所示，设 θ_0 为入射光线与光轴的夹角。

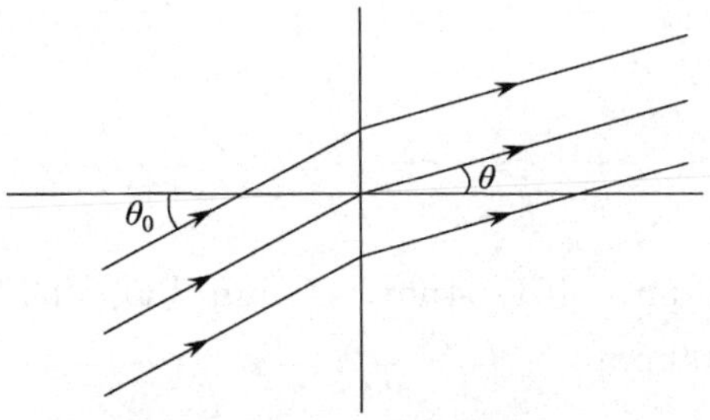

图 10-14　计算题 8 图

10. 一块每毫米 1000 个刻槽的反射闪耀光栅，以平行光垂直于槽面入射，一级闪耀波长为 546nm。问：

（1）光栅的闪耀角多大？

（2）若不考虑缺级，有可能看到 546nm 的几级光谱？

（3）各级光谱的衍射角是多少？

参考答案及提示

（一）多重选择（答案可能不止 1 个）

1. ③　**【提示】**在讨论单缝夫琅和费衍射图样特点时需注意：±1 级这两个相邻暗条纹间隔是其他相邻暗条纹间隔的 2 倍，且相邻两次极大间隔不等。

2. ①④	3. ④	4. ③	5. ①③	6. ④
7. ①②	8. ③	9. ③	10. ②	11. ①②④
12. ③	13. ④	14. ④	15. ④	16. ②

（二）填空

1.（光在传播过程中，绕过障碍物偏离直线传播而进入几何影区，出现稳定的光强不均匀分布）

2.（衍射）

3.（菲涅耳衍射）（远场衍射）（光源和观察屏都距离衍射屏无穷远）

4.（振动的相干叠加）

5.（D/d）

6.（3λ）（3）（3（$n-1$）λ）

7.（21 μm）

8.（5.89×10^{-3}）

9.（2.8m）

10.（7）

11.（9.82mm）

12.（6.66×10^{-3}cm）

13.（400nm）

14.（1∶6）

15.（517.6）

（三）计算

1. $0.0022I_0$，$0.00026I_0$

2. $\lambda=666.67$nm，545.45nm，461.54nm，400nm 为缺少的波长

3. 491；0.027mm；0.009mm

4. 9 条谱线

5. 3.34×10^{-3}mm，4.08×10^{-3}mm；0.13mm，0.32mm

6. $I_0\left(\frac{\sin\alpha}{\alpha}\right)^2\left(\frac{\sin 6N\alpha}{\sin 6\alpha}\right)^2$；同前；$4I_0\left(\frac{\sin\alpha}{\alpha}\right)^2\left(\frac{\sin 6N\alpha}{\sin 6\alpha}\right)^2\cos^2 2\alpha$

7. $I_0\left(\frac{\sin\alpha}{\alpha}\right)^2[3+2(\cos\beta+\cos 2\beta+\cos 3\beta)]$

8. $I_\theta=I_0\left(\frac{\sin\alpha}{\alpha}\right)^2[3+2(\cos2\alpha+\cos5\alpha+\cos7\alpha)]$，$\alpha=\frac{\pi a}{\lambda}\sin\theta$

9. $I_\theta=I_0\left(\frac{\sin\alpha'}{\alpha'}\right)^2\left(\frac{\sin N\beta'}{\sin\beta'}\right)^2$，式中 $\alpha'=\frac{\pi a}{\lambda}(\sin\theta-\sin\theta_0)$，$\beta'=\frac{\pi d}{\lambda}(\sin\theta-\sin\theta_0)$

10.（1）15°50′；（2）4 条谱线，分别是−2 级、−1 级、0 级和+1 级；（3）$\theta_{-2}=-55°$，$\theta_{-1}=-15°50'$，$\theta_0=15°50'$，$\theta_1=55°$

第十一章　光的偏振和晶体光学基础

一、学习要求

通过对本章的学习，应掌握自然光、偏振光和部分偏振光的概念以及偏振光产生的一般方法；会利用菲涅耳公式、布儒斯特定律、马吕斯定律求解计算问题；明确晶体光学的基本概念，如晶体的光轴、主平面、主截面、单轴晶体和多轴晶体、正晶体和负晶体等；会用惠更斯原理作图法分析光在晶体中的双折射性质；掌握典型偏振器件工作原理和一般分析方法；会用矩阵方法表示偏振光和偏振器件，并利用矩阵求解偏振系统的出射光；掌握偏振光的变换和判断方法；掌握偏振光的干涉原理、装置和公式推导；掌握正交偏振器系统和平行偏振器系统干涉的光强分布及其特点，了解偏振光干涉的典型应用；掌握旋光现象和相关公式。

二、重点内容

1. 自然光、偏振光和部分偏振光

自然光是在一切可能的方位上振动的光波的总和，在观察时间内，光矢量在各个方向上的振动几率和大小相同。它可以用两个振动方向垂直、强度相等、位相无关联的光矢量表示。

偏振光是光矢量的方向和大小有规则变化的光，它包括线偏振光、圆偏振光和椭圆偏振光。

自然光在传播过程中，由于外界的作用造成各个振动方向上强度不等，使某一方向上的振动比其他方向上的振动占优势，就形成了部分偏振光。部分偏振光可表示为完全偏振光与自然光的和。部分偏振光的偏振程度可用偏振度 P 来表示

$$P=\frac{I_{\max}-I_{\min}}{I_{\max}+I_{\min}} \tag{11-1}$$

式中，$I_{\max}$ 和 $I_{\min}$ 分别表示光强的最大值和最小值。

P 值介于 0～1 之间。当 $P=1$ 时，为完全偏振光；当 $P=0$ 时，为自然光。显然，偏振度越大，其光束的偏振化程度越高。

利用菲涅耳公式（参照第八章内容）可以求出光波入射到两种介质的光滑分界面上时，反射波、折射波中平行分量与垂直分量的大小，从而计算出反射光波或折射光波的偏振度。

产生偏振光的一般方法有：反射折射法、二向色性法、散射法和双折射法。

2. 布儒斯特定律及其应用

由菲涅耳公式（8-21）可推导出布儒斯特定律：自然光入射到两种介质的分界面上时，若入射角 θ_1 和折射角 θ_2 满足关系 $\theta_1+\theta_2=\frac{\pi}{2}$，则反射光中没有振动方向平行于入射面的分量，如图 11-1 所示。

此时的入射角 $\theta_1=\arctan(n_2/n_1)$ (11-2)

称为布儒斯特角 θ_p。因此，当自然光以布儒斯特角入射时，可以在反射光中获得完全偏振光，在折射光中得到部分偏振光。基于该定律可设计出玻璃片堆和偏振分光镜等起偏器件。

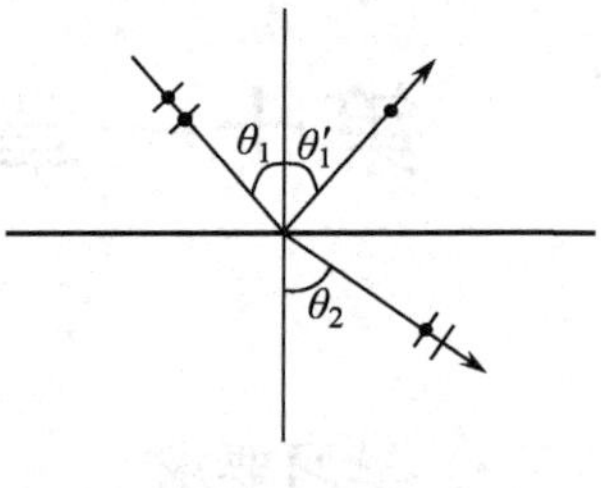

图 11-1 布儒斯特定律

当自然光以布儒斯特角 θ_p 入射到由相互平行的玻璃片构成的玻璃片堆上时，如图 11-2 所示，在第一块玻璃片上表面反射出的光只包含垂直分量，透射光是部分线偏光；它再次以 θ_p 入射，从第二块玻璃片出射的透射光偏振度得到提高。透过设置玻璃片数，就能够满足出射偏振光的偏振度要求。

偏振分光镜是在两直角玻璃棱镜之间交替镀上高折射率 n_H 和低折射率 n_L 的膜层后再胶合而成的，其结构如图 11-3 所示。自然光垂直于棱镜表面入射，以 45°入射到多层介质膜上，经膜层的多次反射和折射，反射光与透射光垂直于棱镜表面以分开 90°方向出射。为获取出射光束的最大偏振度，玻璃棱镜的折射率选取应使光线在相邻薄膜层界面上的入射角等于布儒斯特角，膜层厚度的选取应使膜层上下表面反射光满足干涉加强条件，膜层的层数取决于出射光的偏振度要求。

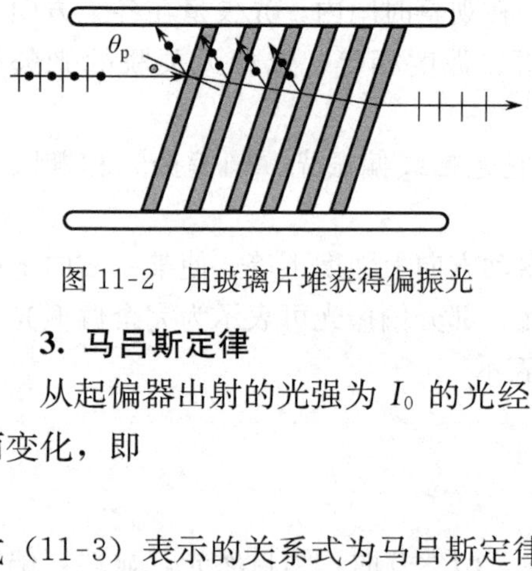

图 11-2 用玻璃片堆获得偏振光

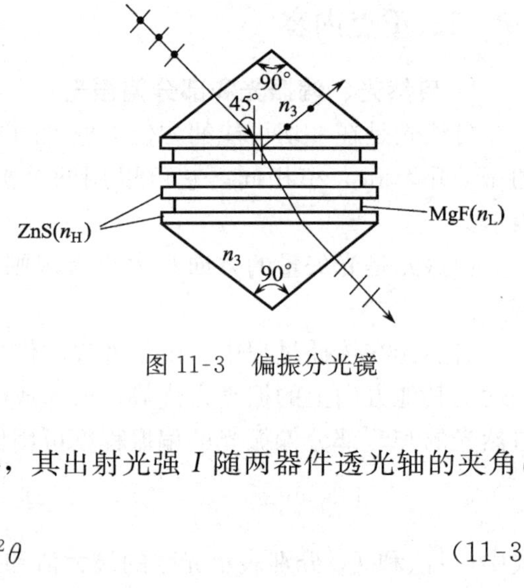

图 11-3 偏振分光镜

3. 马吕斯定律

从起偏器出射的光强为 I_0 的光经过一检偏器，其出射光强 I 随两器件透光轴的夹角 θ 而变化，即

$$I=I_0\cos^2\theta \tag{11-3}$$

式（11-3）表示的关系式为马吕斯定律。

4. 晶体与晶体光学的基本概念

1）晶体的双折射：非偏振光在某些晶体中传播时，由于晶体对两个相互垂直振动的光矢量折射率不同而产生两束折射光的现象称为双折射。

2）o 光和 e 光：产生双折射现象时，两束折射光中，有一束光遵守折射定律，称为寻常光（o 光）；另外一束不遵守折射定律，称为非寻常光（e 光）。o 光和 e 光只存在于晶体的内部，且与晶体密不可分。

3）晶体的光轴：在双折射晶体中存在一个特殊的方向，当光束在这个方向传播时不发生双折射，此方向称为晶体的光轴。

4）主平面：光线和光轴所组成的平面称为主平面。其中 o 光和晶体光轴组成的平面为

o 光主平面，o 光振动方向垂直于 o 光主平面；e 光和晶体光轴组成的面为 e 光主平面，e 光振动方向平行于 e 光主平面。

5）主截面：光轴和晶体表面法线所组成的平面成为主截面。当入射光在主截面内时，o 光、e 光的主平面与主截面重合。

6）单轴晶体和多轴晶体：只有一个光轴方向的晶体称为单轴晶体，如方解石、石英等；有两个或多个光轴方向的晶体称为多轴晶体，如云母等。

7）正晶体和负晶体：若在晶体内部除光轴方向外 o 光的传播速度均大于 e 光的传播速度，则该晶体为正晶体，反之为负晶体。

5. 惠更斯作图法分析晶体双折射性质

惠更斯原理指出，任意时刻波前上的每一点都可以看作是发出球面次波的波源，新的波前是这些次波的包络面。因此可以用作图法直接求出折射光线和反射光线的方向，这就是惠更斯作图法。采用惠更斯作图法求方解石晶体内折射光的实例如图 11-4 所示。

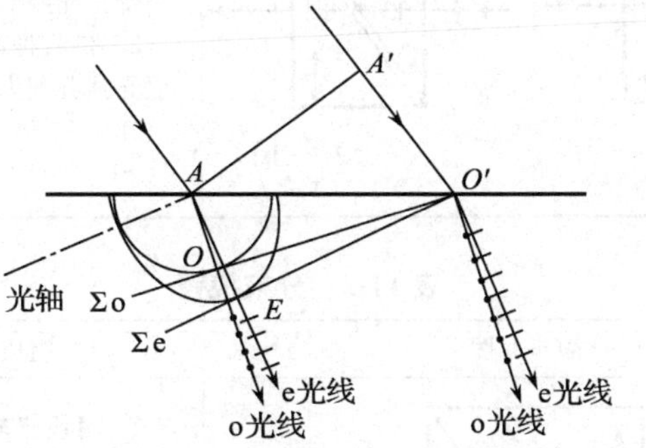

图 11-4　惠更斯作图法求方解石晶体双折射性质

6. 偏振器件的作用、工作原理及特点

各种偏振器件按用途可分为起偏器件、分束棱镜和波片三大类。

（1）起偏器件　包括尼科尔棱镜、格兰-汤姆逊棱镜和格兰-付科棱镜，其工作原理和特点见表 11-1。

（2）分束棱镜　包括渥拉斯顿棱镜、洛匈棱镜两种，其工作原理和特点见表 11-2。

表 11-1　起偏器件

名　称	简　图	组成及特点	工作原理
尼科尔棱镜	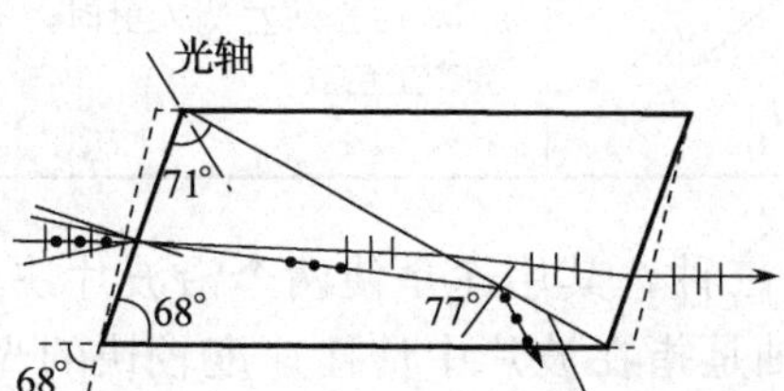	1. 天然方解石晶体研磨成特殊角度 2. 晶体光轴如图所示 3. 加拿大树脂胶胶合 4. 出射偏振光与入射光不在同一条直线上	当自然光入射到棱镜上时，其中一束偏振光在棱镜内发生全反射，而只出射另一束与上述光振动方向垂直的偏振光

（续）

名　　称	简　　图	组成及特点	工作原理
格兰-汤姆逊棱镜	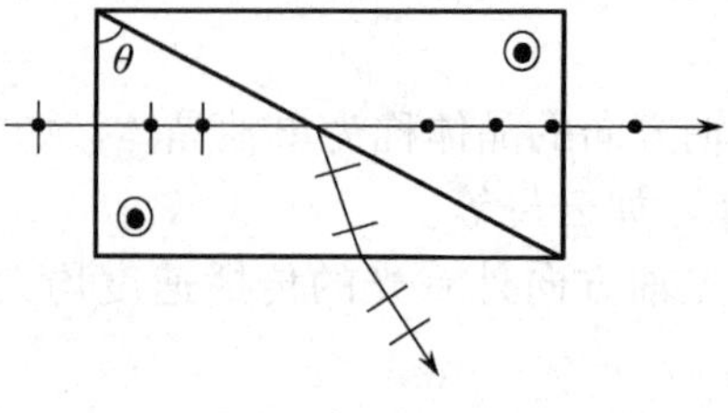	1. 两块方解石直角棱镜沿斜面胶合 2. 光轴垂直图面并相互平行 3. θ 大于 o 光在胶合面上的临界角 4. 出射偏振光无偏折	当自然光入射到棱镜上时，其中一束偏振光在棱镜内发生全反射，而只出射另一束与上述光振动方向垂直的偏振光
格兰-付科棱镜	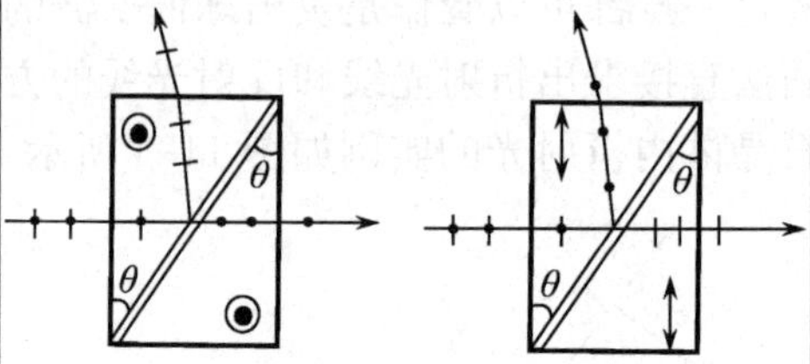 a）　　b）	1. 在格兰-汤姆逊棱镜基础上用空气层代替加拿大树脂胶，可适用于紫外波段，并能承受强光照射 2. 有两种制造方式，其透射光强分别为入射光强的0.56倍和0.86倍	

表 11-2　分束棱镜

名　　称	简　　图	组成及特点	工作原理
渥拉斯顿棱镜	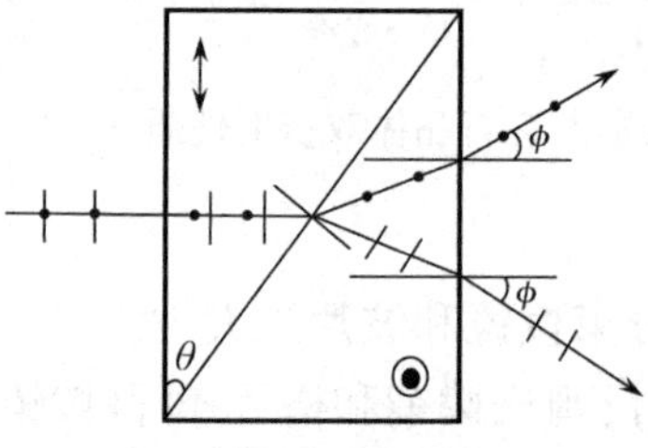 （方解石晶体）	1. 两块光轴正交、底面相同的晶体直角棱镜胶合而成 2. 两束光分开的夹角 $\phi=\arcsin[(n_o-n_e)\tan\theta]$ 3. 光线从左侧或右侧入射，棱镜的分光性质相同 4. 当白光入射时，出射光产生色散	利用晶体的双折射性质，改变振动方向相互垂直的两束线偏振光的传播方向，从而获得两束分开的线偏振光
洛匈棱镜	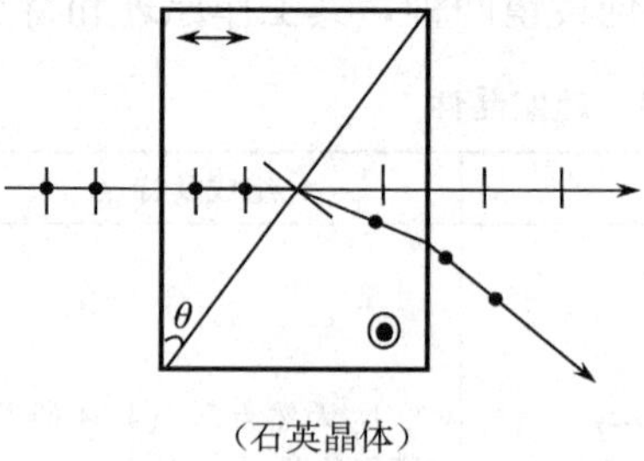 （石英晶体）	1. 当光线由左侧入射时，出射光与入射光在同一条直线上 2. 光线从左侧或右侧入射时，棱镜的分光性质不同 3. 白光从左侧入射时，不会产生色散	

（3）波片　主要有 $\lambda/4$、$\lambda/2$ 和全波片三种，其用途是使两个沿波片快、慢轴方向振动的光矢量产生相应的位相延迟。波片的快轴是指在波片中传播速度较快的光波的振动方向，慢轴是指在波片中传播速度较慢的光波的振动方向，它们与波的传播方向垂直。

波片的光轴平行于波片的入射表面。波片光轴与其快慢轴的关系取决于晶体的正负，若为正晶体，则晶体的光轴与其慢轴方向一致；若为负晶体，则晶体的光轴与其快轴方向一致，如图 11-5 所示。

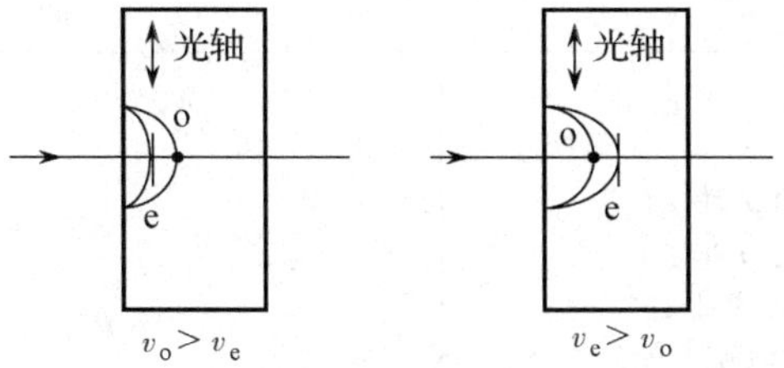

图 11-5　波片光轴与其快慢轴的关系

两个沿波片快、慢轴方向振动的光矢量通过波片后产生的位相延迟 θ 可通过下式计算

$$\theta = \frac{2\pi}{\lambda}\left|n_o - n_e\right| d \tag{11-4}$$

式中，n_o 和 n_e 分别是 o 光和 e 光的折射率；d 为波片的厚度。

三种常用波片的性质见表 11-3。

表 11-3　波片的性质

特点＼分类	$\frac{1}{4}$ 波片	$\frac{1}{2}$ 波片	全　波　片
光程差	$\left(m+\frac{1}{4}\right)\lambda$	$\left(m+\frac{1}{2}\right)\lambda$	$m\lambda$
位相差	$2m\pi+\frac{\pi}{2}$	$(2m+1)\pi$	$2m\pi$
性质	线偏振光入射时 1. 若光矢量方向与波片的快（慢）轴方向相同，出射光仍为线偏振光 2. 若光矢量方向与波片的快（慢）轴成 45°，出射光为圆偏振光 3. 若光矢量方向与波片的快（慢）轴成 1、2 情况外任意角，出射光为椭圆偏振光	线偏振光入射时，出射光仍为线偏振光，但光矢量方向沿快（慢）轴转过 2α［α 为入射光矢量与快（慢）轴的夹角］	不改变偏振状态，只增加快（慢）轴方向上两光矢量的位相差
	圆偏振光入射时，出射光为线偏振光	圆偏振光入射时，出射光仍为圆偏振光，但旋向相反	
	椭圆偏振光入射时 1. 若长轴或短轴方向与波片的快（慢）轴方向相同，出射光为线偏振光 2. 其他情况，出射光仍为椭圆偏振光	椭圆偏振光入射时，出射光仍为椭圆偏振光，但旋向相反	

7. 偏振光的矩阵表示和运算

任何偏振光都可以用振动方向相互垂直、有一定位相关系的两个光矢量来表示，将这两个光矢量写成一个 2 行 1 列矩阵（即琼斯矢量），就可表示该偏振光。偏振光及其归一化琼斯矢量之间具有一一对应关系。一些典型偏振态的归一化琼斯矢量见表 11-4。

表 11-4　一些典型偏振态的归一化琼斯矢量

偏振态	归一化琼斯矢量
线偏振光：光矢量沿 x 轴	$E_x=\begin{bmatrix}1\\0\end{bmatrix}$
线偏振光：光矢量沿 y 轴	$E_y=\begin{bmatrix}0\\1\end{bmatrix}$
线偏振光：光矢量与 x 轴成 $\pm 45°$	$E_{\pm 45}=\frac{1}{\sqrt{2}}\begin{bmatrix}1\\\pm 1\end{bmatrix}$
线偏振光：光矢量沿与 x 轴成 $\pm\theta$ 角	$E_{\pm\theta}=\begin{bmatrix}\cos\theta\\\pm\sin\theta\end{bmatrix}$
圆偏振光：左旋	$E_{左}=\frac{1}{\sqrt{2}}\begin{bmatrix}1\\\mathrm{i}\end{bmatrix}$
圆偏振光：右旋	$E_{右}=\frac{1}{\sqrt{2}}\begin{bmatrix}1\\-\mathrm{i}\end{bmatrix}$

偏振光经偏振器件后，偏振态将发生变化。若入射光琼斯矢量为 $E_1=\begin{bmatrix}A_1\\B_1\end{bmatrix}$，经偏振器后出射光琼斯矢量为 $E_2=\begin{bmatrix}A_2\\B_2\end{bmatrix}$，则偏振器件的线性变换作用可以用一个 2 行 2 列矩阵来表示，即

$$\begin{bmatrix}A_2\\B_2\end{bmatrix}=\begin{bmatrix}g_{11} & g_{12}\\g_{21} & g_{22}\end{bmatrix}\begin{bmatrix}A_1\\B_1\end{bmatrix}\text{或 } E_2=GE_1 \tag{11-5}$$

称矩阵 G 为该偏振器件的琼斯矩阵。典型偏振器件的琼斯矩阵一般式见表 11-5。根据式 (11-5) 可以在已知任意两项时求出剩余未知项，从而方便地得到入射光、出射光琼斯矢量或偏振器件的琼斯矩阵。

表 11-5　典型偏振器件的琼斯矩阵一般式

偏振态	归一化琼斯矢量
线偏振器（透光轴与 x 轴成 θ 角）	$\begin{bmatrix}\cos^2\theta & \frac{1}{2}\sin 2\theta\\\frac{1}{2}\sin 2\theta & \sin^2\theta\end{bmatrix}$
波片（相位延迟角为δ）：快轴沿 x 轴	$\begin{bmatrix}1 & 0\\0 & e^{i\delta}\end{bmatrix}$
波片（相位延迟角为δ）：快轴沿 y 轴	$\begin{bmatrix}1 & 0\\0 & e^{-i\delta}\end{bmatrix}$
波片（相位延迟角为δ）：快轴与 x 轴成 $\pm 45°$	$\cos\frac{\delta}{2}\begin{bmatrix}1 & \mp\mathrm{i}\tan\frac{\delta}{2}\\\mp\mathrm{i}\tan\frac{\delta}{2} & 1\end{bmatrix}$

利用琼斯表示法还可以方便地计算出通过任意多个偏振器件后出射光的偏振态。若偏振光相继通过 N 个偏振器件，它们的琼斯矩阵分别是 G_1、G_2、…、G_N，则出射光的琼斯矢量为

$$E_t=G_N\cdots G_2G_1E_i \tag{11-6}$$

式中，矩阵相乘的次序不能颠倒。

矩阵方法是表示偏振光和研究偏振光变换的有效方法，通常涉及的问题有三类：①求偏振光的归一化琼斯矢量；②求偏振器件的琼斯矩阵；③求经偏振器件变换后的出射光及其偏振性质。

8. 偏振光的变换和判断

利用偏振器件可以产生偏振光、变换偏振光，并能分析和判断偏振光的性质。用来产生、变换或判断偏振光性质的偏振器件主要有起偏器、检偏器和波片（性质见表 11-3），应很好地掌握它们的性质。

偏振光产生及变换的一般方法见表 11-6。除表中内容以外，还应注意以下两种情况的变换：一是线偏光自身的变换，如改变线偏光的光振动方向，可采用的基本方法有：使用偏振片；使用 1/2 波片或利用晶体的旋光特性。二是圆（椭圆）偏光旋向的改变，可以通过 1/2 波片实现。偏振光性质的分析判断方法见表 11-7。

表 11-6　偏振光的产生及变换

变换前＼变换后	线偏光	圆偏振光	椭圆偏振光
自然光	通过起偏器	先通过一个起偏器，再通过一个快（慢）轴与起偏器透光轴成±45°的 1/4 波片	先通过一个起偏器，再通过一个 1/4 波片，波片的快（慢）轴与起偏器透光轴夹角不为 0°或±45°
线偏光	—	通过一个快（慢）轴与线偏光振动方向成±45°的 1/4 波片	通过一个快（慢）轴与线偏光振动方向不为 0°或±45°的 1/4 波片
圆偏振光	通过一个 1/4 波片	—	先通过一个 1/4 波片，变为线偏光，再通过一个 1/4 波片，两个波片的快（慢）轴夹角不为±45°或 0°
椭圆偏振光	通过一个 1/4 波片，该波片的快（慢）轴应与椭圆偏振光的长轴或短轴方向一致	先后通过两个 1/4 波片，第一个 1/4 波片的快（慢）轴应与椭圆偏振光的长轴或短轴方向一致，第二个 1/4 波片的快（慢）轴应与从第一个 1/4 波片出射的线偏光光矢量方向成±45°	—

表 11-7　偏振光性质的分析判断

<table>
<tr><td colspan="3">A. 检偏器旋转时，无任何光强变化</td></tr>
<tr><td colspan="3">在检偏器前加一 1/4 波片，再旋转检偏器</td></tr>
<tr><td>无任何光强变化</td><td colspan="2">有光强变化</td></tr>
<tr><td rowspan="2">入射光为自然光</td><td>能找到消光位置</td><td>不能找到消光位置</td></tr>
<tr><td>入射光为圆偏振光</td><td>入射光为部分圆偏振光</td></tr>
</table>

（续）

<table>
<tr><td colspan="4">B. 检偏器旋转时，有光强变化</td></tr>
<tr><td>能找到消光位置</td><td colspan="3">不能找到消光位置</td></tr>
<tr><td rowspan="4">入射光为线偏振光</td><td colspan="3">在检偏器前加一 1/4 波片，使波片光轴与最大光强位置平行，再旋转检偏器</td></tr>
<tr><td>有消光位置</td><td colspan="2">无消光位置。比较加入波片前后的最大光强</td></tr>
<tr><td rowspan="2">入射光为椭圆偏振光</td><td>无变化</td><td>有变化</td></tr>
<tr><td>入射光为部分线偏振光</td><td>入射光为部分椭圆偏振光</td></tr>
</table>

9. 偏振光的干涉

通过图 11-6 的装置可以实现偏振光的干涉。自然光经过起偏器后的线偏振光入射到波片上，可依波片的快、慢轴分解为两个频率相同、振动方向垂直、位相差为 0 的光矢量，从波片出射后，这两个光矢量获得了一定的位相差 θ（$\theta=\frac{2\pi}{\lambda}|n_o-n_e|d$），再经过检偏器，两光矢量沿检偏器透光轴的投影分量振动方向相同，即可产生干涉。设波片的快、慢轴分别在 x 轴和 y 轴方向，起偏器和检偏器的透光轴方向分别与 x 轴成 α、β 角，其干涉强度为

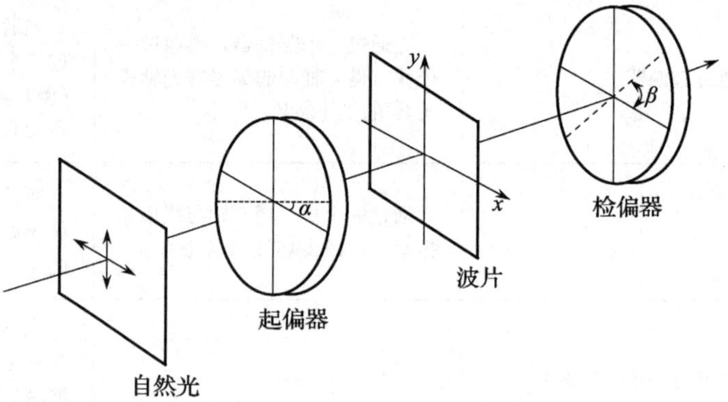

图 11-6　偏振光干涉装置

$$I=a^2\cos^2(\alpha-\beta)-a^2\sin 2\alpha\sin 2\beta\sin^2\left(\frac{\pi}{\lambda}|n_o-n_e|d\right) \tag{11-7}$$

式中，a 为透过起偏器后线偏振光的振幅。

式（11-7）中第一项与波片性质无关，仅取决于起偏器和检偏器的相对方位，形成干涉场的背景光强；第二项表明干涉强度与偏振器相对于波片快、慢轴的方位有关，而且还与波片的相位延迟大小有关。

当起偏器和检偏器的透光轴相互垂直，即 $\beta=\alpha+\frac{\pi}{2}$时，其干涉强度为

$$I_{\perp}=a^2\sin^2 2\alpha\sin^2\left(\frac{\pi}{\lambda}|n_o-n_e|d\right)=a^2\sin^2 2\alpha\sin^2\frac{\delta}{2} \tag{11-8}$$

由上式可知：当 $\delta=2m\pi$（$m=1$，$2\cdots$），即波片为全波片时，$I_{\perp}=0$，即不论 α 为何值，光强均为 0。当 $\delta\neq 2m\pi$($m=1$，$2\cdots$）且为定值时，若 $\alpha=0$，$\frac{\pi}{2}$，π，$\frac{3\pi}{2}\cdots$，即 $\alpha=\frac{m\pi}{2}$（m

为整数），$I_{\perp}=0$。表明若绕 z 轴转动波片一周，可看到 4 次发光强度为 0 的情况。当 $\alpha=\frac{\pi}{4}$，$\frac{3\pi}{4}$，$\frac{5\pi}{4}$，$\frac{7\pi}{4}\cdots$，即 $\alpha=\frac{(2m+1)\pi}{4}$（$m$ 为整数）时，$I_{\perp}=a^2\sin^2\frac{\delta}{2}$，光强有极大值，表明若绕 z 轴转动波片一周，可看到 4 次光强为极大值的情况。

当起偏器和检偏器的透光轴相互平行，即 $\beta=\alpha$ 时，其干涉强度为

$$I_{//}=a^2\left(1-\sin^2 2\alpha\sin^2\frac{\delta}{2}\right) \tag{11-9}$$

显然，光强极小、极大条件与垂直偏振器系统时互补。

10. 旋光和旋光效应

当入射平行线偏振光在晶体内沿晶体的光轴方向传播时，线偏振光的光矢量随传播距离逐渐转动，这种现象被称为晶体的旋光现象。具有这种性质的物质称为旋光物质。实验表明，线偏振光通过旋光物质，光矢量的旋转角度 θ 与通过物质的距离 l 成正比，即

$$\theta=\alpha l \tag{11-10}$$

式中，α 为该物质中 1mm 长度上光矢量旋转的角度，称为旋光系数。

三、例题分析

例 11-1 一束自然光以30°角入射到玻璃和空气界面，玻璃的折射率 $n=1.54$，试计算：(1) 反射光的偏振度；(2) 玻璃空气界面的布儒斯特角；(3) 以布儒斯特角入射时透射光的偏振度。

【提示】 本题知识点：菲涅耳公式、布儒斯特定律和偏振度的概念。

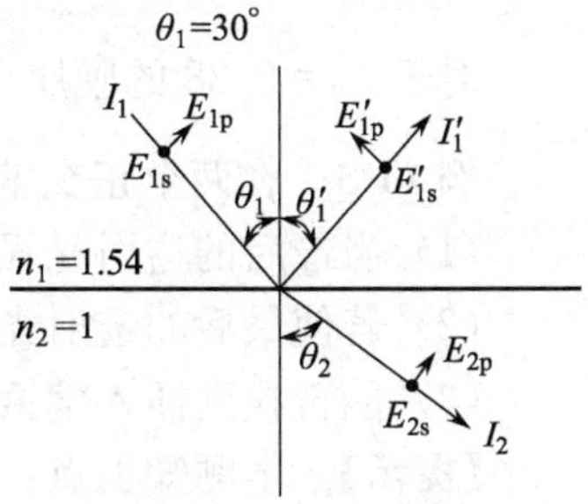

图 11-7 例 11-1 图

【解】 (1) 如图 11-7 所示，因为 $n_1\sin\theta_1=n_2\sin\theta_2$

所以 $\theta_2=\arcsin(1.54\sin 30°)=\arcsin 0.77=50.35°$

由菲涅耳公式得

$$r_s=\frac{A'_{1s}}{A_{1s}}=-\frac{\sin(\theta_1-\theta_2)}{\sin(\theta_1+\theta_2)}=\frac{0.3478}{0.9858}=0.3528,\quad r_p=\frac{A'_{1p}}{A_{1p}}=\frac{\tan(\theta_1-\theta_2)}{\tan(\theta_1+\theta_2)}=-\frac{0.3709}{5.8811}=-0.0631$$

设入射光强为 $I_1=I_{1s}+I_{1p}$，$I_{1s}=I_{1p}$

所以 $I'_{1s}=\left(\frac{A'_{1s}}{A_{1s}}\right)^2 I_{1s}=0.1245I_{1s}=0.0622I_1$，$I'_{1p}=\left(\frac{A'_{1p}}{A_{1p}}\right)^2 I_{1p}=3.9816\times10^{-3}I_{1p}=1.991\times10^{-3}I_1$

$$P=\frac{I'_{1s}-I'_{1p}}{I'_{1s}+I'_{1p}}=\frac{0.060209}{0.064191}\approx 94\%$$

(2) $\tan\theta_p=\frac{1}{1.54}$ 所以 $\theta_p=32.9977°\approx33°$

(3) 当 $\theta_1=\theta_p=33°$时，$\theta_2=\arcsin(1.54\sin 33°)=57°$，代入菲涅耳公式得

$$t_s=\frac{2\cos\theta_1\sin\theta_2}{\sin(\theta_1+\theta_2)}=1.4067,\quad t_p=\frac{2\sin\theta_2\cos\theta_1}{\sin(\theta_1+\theta_2)\cos(\theta_1-\theta_2)}=1.5399$$

$$P=\frac{I_{\max}-I_{\min}}{I_{\max}+I_{\min}}=\frac{1.54^2-1.41^2}{1.54^2+1.41^2}\approx 9\%$$

例 11-2　选用折射率为 2.38 的硫化锌和折射率为 1.38 的氟化镁作镀膜材料，制作用于氦氖激光（$\lambda=632.8\text{nm}$）的偏振分光镜。试问：分光镜的折射率应为多少？膜层的厚度应为多少？

【提示】　本题知识点：布儒斯特定律和偏振分光镜工作原理。

【解】　（1）由 $\tan\theta_p=\frac{n_2}{n_1}$，得 $\theta_p=\arctan\left(\frac{1.38}{2.38}\right)=30.1°$，代入

$n_3\sin 45°=n_1\sin\theta_p$，得　$n_3=\frac{2.38\sin 30.1°}{\sin 45°}=1.69$

（2）膜层厚度应满足干涉加强条件，即　$\Delta=2nh\cos\theta_2+\frac{\lambda}{2}=m\lambda$（$m$ 为整数）

对于 $n_2=1.38$ 的膜层，有 $n_1\sin\theta_p=n_2\sin\theta_2$，代入数值得 $\theta_2=59.87°$

故 $h_2=\frac{\frac{1}{2}\lambda}{2n_2\cos\theta_2}=\frac{0.5\times 632.8}{2\times 1.38\cos 59.87°}\text{nm}=228.4\text{nm}$

对于 $n_1=2.38$ 的膜层，$h_1=\frac{\frac{1}{2}\lambda}{2n_1\cos\theta_p}=\frac{632.8\times\frac{1}{2}}{2\times 2.38\times\cos 30.1°}\text{nm}=76.8\text{nm}$

例 11-3　在两个正交偏振器之间插入第三个偏振片，入射光为自然光，求：
（1）当最后的透射光强为入射光强的 1/8 时，第三个偏振片的方位如何？
（2）若使最后的透射光强为 0，插入的偏振片如何放置？
（3）能否找到插入偏振片的合适位置，使最后的透射光强为入射光强的 1/2？

【提示】　本题知识点：马吕斯定律。

【解】　如图 11-8 所示，设第三个偏振器 P_3 与第一个偏振器 P_1 之间的夹角为 θ（$0°\leqslant\theta<180°$），入射光强为 I，则最后的出射光强为

$$I'=\left(\frac{1}{2}I\right)\cos^2\theta\cos^2(90°-\theta)=\frac{I}{8}\sin^2 2\theta$$

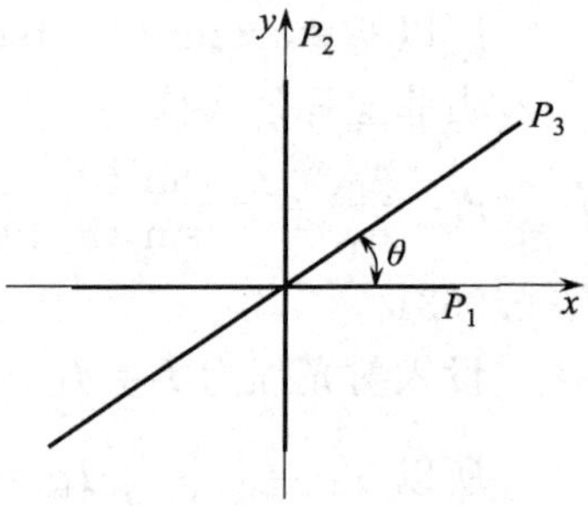

图 11-8　例 11-3 图

（1）当 $I'=\frac{1}{8}I$ 时，解得 $\theta=45°$ 或 $\theta=135°$。

（2）当 $I'=0$ 时，解得 $\theta=0°$ 或 $\theta=90°$（即 P_3 分别与 P_1 或 P_2 的透光轴方向一致）。

（3）当 $I'=\frac{1}{2}I$ 时，解得$\sin^2 2\theta=4$，无解，故不能找到使最后透射光强等于入射光强 1/2 的位置。

例 11-4　电器石对 o 光的吸收系数为 3.6cm^{-1}，对 e 光的吸收系数为 0.8cm^{-1}，将它做成偏振片。当自然光入射时若要得到偏振度为 98%的透射比，问偏振片需要做成多厚？

【提示】　本题知识点：朗伯定律（参照表 8-3）和起偏方法。

【解】　入射自然光进入偏振片，o 光与 e 光强度相等，设其值为 I

根据朗伯定律，o 光出射光强 $I_o = Ie^{-3.6d}$，e 光出射光强 $I_e = Ie^{-0.8d}$。

又 $P = \dfrac{I_e - I_o}{I_e + I_o} = \dfrac{e^{-0.8d} - e^{-3.6d}}{e^{-0.8d} + e^{-3.6d}} = 0.98$

整理得　$0.02e^{-0.8d} = 1.98e^{-3.6d}$，求解得　$d = 1.64\text{cm}$

例 11-5　一棱镜由一个负晶体直角棱镜（光轴垂直图面）和一个玻璃直角棱镜（折射率为 n）组成，如图 11-9a 所示。试就下列几种情形讨论垂直棱镜入射的自然光经棱镜后双折射光线的传播方向：

（1）$n = n_o$

（2）$n = n_e$

（3）$n > n_o$

（4）$n_o > n > n_e$

【提示】　本题知识点：晶体的性质和折射定律。玻璃为各向同性介质，不发生双折射。

【解】　各情况下的传播方向如图 11-9b 所示。

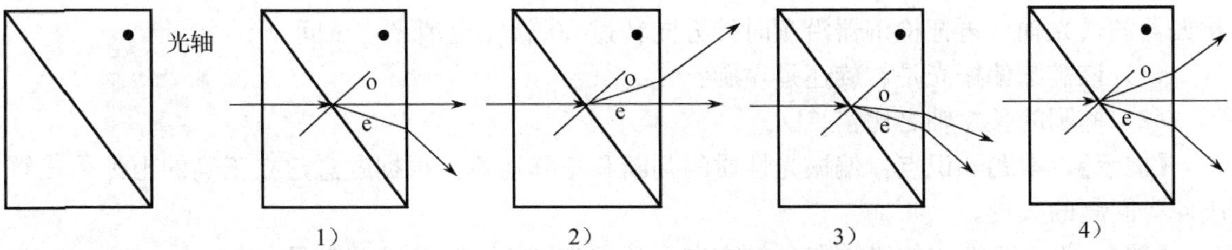

a) 例11-5图　　b) 例11-5解图

图　11-9

例 11-6　若想使一束线偏振光的振动方向旋转90°，可以采用什么方法？简单说明理由。

【提示】　本题知识点：偏振光的变换。

【解】　有三种方法。

（1）用两个偏振片 P_1、P_2，使线偏光通过 P_1 后旋转 θ_1 角，通过 P_2 后旋转 θ_2 角，使 $\theta_1 + \theta_2 = 90°$。

（2）使线偏振光通过一个光轴方向与入射光振动方向成 $\theta = 45°$ 的半波片。因为线偏振光通过半波片后，其出射光光矢量将转过 $2\theta = 90°$。

（3）用厚度为 d 的旋光片，使线偏振光光矢量转过的角度为 $\theta = \alpha d = 90°$。

例 11-7　一束线偏振的黄光（$\lambda = 589.3\text{nm}$）垂直经过一块厚度为 $1.618 \times 10^{-2}\text{mm}$ 的石英晶片，折射率为 $n_o = 1.54428$，$n_e = 1.55335$，试求以下三种情况时出射光的偏振态：

（1）入射光的振动方向与晶片光轴成45°。

（2）入射光的振动方向与晶片光轴成−45°。

（3）入射光的振动方向与晶片光轴成30°。

【提示】　本题知识点：偏振光的琼斯矢量表示和矩阵运算。本题的关键是根据晶体的性质，由已知光轴方向推出快、慢轴方向，从而确定波片的矩阵表示式。

【解】 因石英为正晶体，则其慢轴方向与光轴方向一致，以晶片光轴（慢轴）为 x 轴建立坐标系，则快轴与 y 轴重合。晶片的位相延迟

$$\delta=\frac{2\pi}{\lambda}|n_o-n_e|d=\frac{2\pi}{589.3}|1.54428-1.55335|\times1.618\times10^{-2}\times10^{6}\approx\frac{\pi}{2}$$

则该晶片为$\frac{\lambda}{4}$波片，其琼斯矩阵为$\begin{bmatrix}1&0\\0&-\mathrm{i}\end{bmatrix}$

（1）$\boldsymbol{E}_\lambda=\frac{1}{\sqrt{2}}\begin{bmatrix}1\\1\end{bmatrix},\boldsymbol{E}_{出}=\frac{1}{\sqrt{2}}\begin{bmatrix}1&0\\0&-\mathrm{i}\end{bmatrix}\begin{bmatrix}1\\1\end{bmatrix}=\frac{1}{\sqrt{2}}\begin{bmatrix}1\\-\mathrm{i}\end{bmatrix}$,是右旋圆偏振光。

（2）$\boldsymbol{E}_\lambda=\frac{1}{\sqrt{2}}\begin{bmatrix}1\\-1\end{bmatrix},\boldsymbol{E}_{出}=\frac{1}{\sqrt{2}}\begin{bmatrix}1&0\\0&-\mathrm{i}\end{bmatrix}\begin{bmatrix}1\\-1\end{bmatrix}=\frac{1}{\sqrt{2}}\begin{bmatrix}1\\\mathrm{i}\end{bmatrix}$,是左旋圆偏振光。

（3）$\boldsymbol{E}_\lambda=\begin{bmatrix}\cos30^\circ\\\sin30^\circ\end{bmatrix}=\frac{1}{2}\begin{bmatrix}\sqrt{3}\\1\end{bmatrix},\boldsymbol{E}_{出}=\frac{1}{2}\begin{bmatrix}1&0\\0&-\mathrm{i}\end{bmatrix}\begin{bmatrix}\sqrt{3}\\1\end{bmatrix}=\frac{1}{2}\begin{bmatrix}\sqrt{3}\\-\mathrm{i}\end{bmatrix}$，是右旋椭圆偏振光。

例 11-8 通过检偏器观察一束椭圆偏振光，其强度随着检偏器的旋转而改变。当检偏器在某一位置时，强度为极小，此时在检偏器前插一块 $\lambda/4$ 片，转动 $\lambda/4$ 片使它的快轴平行于检偏器的透光轴，再把检偏器沿顺时针方向转过 20°就完全消光。试问：

（1）该椭圆偏振光是右旋还是左旋?

（2）椭圆的长短轴之比?

【提示】 本题知识点：偏振光性质的判断和矩阵运算。根据题意建立正确的坐标系是解决此类问题的关键。

【解】 设 $\lambda/4$ 波片的快轴在 x 轴方向，建立如图 11-10 所示坐标系。

根据题意知：椭圆偏振光的短轴在 x 轴上。

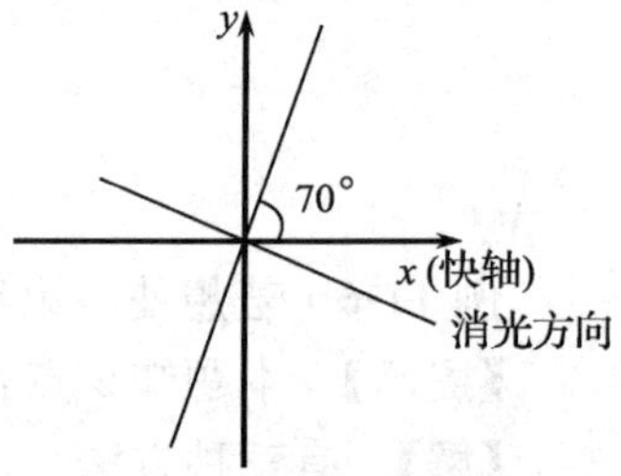

图 11-10 例 11-8 图

设 $\boldsymbol{E}_\lambda=\begin{bmatrix}A_1\\A_2\mathrm{e}^{\mathrm{i}\delta}\end{bmatrix}$

快轴在 x 方向上 $\lambda/4$ 波片的琼斯矩阵 $\boldsymbol{G}=\begin{bmatrix}1&0\\0&\mathrm{i}\end{bmatrix}$

$$\boldsymbol{E}_{出}=\boldsymbol{G}\boldsymbol{E}_\lambda=\begin{bmatrix}1&0\\0&\mathrm{i}\end{bmatrix}\begin{bmatrix}A_1\\A_2\mathrm{e}^{\mathrm{i}\delta}\end{bmatrix}=\begin{bmatrix}A_1\\A_2\mathrm{e}^{\mathrm{i}(\delta+\frac{\pi}{2})}\end{bmatrix}$$

$\boldsymbol{E}_{出}$ 向检偏器的投影为 $A_1\cos20^\circ-A_2\mathrm{e}^{\mathrm{i}(\delta+\frac{\pi}{2})}\cos70^\circ=0$

解得 $\delta=-\frac{\pi}{2},\frac{A_2}{A_1}=\frac{\cos20^\circ}{\cos70^\circ}=2.747$

因此椭圆偏振光为右旋，长短轴之比为 2.747。

例 11-9 为测定波片的相位延迟角 δ，采用图 11-11a 所示的实验装置：使一束自然光相继通过起偏器、待测波片、$\lambda/4$ 片和检偏器。当起偏器的透光轴和 $\lambda/4$ 片的快轴设为 x 轴，待测波片的快轴与 x 轴成 45°角时，从 $\lambda/4$ 片透出的是线偏振光，用检偏器确定它的振动方向便可得到待测波片的相位延迟角。试用琼斯计算法说明这一测量原理。

【提示】 本题知识点：波片性质的检测。

【解】 依题意画出图 11-11b 所示坐标系。

自然光经起偏器后 $\boldsymbol{E}_1=\begin{bmatrix}1\\0\end{bmatrix}$

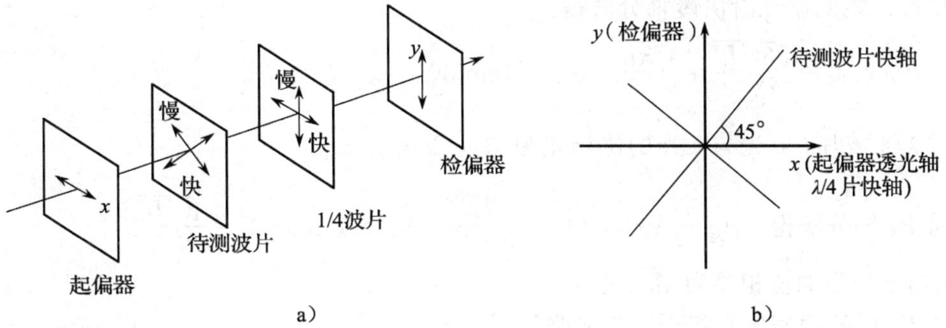

图 11-11　例 11-9 图

待测波片琼斯矩阵

$$G_1=\cos\frac{\delta}{2}\begin{bmatrix}1 & -\mathrm{i}\tan\frac{\delta}{2}\\ -\mathrm{i}\tan\frac{\delta}{2} & 1\end{bmatrix}$$

$\lambda/4$ 片的琼斯矩阵 $G_2=\begin{bmatrix}1 & 0\\ 0 & \mathrm{i}\end{bmatrix}$

出射光应为与 x 轴夹角为 θ 的线偏振光，其琼斯矩阵为 $E_2=\begin{bmatrix}\cos\theta\\ \sin\theta\end{bmatrix}$

由关系式 $E_2=G_2G_1E_1$ 得

$$\begin{bmatrix}\cos\theta\\ \sin\theta\end{bmatrix}=\begin{bmatrix}1 & 0\\ 0 & \mathrm{i}\end{bmatrix}\cos\frac{\delta}{2}\begin{bmatrix}1 & -\mathrm{i}\tan\frac{\delta}{2}\\ -\mathrm{i}\tan\frac{\delta}{2} & 1\end{bmatrix}\begin{bmatrix}1\\ 0\end{bmatrix}=\begin{bmatrix}\cos\frac{\delta}{2}\\ \sin\frac{\delta}{2}\end{bmatrix}$$

$$\text{即}\begin{cases}\cos\theta=\cos\dfrac{\delta}{2}\\ \sin\theta=\sin\dfrac{\delta}{2}\end{cases},\qquad \theta=\frac{\delta}{2}$$

显然只要用检偏器测出出射线偏振光的振动方向，就可得待测波片的位相延迟角。

例 11-10　两块偏振片透光轴夹角为 60°，中间插入一块由方解石晶体制成的 $\lambda/4$ 片，波片光轴平分上述夹角，光强为 I_0 的自然光入射，求通过第二个偏振片后的光强。

【提示】　本题知识点：偏振光的干涉。建立坐标系进行逐次投影分析是解决该类问题的一般性方法。

【解】　建立如图 11-12 所示坐标系。设 P_1 透光轴为 x 轴方向。自然光经 P_1 成为振幅为 A 的线偏振光，$A=\sqrt{\dfrac{I_0}{2}}$。

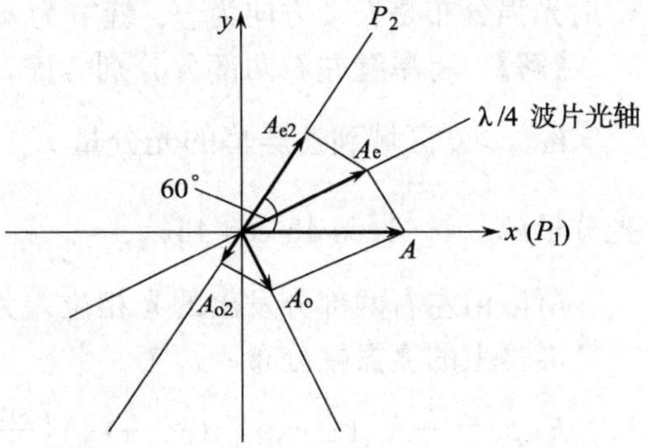

图 11-12　例 11-10 图

因方解石晶体为负晶体，其快轴方向与光

轴方向平行，线偏振光沿快慢轴分解得

$$A_e = A\cos 30° = \frac{\sqrt{3}}{2}\sqrt{\frac{I_0}{2}} = \sqrt{\frac{3I_0}{8}}，A_o = A\sin 30° = \frac{1}{2}\sqrt{\frac{I_0}{2}} = \sqrt{\frac{I_0}{8}}$$

经过 $\lambda/4$ 波片，o 光与 e 光的位相差为 $\delta_o = 2m\pi + \frac{\pi}{2}$

再向 P_2 轴分解得　$A_{e2} = A_e\cos 30° = \frac{3}{4}\sqrt{\frac{I_0}{2}}$，$A_{o2} = A_o\cos 60° = \frac{1}{4}\sqrt{\frac{I_0}{2}}$

o 光与 e 光附加位相差为 $\delta_1 = \pi$

透过 P_2 后的两偏振光相干，其光强为

$$I = I_1 + I_2 + 2\sqrt{I_1 I_2}\cos\delta = I_1 + I_2 + 2\sqrt{I_1 I_2}\cos\frac{3\pi}{2} = \left(\frac{3}{4}\sqrt{\frac{I_0}{2}}\right)^2 + \left(\frac{1}{4}\sqrt{\frac{I_0}{2}}\right)^2 = \frac{5}{16}I_0$$

例 11-11 *　如图 11-13a 所示的单缝夫琅和费衍射装置，波长为 λ，沿 x 方向振动的线偏振光垂直入射于缝宽为 a 的单缝平面上，单缝后和远处屏幕前各覆盖着偏振片 P_1 和 P_2，缝面上 $x>0$ 区域内 P_1 的透光轴与 x 轴成45°，$x<0$ 区域内 P_1 的透光轴与 x 轴成−45°，而 P_2 的透光轴方向沿 y 轴（y 轴垂直于 xz 平面），求屏幕上的衍射光强分布。

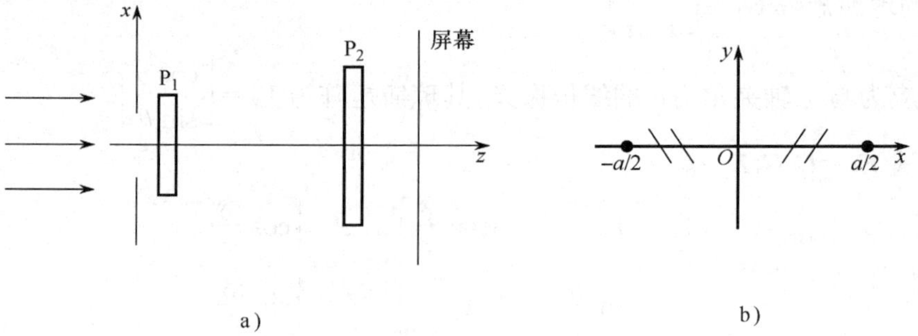

图 11-13　例 11-11 图

【提示】 本题知识点：偏振光的干涉和双缝衍射。沿 x 方向振动的线偏振光入射到偏振片 P_1 上，只有与其透光轴方向一致的振动分量能够通过（在 $x>0$ 区域和 $x<0$ 区域光束的振动方向不同），这两束光又可分解为沿 x 和 y 轴方向振动的分量。因 P_2 的透光轴方向沿 y 轴，故只有沿 y 轴方向振动的分量可以通过 P_2，并在屏幕上相互干涉。实际上，屏幕上的衍射光强分布是振动方向为 y、缝宽为 $a/2$ 的双缝衍射的结果。

【解】 将单缝左右两部分分别考虑，如图 11-13b 所示，设入射波复振幅为 A。

经 $x>0$ 区域到达屏幕的光分量 $E_{1y} = A\cos 45°\cos 45° = \frac{1}{2}A$，经 $x<0$ 区域到达屏幕的光分量 $E_{2y} = -A\cos 45°\cos 45° = -\frac{1}{2}A$

所以由左右两部分发出的光相位差为 $\pm\pi$。

屏幕上的复振幅分布

$$E(p) = \frac{1}{2}A\{1 + \exp[i(\delta \pm \pi)]\}\left(\frac{\sin\alpha}{\alpha}\right) = \frac{1}{2}A(1 - \exp i\delta)\left(\frac{\sin\alpha}{\alpha}\right)$$

式中，$\alpha = \frac{\pi}{\lambda}\frac{a}{2}\sin\theta$，$\delta = \frac{2\pi}{\lambda}\frac{a}{2}\sin\theta = \frac{\pi}{\lambda}a\sin\theta = 2\alpha$，　整理得

$$E(p)=\frac{1}{2}A\exp\left(\mathrm{i}\frac{\delta}{2}\right)\left[\exp\left(-\mathrm{i}\frac{\delta}{2}\right)-\exp\left(\mathrm{i}\frac{\delta}{2}\right)\right]\left(\frac{\sin\alpha}{\alpha}\right)=-A\mathrm{i}\sin\frac{\delta}{2}\exp\left(\mathrm{i}\frac{\delta}{2}\right)\left(\frac{\sin\alpha}{\alpha}\right)$$

光强分布 $I(p)=A^2\left(\frac{\sin\alpha}{\alpha}\right)^2\left(\sin\frac{\delta}{2}\right)^2=I_0\left(\frac{\sin\alpha}{\alpha}\right)^2(\sin\alpha)^2$

屏幕上的衍射光强分布为 $I(p)=I_0\left(\frac{\sin\alpha}{\alpha}\right)^2(\sin\alpha)^2$，与双缝衍射公式 $I(p)=I_0\left(\frac{\sin\alpha}{\alpha}\right)^2\left(2\cos\frac{\delta}{2}\right)^2$ 相比较可知：这样形成的条纹与双缝衍射条纹互补。

例 11-12＊ 如图 11-14 所示为杨氏干涉装置，以单色自然光照射小孔 S 时，屏幕Σ上出现杨氏干涉条纹。

（1）如果 S 后放置一偏振片 P，干涉条纹是否发生变化，有何变化？

（2）如果在 S_1、S_2 之后再各放置一偏振片 P_1、P_2，它们的偏振方向相互垂直，并都与 P 的偏振方向成 45°，屏幕Σ上的强度分布如何？

（3）在Σ前再放置一偏振片 P′，其偏振方向与 P 平行，试比较，在这种情况下观察到的干涉条纹与 P_1、P_2 和 P′都不存在时的干涉条纹有何不同？

（4）同（3），如果 P 旋转 90°，屏幕上干涉条纹有何变化？

（5）同（3），如果撤去 P，屏幕上是否有干涉条纹？

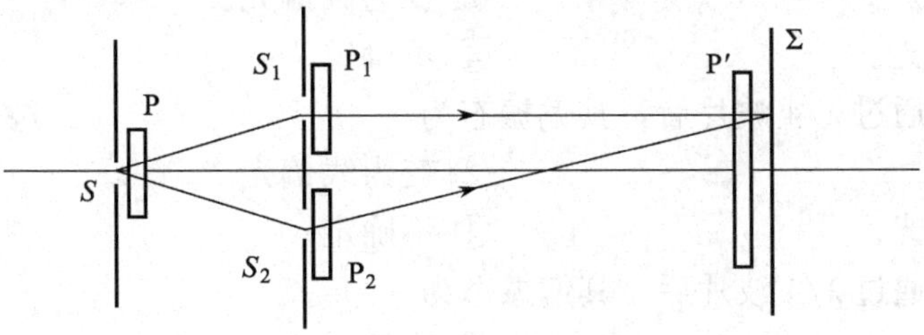

图 11-14 例 11-12 图

【提示】 本题知识点：偏振光的干涉和相干条件。

【解】 （1）干涉条纹的形状、间距、反衬度均不发生变化。设不加 P 时，从 S_1、S_2 出射的最大光强是 I_0，则屏幕Σ上干涉极大的最大光强 $4I_0$；加入 P 以后，从 S_1、S_2 出射的最大光强是 $I_0/2$，屏幕Σ上干涉极大的最大光强 $2I_0$，为不加 P 时的一半。干涉极小处的光强不变，都是零。

（2）从 P 出射的线偏振光经 P_1、P_2 后变成振动方向相互垂直的线偏振光，不满足相干条件，因此屏幕上得不到干涉条纹，而是一片均匀照明，其强度是两束线偏振光的非相干叠加。

（3）由于 P′的存在，将从 P_1、P_2 出射的振动方向相互垂直的线偏振光投影到其透光轴方向，能够出现干涉条纹。条纹的形状、间距、反衬度均与 P_1、P_2，P′都不存在时相同，但亮度下降。此时从 P_1、P_2 出射的最大光强是 $(I_0/2)\cos^2 45°=I_0/4$，其中能够发生干涉的分量（平行于 P′的透光轴方向）为 $(I_0/4)\cos^2 45°=I_0/8$，则屏幕Σ上干涉极大的最大光强 $I_0/2$。

（4）由于在 P′透光轴上投影时产生了 π 的附加位相差，因此形成与（3）互补的条纹。

（5）去掉偏振片 P 后，从 P_1、P_2 出射的两个振动方向相互垂直的线偏振光不再具有稳定的相位关系，即使通过 P′可将它们投影成相同的振动方向，但也不能满足干涉条件。因此屏幕上没有干涉条纹，只有 S_1、S_2 各自单缝衍射的非相干叠加结果。屏幕中央每个缝产生的光强为$(I_0/2)\cos^2 45°=I_0/4$，总光强为$\frac{I_0}{4}+\frac{I_0}{4}=\frac{I_0}{2}$，两侧强度逐渐减小。

四、自测练习

（一）多重选择（答案可能不止1个）

1. 在以下4种情况中为部分偏振光的是

① 经玻璃窗反射的太阳光。　② 迎着入射方向观察天空的散射光。

③ 白云散射的光。　④ 月光。

2. 在白纸上画一个黑点，上面放一块冰洲石观察其像，

① 一定能够看到两个淡灰色的点像。

② 若能够看到两个淡灰色的点像，则其中一个像的位置比实际物体要上浮一些。

③ 在看到两个点像的情况下，在纸面上旋转冰洲石，则总是位置靠上的那个像点跟着一起旋转。

④ 在看到两个点像的情况下，在纸面上旋转冰洲石，则由e光折射引起的那个像点会跟着一起旋转。

3. 一线偏振光通过$\lambda/4$波片后，其偏振态为

① 仍为线偏光。　② 变为圆偏光。

③ 变为椭圆偏光。　④ 不确定。

4. 一圆偏振光通过$\lambda/4$波片后，其偏振态为

① 仍为圆偏光。　② 变为线偏光。

③ 变为椭圆偏光。　④ 不确定。

5. 一束自然光通过$\lambda/4$波片后，其偏振态为

① 圆偏光。　② 线偏光。

③ 椭圆偏光。　④ 自然光。

6. 一线偏振光通过$\lambda/2$波片后，其偏振态为

① 仍为线偏光。　② 变为圆偏光。

③ 变为椭圆偏光。　④ 不确定。

7. 在波片中

① 快轴方向始终与光轴方向平行。　② 快轴方向始终与光轴方向垂直。

③ 快轴方向始终平行于波片表面。　④ 快轴方向始终垂直于光波的波矢方向。

8. 在波片中

① 快轴是指传播速度较快的o光或e光的传播方向。

② 快轴是指传播速度较快的o光或e光的振动方向。

③ 快轴是指传播速度较快的o光或e光的光矢量方向。

④ 快轴是指波片的光轴方向。

9. 用负单轴晶体制成的波片，其快轴

① 平行于光轴。　② 垂直于光轴。

③ 平行于波片表面。　④ 垂直于入射平面。

10. 用正单轴晶体制成的波片，其快轴

① 平行于光轴。 ② 垂直于光轴。

③ 平行于波片表面。 ④ 垂直于入射平面。

11. 可以用矩阵形式表示的光有

① 自然光。 ② 偏振光。

③ 部分偏振光。 ④ 所有的光。

12. 若一束波长为 λ 的光通过其 1/4 波片，出射光为线偏振光，则说明入射光为

① 线偏光。 ② 圆偏光。

③ 椭圆偏光。 ④ 不确定。

13. 某同学为检验自然光、圆偏振光、部分圆偏振光，在检偏器前放置一个 1/4 波片，当旋转检偏器一周时，看到光强为两亮两黑，则说明入射光为

① 自然光。 ② 圆偏振光。

③ 部分圆偏振光。 ④ 不能确定。

14. 当以布儒斯特角 θ_B 入射时，

① 反射波的 s 分量为零。 ② 折射波的 s 分量为零。

③ 反射波的 p 分量为零。 ④ 折射波的 p 分量为零。

15. 自然光透射到两片相叠的偏振片上（设偏振片是理想的），当透射光强为入射自然光强的 1/4 时，两块偏振片的透光轴夹角为

① 30° ② 45°

③ 60° ④ 36.55°

（二）填空

1. 从自然光中获得偏振光的方法有：（　　　　）、（　　　　）、（　　　　）和双折射方法。

2. 电气石能获得线偏振光是利用电气石对 o 光和 e 光的（　　　　）作用不同，这种现象称为晶体的（　　　　）。

3. 波片快轴的定义：（　　　　）。

4. 晶体的旋光现象是（　　　　），其规律是（　　　　）。

5. 渥拉斯顿棱镜的作用是（　　　　），要使它获得较好的作用效果，应选用（　　　　）的材料制作。

6. 从尼科尔镜出射的非寻常光，入射到各向同性的均匀介质中，是否遵从折射定律（　　　　）。

7. 在方解石晶体波片中，晶体的光轴与入射表面相互（　　　　），与晶体的快轴相互（　　　　），与晶体的慢轴相互（　　　　）。

8. 偏振度的定义是（　　　　），其取值范围是（　　　　），椭圆偏振光的偏振度为（　　　　）。

9. 若圆偏光中电矢量的大小为 A，它的光强是（　　　　）；当该圆偏光经过一个偏振片后，它的光强变为（　　　　）。

10. 设 1/2 波片的快轴在 x 轴方向，入射线偏光的光矢量与快轴成45°，则出射光矢量的方向为（　　　　）。

11. 设 1/4 波片的快轴在 x 轴方向，入射线偏光的光矢量与快轴成45°，则出射光的性

质为（　　　　），其旋向为（　　　　）。

12. 自然光通过两个方向相交成60°的偏振片，透射光强为 I_1，今在这两个偏振片之间再加入另一个偏振片，它的方向与前两个偏振片均成30°，则透射光强为（　　　　）。

13. 自然光投射到互相重叠的两个偏振片上，如果透射光的强度是透射光最大强度的1/3，则这两个偏振片透光轴之间的夹角为（　　　　）。

14. 一束强度为 I 的平行自然光连续通过4片偏振片，它们的透光轴和 y 轴的夹角分别为0°、30°、60°和90°，则出射光强为（　　　　）。

15. 用石英晶片做一个对钠黄光 $\lambda=589.3\text{nm}$ 的1/4波片，晶片折射率为 $n_o=1.54424$，$n_e=1.55335$，则波片的最小厚度为（　　　　）。

16. 一束光由水（$n=4/3$）射到某种玻璃中，当入射角为50.82°时，反射光全偏振，则玻璃的折射率为（　　　　）。

17. 当一束自然光以布儒斯特角入射到两种媒介的分界面上时，就偏振态来说，反射光为（　　　　）光，其振动方向（　　　　）于入射面。

18. 将一石英晶片插入相互正交的两个偏振片之间，且其快轴与起偏器夹角为45°时，刚好使钠黄光 $\lambda=589.3\text{nm}$ 能够通过检偏器，晶片折射率为 $n_o=1.54424$，$n_e=1.55335$，则晶片的最小厚度为（　　　　）。

19. 对波长为589.3nm的钠黄光，石英的旋光率为21.7°/mm，若将石英晶片垂直光轴切割，置于两平行偏振器之间，问石英片厚度最少为（　　　　）时，无光通过偏振器2。

20. 光矢量与 y 轴成30°，振幅为5的线偏振光归一化琼斯矢量为（　　　　）。

（三）计算

1. 图11-15中并列放有两组偏振片，偏振片A透光轴沿铅直方向，偏振片B透光轴与铅直方向成45°。

（1）若沿铅垂方向振动的偏振光从左边入射，求输出光强 I。

（2）若该偏振光从右边入射，I 又为多少？（设入射光强为 I_0）

2. 经尼科尔棱镜观察部分偏振光，当尼科尔棱镜由对应于极大强度的位置转过60°时，光强减为一半，求光束的偏振度。

3. 用ADP（磷酸二氢铵 $NH_4H_2PO_4$）晶体制成50°顶角的棱镜，光轴与棱镜主截面垂直，如图11-16所示，$n_o=1.5246$，$n_e=1.4792$。求o光和e光的最小偏向角及其二者的差。

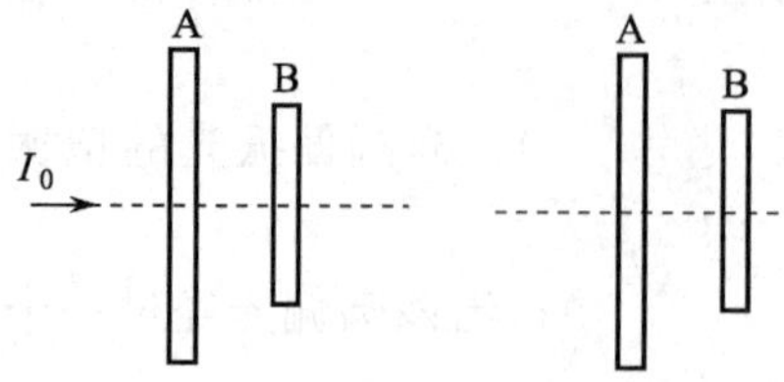

图11-15　计算题1图

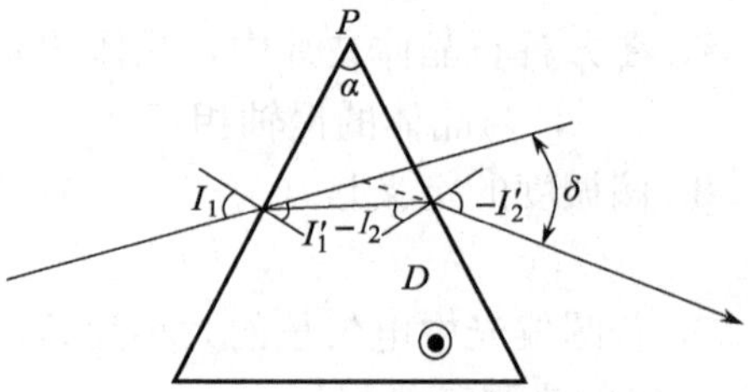

图11-16　计算题3图

4. 渥拉斯顿棱镜由方解石制成，光轴方向如图11-17所示。已知：寻常光折射率 $n_o=1.658$，非寻常光折射率 $n_e=1.486$，$\theta=15°$，试求出射两光束的分离角度。

5. 导出长、短轴之比为 2∶1，长轴沿 x 轴的右旋和左旋椭圆偏振光的琼斯矢量，并计算两个偏振光相加的结果。

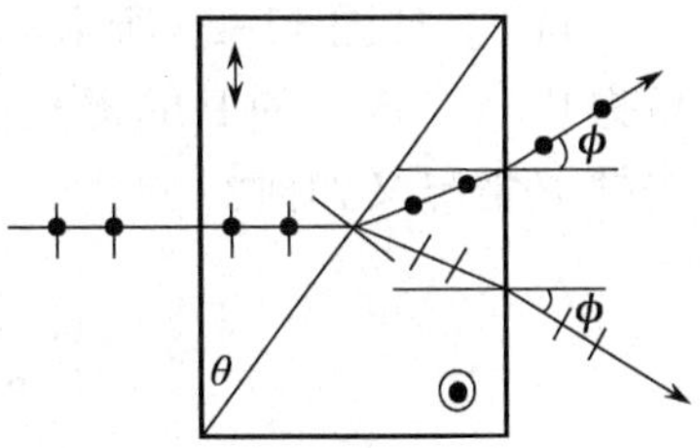

图 11-17 计算题 4 图

6. 在两个正交偏振器之间插入一块 $\lambda/2$ 波片，强度为 I_0 的单色光通过这一系统。如果将波片绕光的传播方向旋转一周，问：

(1) 将看到几个光强的极大和极小值？相应的波片方位及光强数值。

(2) 用 $\lambda/4$ 波片和全波片替代 $\lambda/2$ 片，结果又如何？

7. 一块厚 0.025mm 的方解石晶片，其光轴与表面平行，放置在两正交偏振片之间。从第一偏振片出来的线偏振光垂直入射到晶片上，振动方向与晶片的光轴方向夹 45°。求：

(1) 透过第二个偏振片的光在可见光谱（400～700nm）中缺少哪些波长？

(2) 若两偏振片的振动方向互相平行，则透射光中缺少哪些波长？假定双主折射率之差 $n_o-n_e=0.172$ 可看作常数。

8. 在两个正交偏振器之间放入相位延迟角为 δ 的波片，波片的光轴与起、检偏器的透光轴分别成 α，β 角。利用偏振光干涉的强度表达式证明：当旋转检偏器时，从系统输出的发光强度最大值对应的 β 角为 $\tan 2\beta=(\tan 2\alpha)\cos\delta$。

9. 巴比涅补偿器如图 11-18 所示，它由两块方解石晶体制成的光楔组成，两光楔的光轴彼此垂直。将巴比涅补偿器放在两正交线偏振器之间，且使补偿器光轴与线偏振器透光轴成 45°，让钠黄光（$\lambda=589.3$nm）通过这一系统。问：

(1) 将看到怎样的干涉条纹？

(2) 若补偿器两光楔的夹角 $\alpha=2°$，条纹间距是多少？

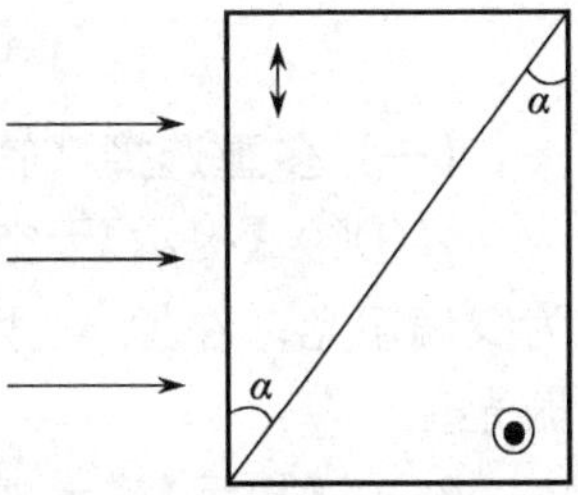

图 11-18 计算题 9 图

10. 由双折射晶片 C 和偏振片 P 交替放置的单色滤光器如图 11-19 所示，第一个和最后一个元件是偏振片，晶片的厚度以后者是前者两倍的关系相继递增。所有的晶体光轴都互相平行并与光的传播方向垂直，所有偏振片的透光轴均互相平行，但和晶体光轴成 45°。设滤光器共有 N 块晶体组成，试证明：滤光器总的光强透射比 τ 是 ϕ 的函数，即

$$\tau=\left(\frac{\sin 2^N\phi}{2^N\sin\phi}\right)^2,\phi=\frac{2\pi}{\lambda}\frac{(n_o-n_e)d}{2}$$

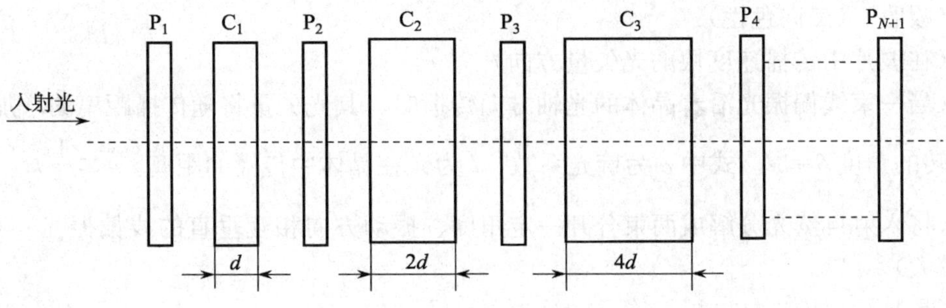

图 11-19 计算题 10 图

11*. 如图 11-20 所示，在杨氏双缝实验中，光源孔后放置偏振片 P，缝 S_1、S_2 后放置偏振片 P_1、P_2，使 P 的透光轴方向与 P_1 平行，与 P_2 成 θ 角。求屏上干涉条纹的可见度。若去掉 P 情况又如何？

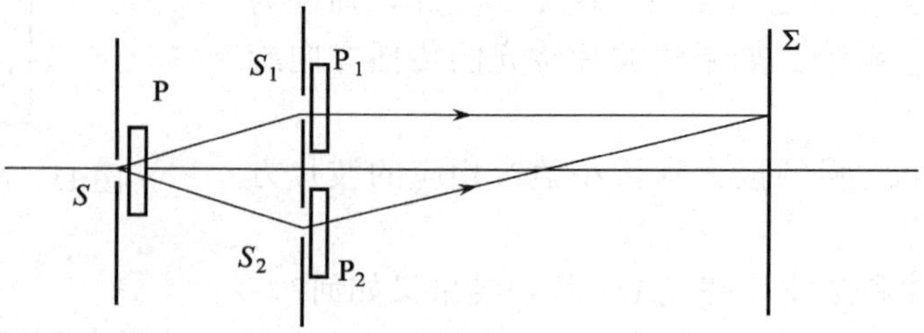

图 11-20 计算题 11 图

12. 一块表面垂直于光轴的水晶片恰好抵消 10cm 长浓度为 20% 的麦芽糖溶液对钠光偏振面所引起的旋转。对此波长水晶的旋光率 $\alpha=21.75°/\mathrm{mm}$，麦芽糖的旋光比率$[\alpha]=144°/\mathrm{dm}\ (\mathrm{g/cm^{-3}})$，求此水晶片的厚度。

参考答案及提示

（一）多重选择（答案可能不止 1 个）

1. ①③ 【提示】天空散射光的偏振态与观察方位有关：当散射光与入射光方向垂直时，为线偏振光；在原入射方向或其逆方向观察，散射光仍为自然光；其他情况时为部分偏振光。

2. ④ 【提示】需考虑冰洲石可能的光轴方向。如：光轴垂直或平行于其表面时，均不会产生双像；在能够产生双像的情况下，由于光轴倾斜方向不同，分别由 o 光、e 光引起的两像点间相对位置不同。

3. ④　4. ②　5. ④　6. ①　7. ③④　8. ②③

9. ①③　10. ②③④　11. ②　12. ④　13. ②　14. ③　15. ②

（二）填空

1. （反射和折射方法）（二向色性方法）（散射方法）

2. （吸收）（二向色性）

3. （在波片中传播速度快的光矢量方向）

4. （当一束线偏振光沿着晶体的光轴方向传播时，其光矢量将随传播距离的增加逐渐偏转）（偏转的角度 $\theta=\alpha l$。式中 α 为旋光系数，l 为光在晶体中传播的距离，$\alpha\propto\frac{1}{\lambda^2}$）

5. （将入射自然光分解成两束分开一定角度、振动方向相互垂直的线偏振光）（双折射率差值较大）

6. （是）

7. （平行）（平行）（垂直）

8. $\left(P=\frac{I_{max}-I_{min}}{I_{max}+I_{min}}\right)$ (0～1) (1)

9. ($2A^2$) (A^2) 【提示】振幅为 A 的圆偏光在坐标轴上的分量可表示为 $E_x=A$，$E_y=Ae^{\pm i\pi/2}$，其合成光强 $I=(E_x+E_y)(E_x+E_y)^*$

10. (−45°)

11. (圆偏光) (左旋)

12. ($2.25I_1$)

13. (54°45′)

14. $\left(\frac{27}{128}I\right)$

15. (16.2μm)

16. (1.636)

17. (线偏振) (垂直)

18. (32.34μm)

19. (4.15mm)

20. $\left(\frac{1}{2}\begin{bmatrix}1\\ \sqrt{3}\end{bmatrix}\right)$

(三) 计算

1. $I_0/2$；$I_0/4$

2. 50%

3. $\delta_o=30.22°$，$\delta_e=27.40°$，$\Delta\delta=2.82°$

4. 5.283°

5. $\boldsymbol{E}_R=\frac{1}{\sqrt{5}}\begin{bmatrix}2\\ -i\end{bmatrix}, E_L=\frac{1}{\sqrt{5}}\begin{bmatrix}2\\ i\end{bmatrix}$。合成波是光矢量沿 x 轴的线偏光。

6. 各 4 个，当 $\theta=0$，$\frac{\pi}{2}$，π，$\frac{3}{2}\pi$ 时，$I=0$；当 $\theta=\frac{\pi}{4}$，$\frac{3\pi}{4}$，$\frac{5\pi}{4}$，$\frac{7\pi}{4}$时，$I_{max}=\frac{1}{2}I_0$。$\lambda/4$ 波片时各 4 个；全波片时，旋转波片一周都不能得到光强输出。

7. 缺少 430nm、477.78nm、537.5nm 和 614.2nm4 个波长；缺少 409.5nm、452.6nm、505.9nm、573.3nm 和 661.5nm5 个波长

8. 【提示】本题有两种解法：一是利用偏振光干涉的强度公式求导得到结果；二是将偏振光干涉的强度表达式化简，求出使该式有极值的条件，并与题目需要证明的结论相比较。

9. (1) 沿补偿器截面看到平行等距的明暗条纹；(2) 0.049mm

10. 略

11. $\frac{2\cos^2\theta}{1+\cos^2\theta}$；$\cos\theta$

12. 1.32mm

第二部分

仿真试题

一、几何光学期末考试仿真试卷 1（120 分钟）

（一）简答题（共 20 分，每题 5 分）

1. 摄影物镜的三个重要参数是什么？它们分别决定系统的什么性质？
2. 为了保证测量精度，测量仪器一般采用什么光路？为什么？
3. 显微物镜、望远物镜、照相物镜各应校正什么像差？为什么？
4. 评价像质的方法主要有哪几种？各有什么优缺点？

（二）图解法求解或判断成像方向（共 18 分，每题 3 分）

1. 求 AB 的像 $A'B'$（题图 1-1 中 C 为球面反射镜的曲率中心）
2. 求 AB 的像 $A'B'$（题图 1-2）

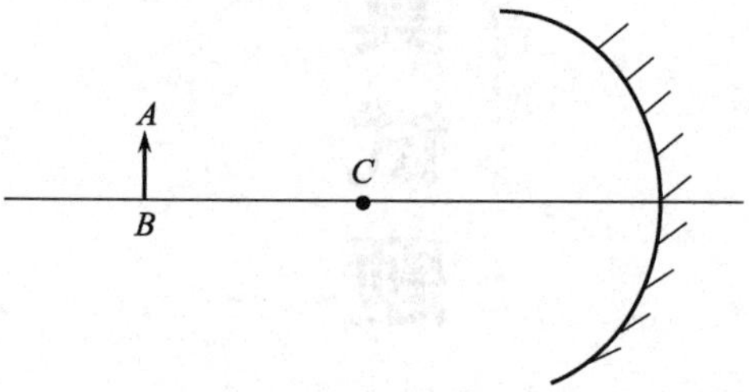

题图 1-1

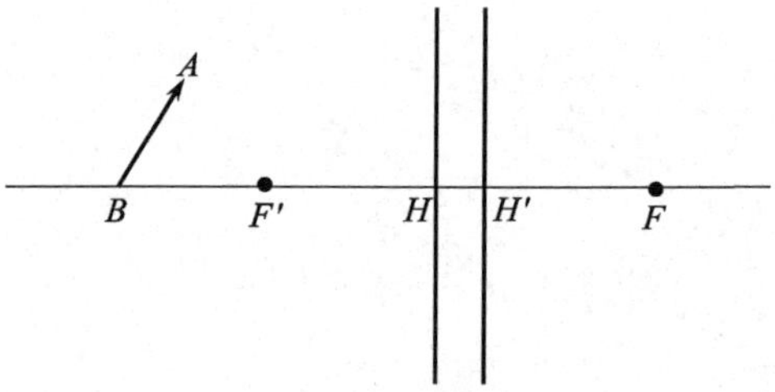

题图 1-2

3. 求组合系统的像方基点位置和焦距（题图 1-3）

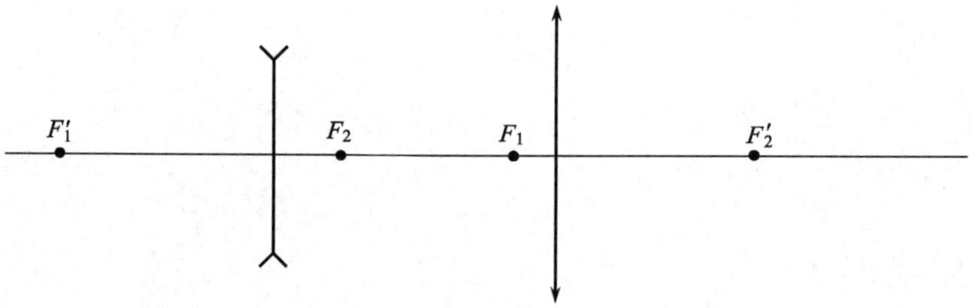

题图 1-3

4. 求入瞳及对无穷远成像时 50%渐晕的视场，标示物方视场角大小（题图 1-4）

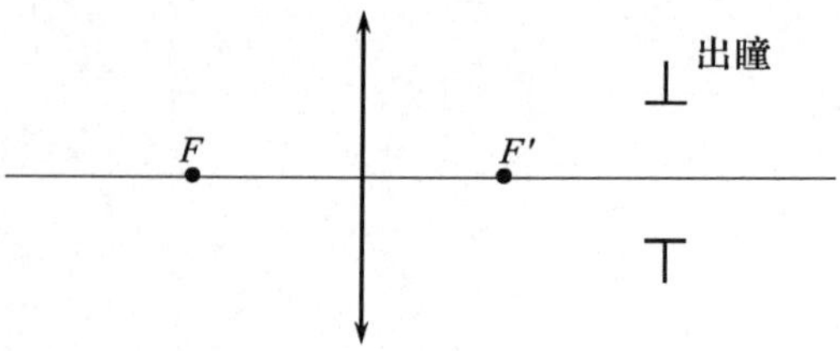

题图 1-4

5. 判断光学系统的成像方向（题图 1-5）
6. 判断棱镜的成像方向（题图 1-6）

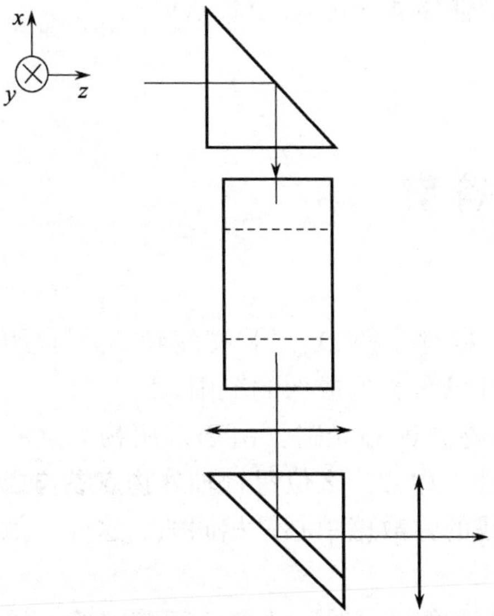

题图 1-5

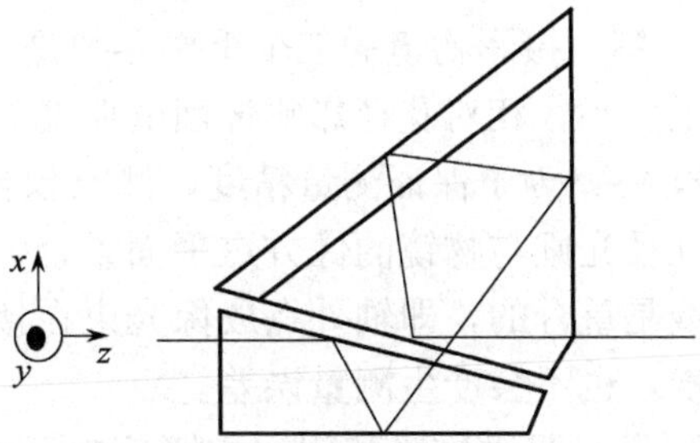

题图 1-6

(三) 填空（共 10 分，每题 2 分）

1. 照明系统与成像系统之间的衔接关系为：1)（　　　　　　　　　　　）；2)（　　　　　　　　　　　　　　）。

2. 转像系统分（　　　　　）和（　　　　　）两大类，其作用是（　　　　　　　）。

3. 一学生带 500 度近视镜，则该近视镜的焦距为（　　　　），该学生裸眼所能看清的最远距离为（　　　　）。

4. 在军用望远镜中通常会加入普罗 I 型转像棱镜，它在系统中所起的作用是（　　　）、（　　　　）和（　　　　）。

5. 用于制作光学零件的光学材料包括光学玻璃、（　　　　　）和（　　　　）三类。选用光学玻璃时的两个重要参数是（　　　　　）和（　　　　）。

(四) 计算题（共 52 分）

1. 一透镜焦距 $f'=30\text{mm}$，如在其前边放置一个 $\Gamma=-6^x$ 的开普勒望远镜，求组合后系统的像方基点位置和焦距，并画出光路图。(10 分)

2. 已知一个曲率半径 r 均为 20mm 的双凸透镜，置于空气中。物 A 位于第一球面前 50mm 处，第二面镀反射膜。该物镜所成实像 B 位于第一球面前 5mm 处，若按薄透镜处理，求该透镜的折射率 n。(18 分)

3. 已知组合物镜由两片薄透镜组成，其焦距为 500mm，相对孔径为 1/10。它对无穷远物体成像时，第一片薄透镜到像平面的距离为 400mm，第二片薄透镜到像平面的距离为 300mm。

(1) 求组合物镜的结构参数。(6 分)

(2) 若用该组合物镜和另一目镜构成开普勒望远镜，出瞳大小为 2mm，求望远镜的视觉放大率。(3 分)

(3) 求目镜的焦距、放大率。(3 分)

(4) 如果物镜组中第一片薄透镜为孔径光阑，求出瞳距。(4 分)

(5) 求望远镜的分辨率。(2 分)

（6）如果视度调节为±5 折光度，求目镜应能沿轴移动的距离。（2 分）

（7）画出光路图。（4 分）

试卷一参考答案

（一）简答题（共 20 分，每题 5 分）

1. 答：摄影物镜的三个重要参数是：焦距 f'、相对孔径 D/f' 和视场角 2ω。焦距影响成像的大小，相对孔径影响像面的照度和分辨率，视场角影响成像的范围。

2. 答：为了保证测量精度，测量仪器一般采用物方远心光路。由于采用物方远心光路时，孔径光阑与物镜的像方焦平面重合，无论物体处于物方什么位置，轴外物点参与成像的主光线是重合的，即轴外点成像光束在接收面上形成的弥散斑中心是相同的。这样，虽然调焦不准，也不会产生测量误差。

3. 答：显微物镜和望远物镜应校正与孔径有关的像差，如：球差、正弦差等。照相物镜则应校正与孔径和视场有关的所有像差。因为显微和望远物镜是大孔径、小视场系统，而照相物镜则是一个大孔径、大视场系统。

4. 答：评价像质的方法主要有瑞利（Reyleigh）判断法、中心点亮度法、分辨率法、点列图法和光学传递函数（OTF）法 5 种。瑞利判断便于实际应用，但它有不够严密之处，只适用于小像差光学系统；中心点亮度法概念明确，但计算复杂，它也只适用于小像差光学系统；分辨率法十分便于使用，但由于受到照明条件、观察者等各种因素的影响，结果不够客观，而且它只适用于大像差系统；点列图法需要进行大量的光线光路计算；光学传递函数法是最客观、最全面的像质评价方法，既反映了衍射对系统的影响也反映了像差对系统的影响，既适用于大像差光学系统的评价也适用于小像差光学系统的评价。

（二）图解法求像或判断成像方向（共 18 分，每题 3 分）

1.

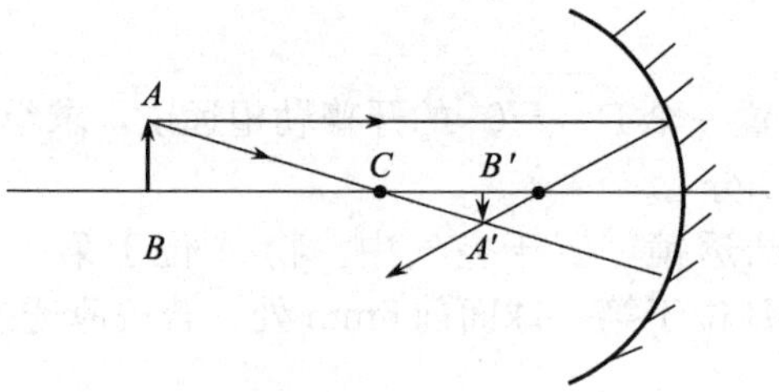

题图 1-7

2.

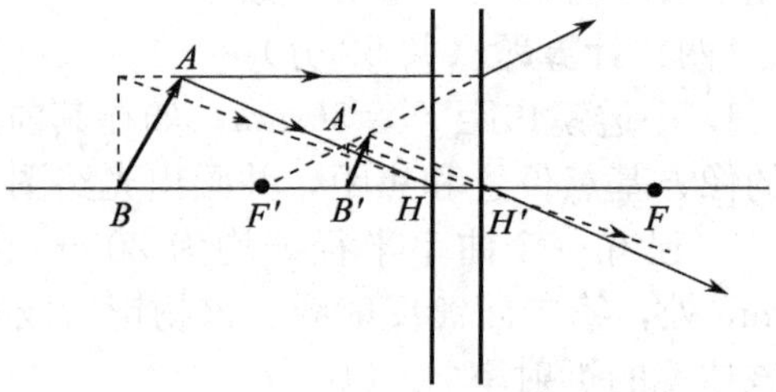

题图 1-8

3.

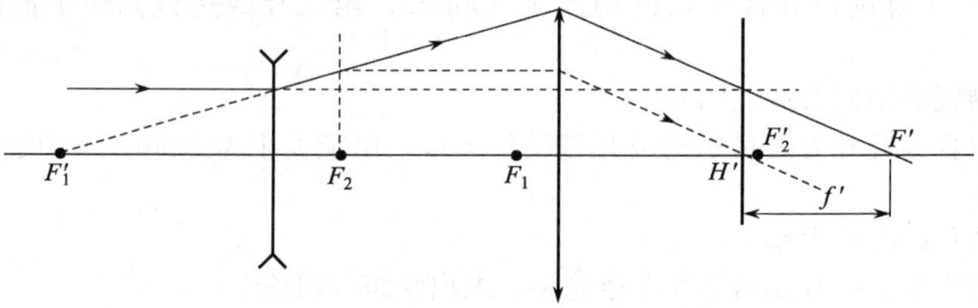

题图 1-9

4.

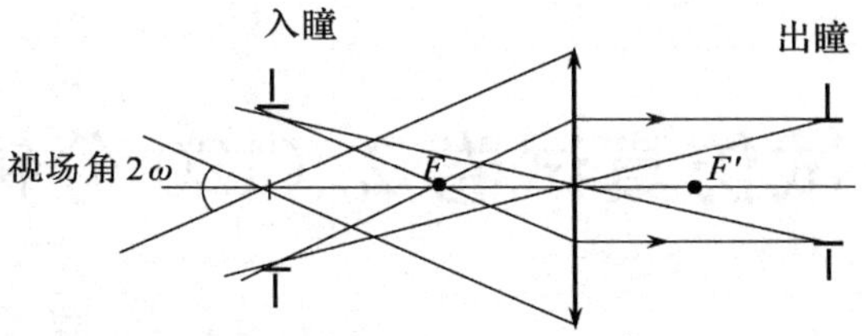

题图 1-10

5.

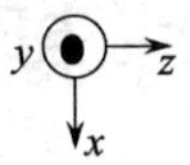

题图 1-11

6.

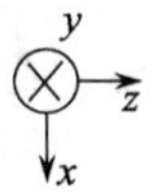

题图 1-12

（三）填空（共 10 分，每题 2 分）

1.（照明系统的拉赫不变量要大于成像系统的拉赫不变量）（保证两个系统的光瞳衔接和成像关系）

2.（棱镜式）（透镜式）（使物镜所成的倒像转变为正像）

3.（−0.2m）（眼前 0.2m）

4.（倒像）（折叠光路）（补偿光程）

5.（光学晶体）（光学塑料）（折射率）（阿贝数）

（四）计算题（共 52 分）

1. $f'=-180\text{mm}$，$l'_H=210\text{mm}$，$l'_F=30\text{mm}$，光路图略。

2. $n=1.6$（详解见例 1-4）

3. $f'_1=250\text{mm}$，$f'_2=-300\text{mm}$，$d=100\text{mm}$；$\Gamma=-25^{\times}$；$f'_e=20\text{mm}$，$\Gamma_e=12.5^{\times}$；$l'_z=21.07\text{mm}$；$\phi=2.8''$；$\Delta x=\pm 2\text{mm}$；光路图略。（详解见例 6-8）

二、几何光学期末考试仿真试卷 2（120 分钟）

（一）填空（共 10 分，每题 2 分）

1. 完善成像条件可以等价地表述为：1)（　　　　　　　　　　　　　　　　　　　　　）；2)（　　　　　　　　　　　　　　　　　　）；3)（　　　　　　　　　　　　　　　　　）。

2. 唯一能成完善像的光学元件是（　　　　）。一个右手坐标系的虚物，经一个屋脊棱镜的屋脊反射后，成（　　　）坐标系的（　　　）像。

3. 限制轴上物点成像光束宽度的光阑是（　　　　），而（　　　）在其基础上进一步限制轴外物点的成像光束宽度。

4. 近视眼将位于无限远的物点成像在（　　　　），其远点在（　　　　）。若一折光度为−2D 的近视眼，其调节能力为 2D，当配戴了一付 100 度的近视镜时，能看清的范围是（　　　　）。

5. 望远物镜是一种（　　　　）、（　　　　）的光学系统，因此要校正的像差是（　　　　）、（　　　　）和（　　　　），这些像差是与（　　　　）有关的。

（二）简答题（共 20 分，每题 5 分）

1. 什么是孔径光阑、入瞳和出瞳？三者是什么关系？以生物显微镜为例画图表示孔径光阑、入瞳和出瞳，并在图中标示系统的物方孔径角和像方孔径角。

2. 什么是视觉放大率？它与光学系统的角放大率有何异同？

3. 画图并说明柯勒照明系统的组成及其与测量显微系统的光瞳衔接关系。

4. 凹透镜可否单独用作放大镜？为什么？

（三）图解法求解或判断成像方向（共 18 分，每题 3 分）

1. 求 AB 的像 $A'B'$（题图 2-1 中 C 为球面反射镜的曲率中心）

2. 求像方主平面和像方焦点（题图 2-2）

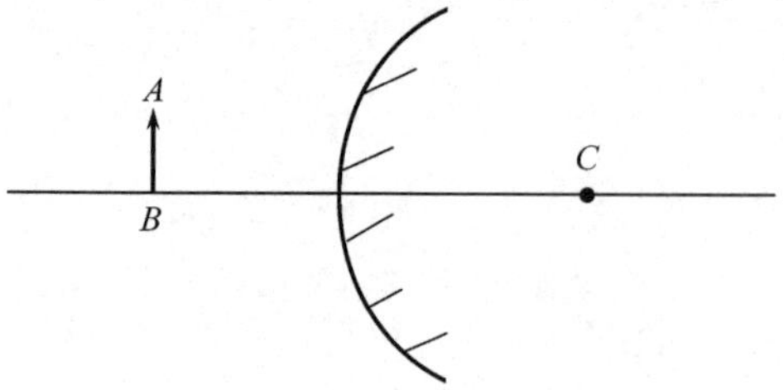

题图　2-1

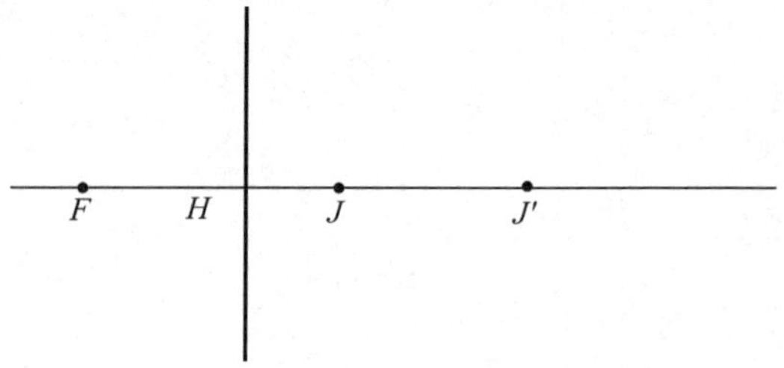

题图　2-2

3. 求物 AB 经理想光学系统后所成的像，并注明系统像方的基点位置和焦距（题图 2-3）

4. 判断光学系统的成像方向（题图 2-4）

5. 求出瞳及对无穷远成像时最大的物方视场角 ω（$K=0$ 时）（题图 2-5）

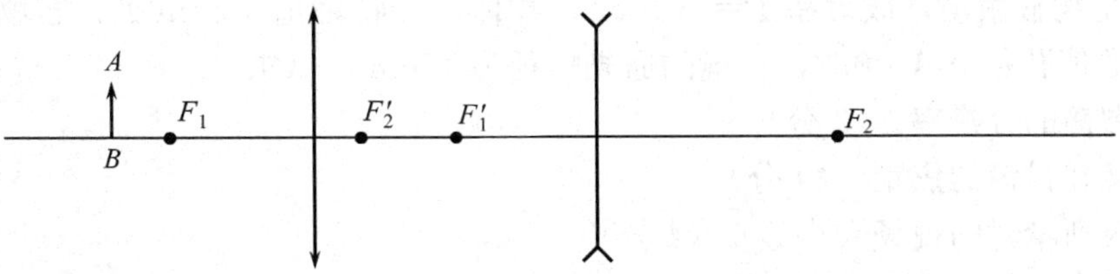

题图　2-3

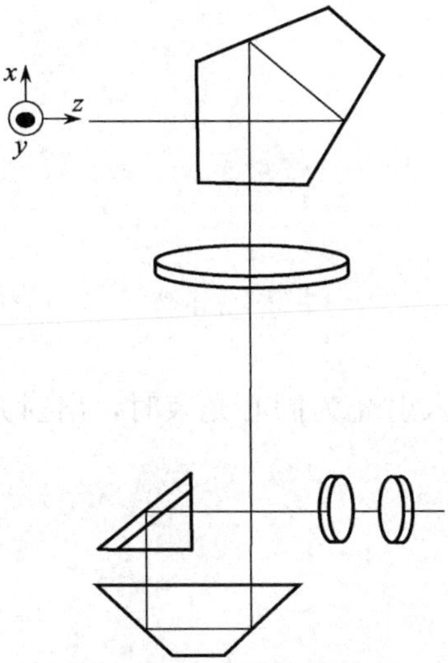

题图　2-4

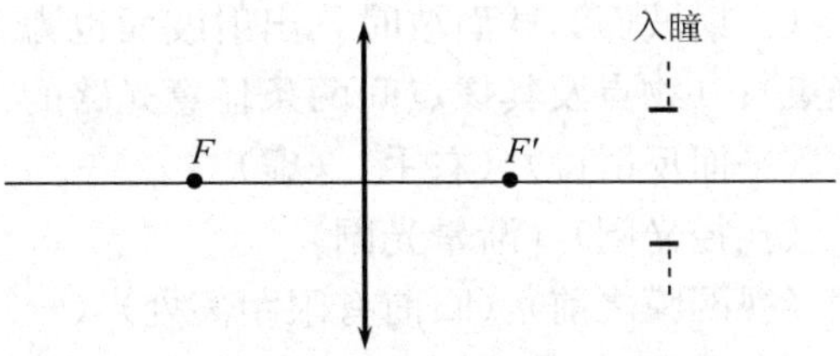

题图　2-5

6. 题图 2-6 中的物 AB 经薄透镜所成的像为 $A'B'$，作图求 CD 的像

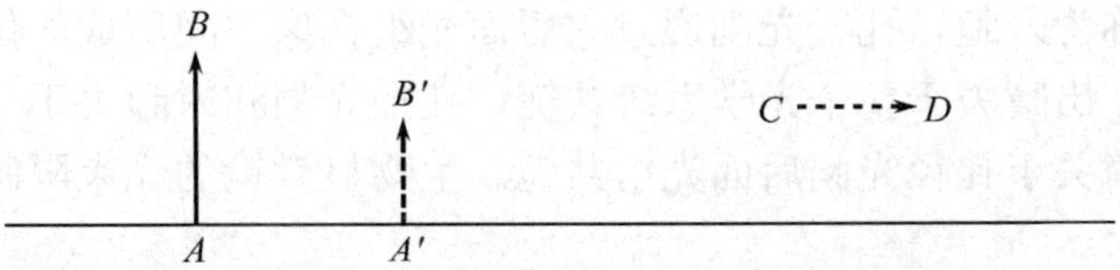

题图　2-6

（四）计算题（共 52 分）

1. 一束平行细光束入射到一个半径 $r=30\text{mm}$、折射率 $n=1.5$ 的玻璃球上，求其会聚点的位置。若将一平面反射镜垂直置于玻璃球的右侧 7.5mm 处（如题图 2-7 所示），反射光束经玻璃球折射后，会聚点又在何处，说明两个会聚点的虚实，并画图验证。（16 分）

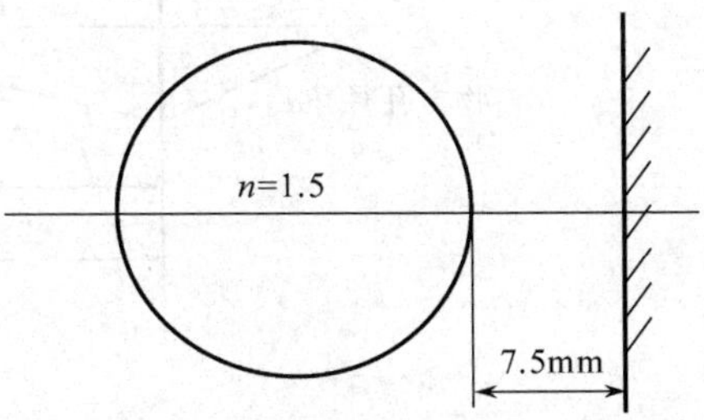

题图　2-7

2. 一个反远距型光组由两个薄透镜组成，其中 $f_1'=-35\text{mm}$，$f_2'=25\text{mm}$，两透镜的间隔 $d=15\text{mm}$。若在距第二个透镜 110mm 处再放置一个焦距为 10mm 的正透镜，求组合焦距和像方基点位置，并画出光路图。（10 分）

3. 有一生物显微镜，放大率 $\Gamma=-100^{\times}$，物体位于物镜前 15mm 处；若物镜放大倍率 $\beta=-10^{\times}$，数值孔径 $NA=0.2$，目镜的通光口径为 15mm，试求：

(1) 显微镜的分辨率。(2 分)

(2) 物镜和目镜的焦距。(4 分)

(3) 50%渐晕时的视场大小 $2y$。(4 分)

(4) 视场光阑的大小和位置。(4 分)

(5) 孔径光阑的大小和位置。(4 分)

(6) 出瞳和出瞳距。(4 分)

(7) 画出系统的光路图。(4 分)

试卷二参考答案

(一) 填空 (共 10 分，每题 2 分)

1. (入射波面为球面波时，出射波面也为球面波)；(入射光为同心光束时，出射光也为同心光束)；(物点及其像点间两条任意光路的光程相等)。

2. (平面反射镜) (右手) (虚)

3. (孔径光阑) (渐晕光阑)

4. (视网膜之前) (眼前有限距离处) (－1m～－0.33m)

5. (大孔径) (小视场) (球差) (正弦差) (位置色差) (孔径)

(二) 简答题 (共 20 分，每题 5 分)

1. 答：限制进入光学系统成像光束口径的光孔是孔径光阑。孔径光阑通过它前面光组在物空间所成的像称为入瞳，孔径光阑通过它后面光组在像空间所成的像称为出瞳。三者具有共轭关系：入瞳、出瞳关于整个光学系统共轭，孔径光阑和入瞳关于孔径光阑前面光组共轭，孔径光阑和出瞳关于孔径光阑后面光组共轭。生物显微镜的光束限制如题图 2-8 所示。

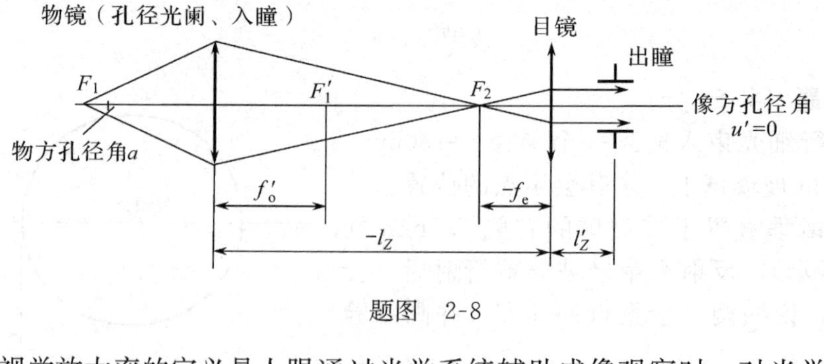

题图 2-8

2. 答：视觉放大率的定义是人眼通过光学系统辅助成像观察时，对光学系统所成像的张角的正切与人眼直接观察物时对物张角的正切之比。它体现了光学系统对人眼的辅助观察作用。

角放大率的定义是光学系统像方孔径角的正切与物方孔径角正切之比。它是光学系统本身的性质，与人眼无关，它反映光学系统有将光束变宽和变窄的能力。

在某些光学系统中，两者在数值上相等，如：望远系统，但二者的物理意义是不同的。

3. 答：柯勒照明系统组成如题图 2-9 虚线框中所示，包括光源、柯勒镜、聚光镜和两个光阑。光源发出的光先经过一个前置透镜（柯勒镜）成像在聚光镜前焦面上的视场光阑处，聚光镜再将此光源像成在物镜的入瞳面上（无限远处）。在柯勒镜后面紧靠透镜处设置孔径光阑，它被光源照明，具有均匀的亮度。此光阑被聚光镜成像在物面上，使物面得到均匀的照明。由此可见，在柯勒照明中，照明系统和后续测量显微镜系统满足"瞳对窗、窗对瞳"的关系。

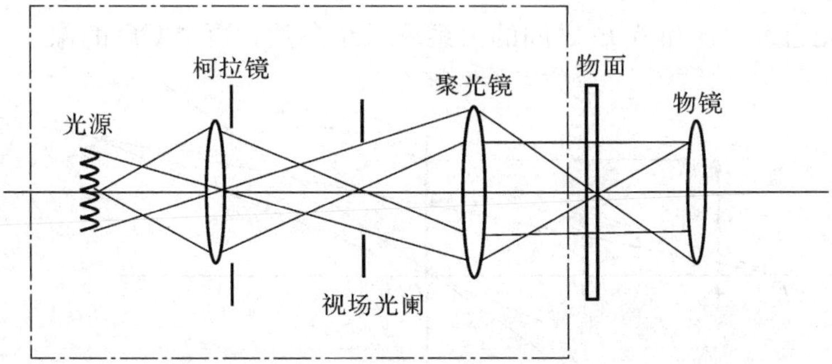

题图 2-9

4. 答：不能。因为凹透镜对实物只能生成一个缩小的虚像，人眼通过凹透镜观察物体时，人眼对像的张角总小于直接观察物时对物的张角，凹透镜的视觉放大率不可能大于 1，所以不能单独用作放大镜。

（三）图解法求像或判断成像方向（共 18 分，每题 3 分）

1.

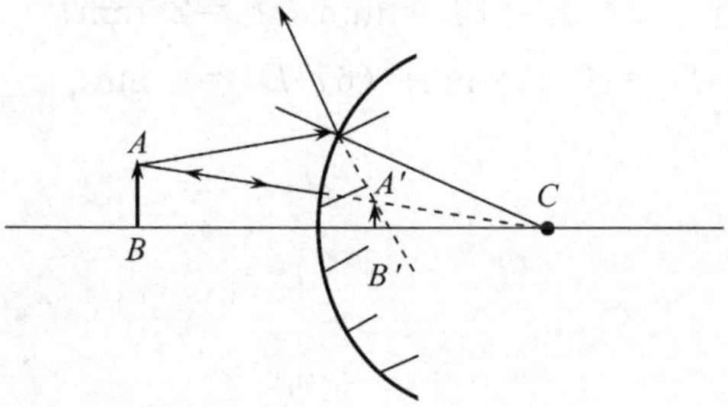

题图 2-10

2.

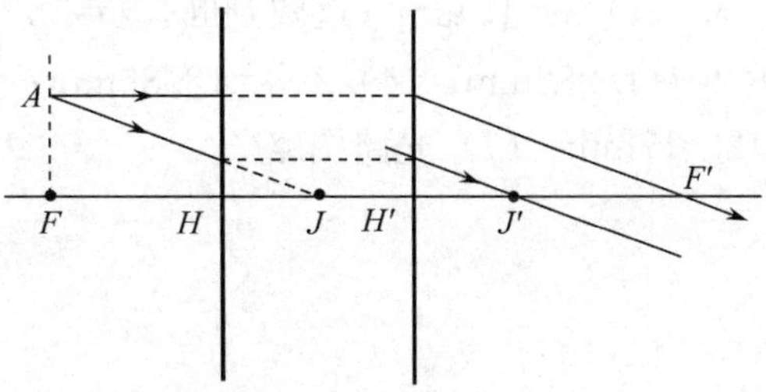

题图 2-11

3.

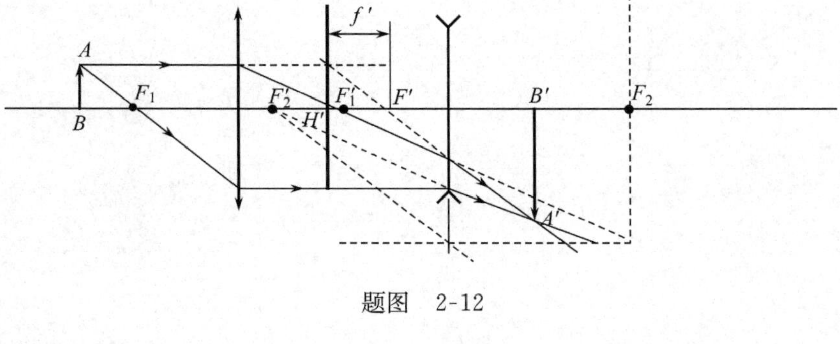

题图 2-12

4.

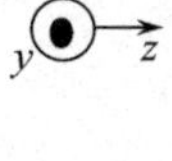

题图 2-13

5.

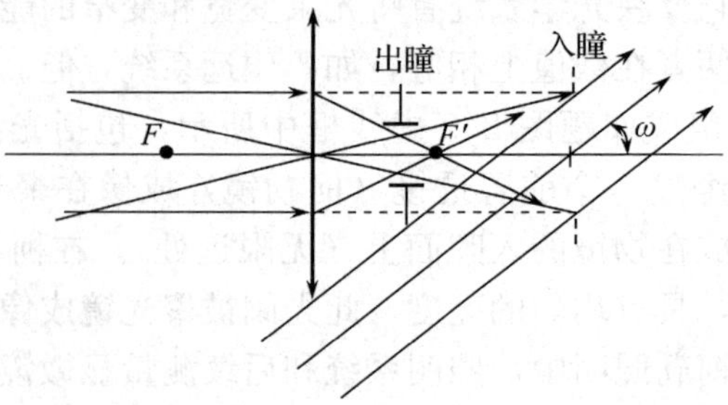

题图 2-14

6. 【提示】先通过 AB 和 $A'B'$ 之间的关系求系统参数，再求 CD 的像

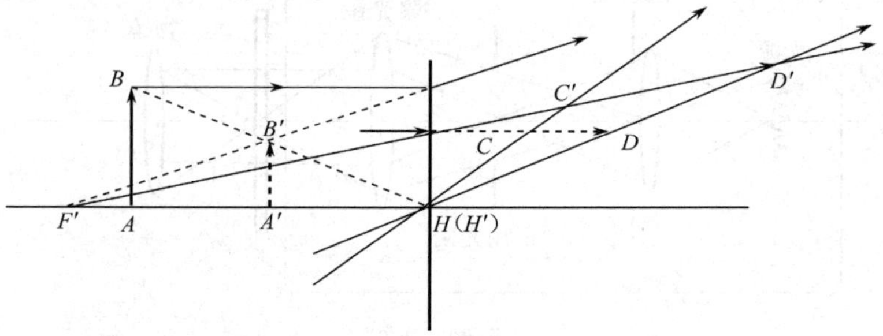

题图 2-15

（四）计算题（共 52 分）

1. 15mm 实像；−120mm 实像。图略

2. $f'=-6.99\text{mm}$，$l'_F\approx 12\text{mm}$，$l'_H=18.99\text{mm}$，光路图略。

3. （1）$\sigma=1.4\mu\text{m}$（道威判断，$\lambda=555\text{nm}$）；（2）$f'_o=13.64\text{mm}$，$f'_e=25\text{mm}$；（3）$2y=1.286\text{mm}$；（4）$2y'=12.86\text{mm}$；（5）$D_{孔}=6.124\text{mm}$；（6）$D_{出}=1\text{mm}$，$l'_z=29.17\text{mm}$；（7）光路图略。

三、物理光学期末考试仿真试卷 1（120 分钟）

（一）填空题（共 25 分，每空 1 分）

1. 一束波长为 632.8nm 的激光从空气进入 $n=1.5$ 的玻璃介质中，则其在玻璃中的传播速度为（　　　）m/s，颜色是（　　　），波数为（　　　）1/nm。

2. 光的干涉现象是光的（　　　）性质的重要特征，（　　　）实验可以证明光可以产生干涉。

3. 在杨氏双缝实验中，缝距为 0.45mm，缝与屏的距离为 1.2m，测得 10 个亮条纹之间的距离是 1.5cm，则光源的波长为（　　　）nm。

4. 一平行单色光以 i 角入射到光栅上，在满足 $d(\sin\theta-\sin i)=2\lambda$ 时，经光栅相邻两缝沿 θ 方向衍射的两束光的光程差为（　　　）；当 $i=30°$时，有可能看到的最高级次亮纹的级次为（　　　）。

5. 影响干涉条纹可见度的因素有相干光束的振幅比、（　　　）和（　　　）。当两列相干光波的振幅比是 1∶2，干涉条纹的可见度为（　　　）。

6. 光矢量与 x 轴成 30°，振幅为 a 的线偏振光在 y 轴上的分量为（　　　），其归一化琼斯矢量为（　　　）。

7. 一束平面波的振幅为 A，波长 $\frac{2}{3}\times10^4$nm，方向余弦分别为 $\cos\alpha=\frac{2}{3}$，$\cos\beta=\frac{1}{3}$，$\cos\gamma=\frac{2}{3}$，则该平面波在 x 轴和 y 轴上的空间频率分别为（　　　）线对/mm 和（　　　）线对/mm。

8. 在分波阵面干涉系统中，当接收屏垂直于两个相干点源连线的延长线时，屏上条纹为（　　　）；越远离中央的条纹，其级次（　　　）。

9. 在负晶体制作的波片中，晶体的光轴与入射表面相互（　　　），与晶体的快轴相互（　　　）。

10. 若平面光栅缝宽 a 和缝间距 d 的关系为 $d=1.5a$，当光线正入射时，从中心向外产生缺级的第一对干涉级次为（　　　），其原因是（　　　）。

11. 泰曼-格林干涉仪是麦克尔逊干涉仪的改型，可用于（　　　）。采用（　　　）照明，经准直成平行光入射干涉仪系统，因此取消了（　　　），其干涉性质是（　　　）。

（二）问答题（共 30 分，每小题 6 分）

1. 形成光学拍现象的条件是什么？有何特点？举例说明光学拍的应用？

2. 什么是自然光？什么是偏振光？能够产生偏振光的方法有哪些？

3. 自然光垂直入射到如题图 3-1 所示石英棱镜上（$n_e>n_o$），试分析其出射光线的传播方向和偏振态，并据此说明该棱镜的性质和使用方法。当光线反方向入射时，分析其性质有无改变（画图表示）。

4. 在衍射光栅实验中，把光栅遮掉一半，衍射图样在光强度、条纹位置、亮条纹宽度等方面会发生什么变化？

5. 在杨氏双缝干涉实验装置中，用平行白光照明双缝，接收屏距离双缝相当远，并以红色和蓝色滤光片各遮住一条缝，问在接收屏上是否能够得到双缝干涉条纹？试描述接收屏上光强分布。

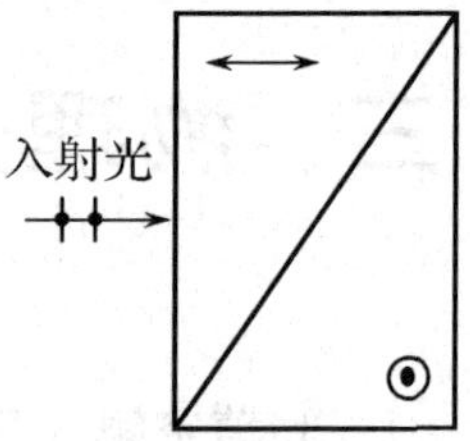

题图 3-1

（三）计算题（共 45 分，每题 15 分）

1. 两列波长相同、振动方向相同的单色平面波照射到 xOy 平面上，它们的振幅分别为 A_1、A_2，传播方向余弦分别为（$\cos\alpha_1$，$\cos\beta_1$，$\cos\gamma_1$）和（$\cos\alpha_2$，$\cos\beta_2$，$\cos\gamma_2$），求 xOy 平面上的光强分布。

2. 钠黄光垂直照射某光栅，其第二级光谱恰好可以分辨钠光双线（$\lambda_1=0.5890\mu\text{m}$，$\lambda_2=0.5896\mu\text{m}$），并测得 λ_1 的第二级光谱线所对应的衍射角为 2.5°，第三级缺级，试求该光栅的总缝数 N、光栅常数 d 和缝宽 a。

3. 一块厚度为 0.05mm 的方解石波片放在两个正交的线偏振器中间，波片的光轴方向与两线偏振器透光轴的夹角为 45°，问在可见光范围内哪些波长的光不能透过这一系统？设方解石晶体中 o 光和 e 光的折射率分别为 $n_o=1.6584$，$n_e=1.4864$，且双折射率不随波长而变。（可见光范围为 380～780nm）

试卷三参考答案

（一）填空题（共 25 分，每空 1 分）

1. （2×10^8）（红色）（0.0149）

2. （波动）（杨氏双缝干涉）

3. （625）

4. （2λ）（$\dfrac{d}{2\lambda}$）

5. （光源宽度）（光源的非单色性）（0.8）

6. $\left(\frac{1}{2}a\right)\left(\frac{1}{2}\begin{bmatrix}\sqrt{3}\\1\end{bmatrix}\right)$

7. （100）（50）

8. （一组同心的圆条纹）（越低）

9. （平行）（平行）

10. （±3）（它们正好分别和单缝衍射的±2 级极小重合）

11. （检验光学零件的综合质量）（单色点光源）（补偿板）（等厚干涉）

（二）问答题（共 30 分，每小题 6 分）

1. 答：光学拍现象形成的条件是：两列频率相近、振动方向相同、传播方向相同、振幅相同的光波叠加。

特点：叠加波相位变化迅速、振幅变化缓慢。

可以用来测量频率较高光波的频率。利用一个与待测频率相近的已知光波与待测光波叠加形成光学拍现象，测出拍频，由公式 $\omega_{拍}=\omega_{已知}-\omega_{待测}$，即可求出待测频率。

2. 答：自然光是具有一切可能的振动方向的许多光波之和。它可以用两个振动方向垂直、强度相等、位相关系不确定的光矢量表示。其特点是振动方向的无规则性。

偏振光是光矢量的方向和大小有规则变化的光，它包括线偏振光、圆偏振光和椭圆偏振光。

能够产生偏振光的方法有 4 种：反射折射法、二向色性法、散射法、双折射法。

3. 答：光沿正反两个方向入射时的偏振态分析如题图 3-2 所示。当正向使用时，平行于主截面的偏振光能够沿原方向出射，而反向入射时，光矢量方向相互垂直的两束偏振光彼此分开，置入光路中性质发生了改变。所以该棱镜属于洛匈棱镜，其作用为偏振分束。

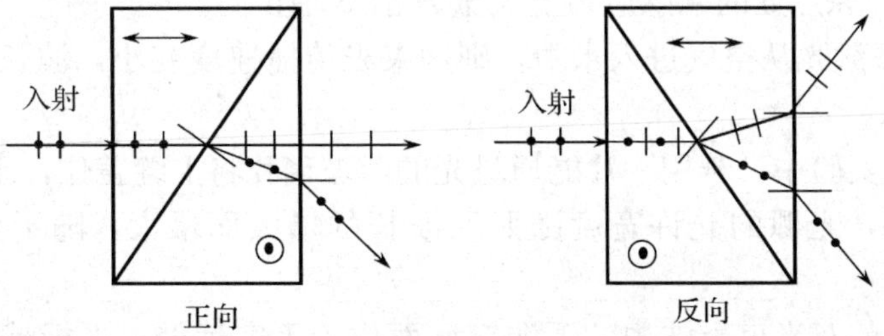

题图 3-2

4. 答：在衍射光栅实验中，把光栅遮掉一半，光栅的总缝数就减少一半，其强度减少为原来的 1/4。

各级亮条纹位置与 N 无关，所以不变。

由公式 $\Delta\theta=\dfrac{\lambda}{Nd\cos\theta}$，总缝数减少一半，其半角宽度将会增加一倍，亮条纹宽度变宽。分辨率也会减少为原来的一半。

5. 答：不能得到双缝干涉条纹。

因为用红色和蓝色滤光片各遮住一条缝时，通过两缝的红、蓝光频率不同，它们在屏上只能非相干叠加。

接收屏上所呈现的是由红蓝两光各自单缝衍射条纹分布构成的混合色图样。

（三）计算题（共 45 分，每题 15 分）

1. $I(x, y)=A_1^2+A_2^2+2A_1A_2\cos\{k[x(\cos\alpha_1-\cos\alpha_2)+y(\cos\beta_1-\cos\beta_2)]\}$。（详解见例 7-3）

2. $N=491$，$d=27\mu m$，$a=9\mu m$

3. 不能透过该系统的波长有以下 11 个：716.7nm、661.5nm、614.3nm、573.3nm、537.5nm、505.9nm、477.8nm、452.6nm、430nm、409.5nm、390.9nm。

四、物理光学期末考试仿真试卷 2（120 分钟）

（一）判断是非，并改正其中的错误（共 20 分，每题 2 分）

1. 两束频率相同、振动方向相同、传播方向相反的单色光波叠加后将会产生驻波现象。

2. 一平面电磁波能表示成 $E_x=0$，$E_y=2\cos\left[2\pi\times10^{14}\left(\frac{z}{c}-t\right)+\frac{\pi}{2}\right]$，$E_z=0$，则表明：当 $t=2.5\times10^{-15}\,\mathrm{s}$ 时，原点处的磁感应强度矢量 $\boldsymbol{B}$ 沿 x 轴正向。

3. 一束 He-Ne 激光从空气进入水中，则这束光传播速度变小，波长变小，因此颜色会发生变化。

4. 在双缝干涉实验中，若用一片能通过光的薄玻璃片将上缝盖住，干涉条纹将上移。

5. 干涉实验中，光源的允许宽度随照明波长的增大而增大，随干涉孔径角的增大而增大。

6. 在平行平板的双光束干涉中，干涉定域面位于无穷远处；平板越厚，中心条纹的干涉级次越高；入射光波长越长，条纹间隔越稀。

7. 在双缝衍射实验中，若保持双缝 S_A 和 S_B 的中心之间的距离 d 不变，而把两条缝的宽度 a 略微加宽，则单缝衍射的中央主极大变窄，其中所包含的干涉条纹数目有可能变少。

8. 一线偏振光通过 $\lambda/4$ 波片后，出射光仍为线偏光。

9. 一束右旋圆偏振光，从空气垂直入射到玻璃上，其反射光变为左旋圆偏振光。

10. 若圆偏光中电矢量的大小为 A，它的光强是 $2A^2$；当该圆偏光经过一个偏振片后，它的光强变为 A^2。

（二）简答题（共 30 分，每题 6 分）

1. 试比较 F-P 干涉仪和衍射光栅分光特性的异同点（包括工作原理、自由光谱区范围、分辨率及其主要影响因素等）。若要在较大波长范围内进行光谱的精确测量，应选择哪种分光仪器，为什么？

2. 叙述椭圆偏振光的产生条件及特征参数。

3. 简要分析如题图 4-1 所示夫琅和费衍射装置如有以下变动时，衍射图样会发生怎样的变化？为什么？

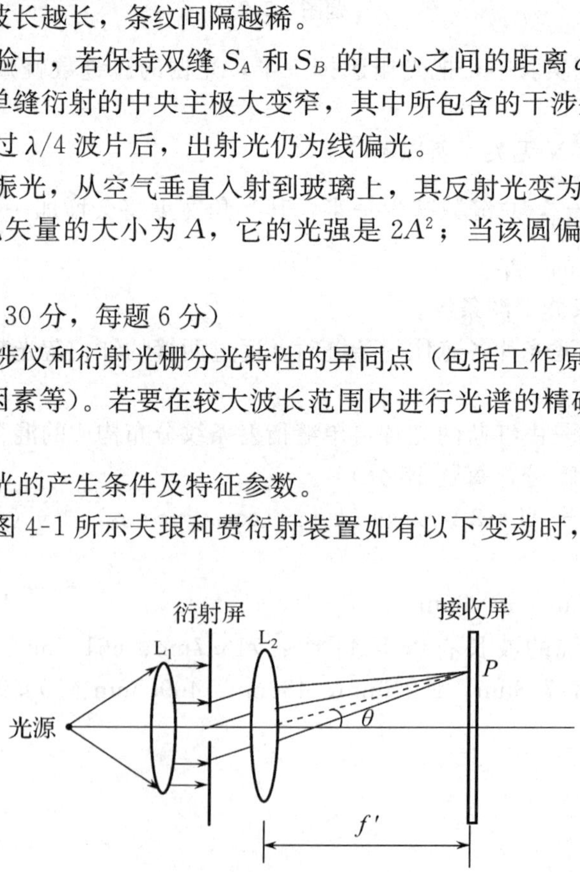

题图 4-1

(1) 增大透镜 L_2 的焦距。

(2) 增大透镜 L_2 的口径。

(3) 将衍射屏沿系统光轴方向前后移动。

4. 牛顿环实验中，若透镜材料是冕牌玻璃（$n=1.5$），玻璃板由两半组成，一半仍是冕牌玻璃，另一半是火石玻璃（$n=1.75$），如题图 4-2 所示，在透镜和玻璃板空隙中充满苯胺（$n=1.58$），问这时牛顿环有何特征？

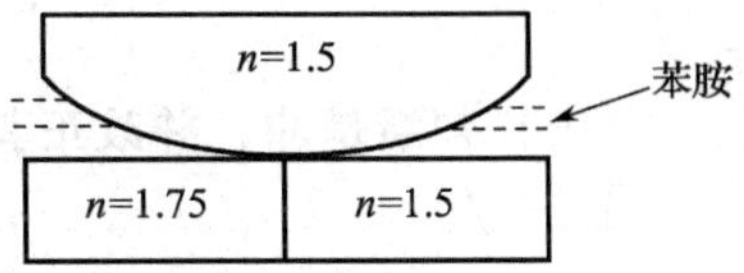

题图 4-2

5. 让一束光通过检偏器，然后旋转检偏器进行观察，发现光强无任何变化。试设计一个实验方法，进一步确定光的性质。

（三）计算（共 50 分）

1.（15 分）如题图 4-3 所示，双缝夫琅和费衍射实验中，在双缝的一个缝前贴一块厚 0.001mm、折射率为 1.5 的玻璃片。设双缝间距为 1.5μm，缝宽 0.5μm，用波长 500nm 的平行光以 i 角入射。问：当 i 角为何值时，干涉的零级谱线仍然在 z 轴上，哪级干涉条纹在衍射的主极大位置上，画出该双缝的夫琅和费衍射图样（图中注明干涉条纹的级次）。

2.（15 分）垂直入射的平面波（$\lambda=630\text{nm}$）通过折射率 $n=1.5$ 的玻璃平板，如题图 4-4 所示，透射光经透镜会聚到焦点上。若玻璃板的厚度沿中点 c 且垂直于图面的直线发生光波长量级的突变 d 时，焦点光强为玻璃板无突变时光强的 1/4，问突变的最小量是多少？

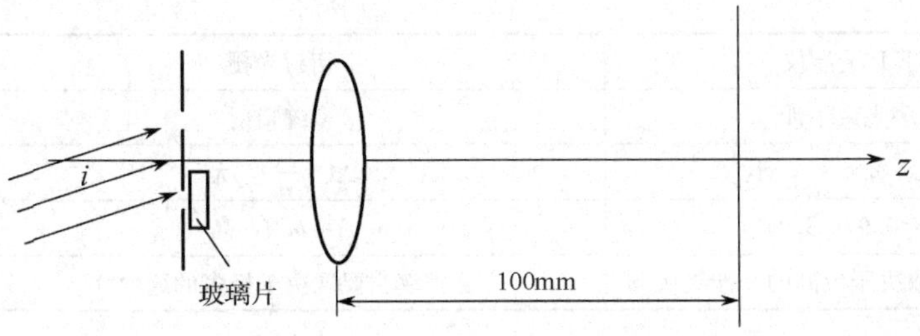

题图 4-3

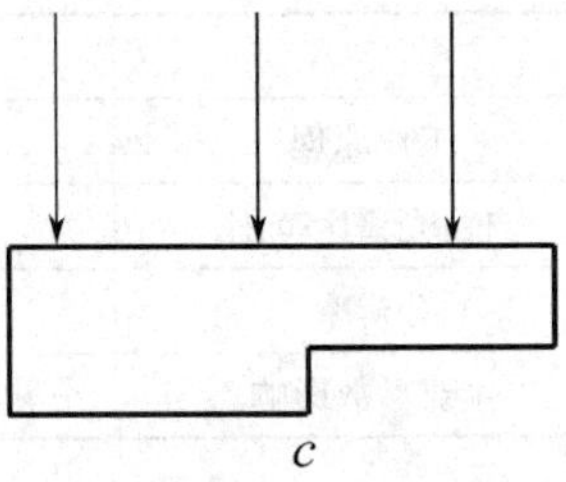

题图 4-4

3.（10 分）为了确定一圆偏振光的旋向，可将 1/4 波片置于检偏器之前，再将 1/4 波片转到消光位置。这时发现 1/4 波片的快轴是这样的：它沿顺时针方向转 45°才与检偏器的透光轴重合，问该圆偏振光是左旋还是右旋？

4.（10 分）用波长为 λ 的光波垂直照射一个 $N=4$，$d=4a$ 的衍射屏，这里 d 为光栅常数，a 为缝宽，试求：

(1) 绘出衍射光强 I 随 $\sin\theta$ 变化的分布曲线（θ 为衍射角）。

(2) 指出缺级级次。

(3) 当 $\lambda=a/2$ 时，最多能够看到几级亮纹。

(4) 计算前 3 个主极大与中央极大的比值。

试卷四参考答案

(一) 判断是非，并改正其中的错误（共 20 分，每题 2 分）

1. (√)
2. (×) 原点处的磁感应强度矢量 $\boldsymbol{B}$ 沿 x 轴负向。
3. (×) 颜色不会发生变化。
4. (√)
5. (×) 根据公式 $b_p=\lambda/4\beta$ 知：光源的允许宽度 b_p 随干涉孔径角 β 的增大而减小。
6. (√)
7. (√)
8. (×) 一线偏振光通过 $\lambda/4$ 波片后，出射光的偏振状态不确定。
9. (√)
10. (√)

(二) 简答题（共 30 分，每题 6 分）

1. 答：F-P 干涉仪和衍射光栅分光特性的异同点如下表所示

	F-P 干涉仪	衍射光栅
工作原理	多光束干涉	多缝衍射
自由光谱区范围	$(\Delta\lambda)_{SR}=\dfrac{\lambda^2}{2h}$，小	$\Delta\lambda=\dfrac{\lambda}{m}$，大
分辨率	$A=0.97mS$，高	$A=mN$，高
主要参数影响	分辨率主要取决于极高的干涉级次 m	分辨率主要取决于极多的缝数 N

若要在较大的波长范围内进行测量，应选择衍射光栅，因为它的自由光谱区范围较大，当光栅的缝数足够多时，其分辨率与一般的 F-P 干涉仪差不多。

2. 答：椭圆偏振光的产生条件是两个频率相同、振动方向垂直、且其位相差不为 0 或π光矢量在空间相叠加。另外它们的复振幅大小相等，位相差为±π/2 不会同时成立时，才会形成椭圆偏振光。

椭圆偏振光的特征参数有两种表示方法：①在直角坐标系中表示为椭圆偏振光两分量的振幅比和位相差；②在主轴系下椭圆偏振光的长轴在指定坐标系中的方位角、椭圆度和旋向。

3. 答：

(1) 增大透镜 L_2 的焦距，将使接收屏上衍射图样的间隔增大。因有公式 $e=\theta f'$，此时衍射角 θ 不变，条纹间隔 e 增大。

(2) 增大透镜 L_2 的口径，不会改变衍射图样的分布，但进入系统的光束宽度增加，可使更高级次的衍射会聚到接收屏上，从而使条纹数量增多。

(3) 将衍射屏沿系统光轴方向前后移动，衍射图样分布不会改变，但由于衍射屏中心由到透镜 L_2 边缘的张角会改变，因而能够被透镜 L_2 会聚到焦面上的衍射最高级次会发生变化，影响接收屏上的条纹总数。

4. 答：在左半边视场中，光线经苯胺上下两表面反射时都是从光疏介质到光密介质，因此两相干光波之间无半波损失，中心为亮点；在右半边视场中，光线经苯胺上表面反射时是从光疏介质到光密介质，有半波损失，而下表面反射时是从光密介质到光疏介质，没有半波损失，因此两相干光波之间光程差为$\lambda/2$，中心为暗点。整个视场中，牛顿环为明暗相间的同心圆环，中间稀疏，边缘密集，但由于左右两半视场同半径圆环光程相差$\lambda/2$，会出现互补现象，即在同半径圆环上左半边若为亮，右半边就为暗，左半边若为暗，右半边就为亮。

5. 答：将一$\lambda/4$波片置于检偏器之前，再旋转检偏器，若光强有变化，且存在消光位置，则此光为圆偏振光；若光强有变化，但不存在消光位置，则此光为部分圆偏振光；若无光强变化，则此光为自然光。

(三) 计算（共50分）

1. 19°28′17″；1级；图略

2. $d_{\min}=420\text{nm}$

3. 右旋

4. (1) 略；(2) ±4，±8，±12，… (3) 13；(4) 0.8106，0.4053，0.0901

五、工程光学考研仿真试卷 1

（一）填空（共 24 分，每空 1 分）

1. 像差的定义是（　　　　　　　　　　　　），轴外点单色光以细光束成像时产生的像差有（　　　）、（　　　）和（　　　）。

2. 变焦系统由多个子系统组成，焦距的变化是通过（　　　　　　　　　　　　　　　　　　）来实现的，其变倍比为（　　　　　）。

3. 选用透射光学材料时的两个重要参数是（　　　　　）和（　　　　　），而对于反射材料而言，由于它不存在（　　　　　），表征其光学特性的唯一参数是（　　　　　）。

4. 常见反常眼的类型有（　　　　　）三种。某人眼睛的近点为眼前 125cm，为了能看清眼前 25cm 处的物体需要配一副（　　　　　）度的眼镜。

5. 一个 5cm 高的物体放在球面反射镜前 10cm 处，能够成 1cm 高虚像，则反射镜的曲率半径为（　　　　　）cm，其形状为（　　　　　）。

6. 对照相系统而言，焦距越长，景深越（　　　　　）；入瞳直径越大，景深越（　　　）；拍摄距离越大，景深越（　　　　　）。

7. 光学上常用（　　　　　　　　　　　　）方法来测量玻璃的折射率，具体方法是（　　　　　　　　　　　　　　），然后代入公式（　　　　　）就可求出玻璃的折射率。

8. 物、像的虚实与物像方光束会聚与发散情况相对应，实物、虚像对应（　　　　　）光束，虚物、实像对应（　　　　　）光束。虚物不能人为设定，它是（　　　　　　　　　　　　）而得到的。物像对应的空间范围是（　　　　　）。

（二）问答题（共 13 分）

1.（6 分）在镜筒前端装一个凸透镜，后端装一块毛玻璃，上面刻有“十”字线，交点 O 在光轴上，如题图 5-1 所示。筒长为透镜的焦距。用此装置瞄准很远的发光点，使之成像于 O 点。讨论在下列情况中成像的变化，并简要说明理由：

（1）镜筒做横向平移。

（2）镜筒轴线转过一个小角度 θ。

（3）将镜筒的下半部分遮住。

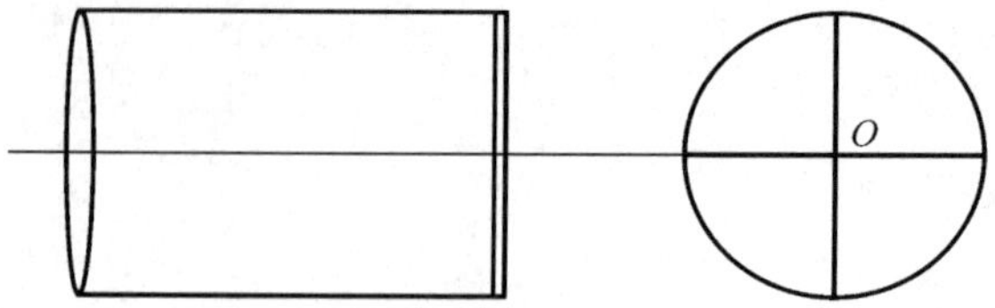

题图　5-1

2.（7 分）画出开普勒望远镜和伽利略望远镜的光路图，并比较说明两种望远镜的成像特点和适用场合。

（三）计算（共 38 分）

1.（16 分）有一个生物显微系统，物镜焦距 $f'_o=15\text{mm}$，目镜焦距 $f'_e=25\text{mm}$，相距 190mm，当目镜成像在明视距离处时，求：

（1）物体的位置和显微镜的放大率。

（2）若用此显微镜进行显微摄影，底片平面距目镜 500mm，此显微系统应相对物面移动的方向和距离。

（3）分别画出两种情况下的光路图并进行比较。

2.（22 分）有一个开普勒望远镜，物镜焦距为 300mm，目镜焦距为 30mm，中间加入一个由两块透镜组成的 $-1^{\times}$ 转像系统，透镜焦距分别为 200mm 和 300mm，间隔为 250mm。该系统的物方视场角 $2\omega=4°$，在物镜的像方焦面上有一场镜，在目镜的物方焦平面上有一分划板，物镜的通光口径为 60mm，是系统的入瞳。设所有的透镜均是薄透镜，求：

（1）系统的像方视场角。

（2）场镜的直径和分划板的直径。

（3）如果在第 1 块转像透镜后 100mm 处设 1 个光阑，且使主光线通过其中心，求光阑距物镜的距离。

（4）画出该望远镜的结构和光路图（包括主光线、上光线和下光线）

（四）填空（共 20 分，每题 2 分）

1. 已知一个光振动可表示为的 $E(z,t)=10^3\sin\pi(3\times10^6 z-9\times10^{14}t)\text{V/m}$，则其波长为（　　　），频率为（　　　）。

2. 两平板玻璃一端相接，距相接点 20cm 处夹一直径 0.05mm 的细丝，当用波长为 589nm 的光波垂直照射时，相邻暗纹的间距为（　　　）mm。

3. 波长为 0.6μm 的一束平行光照射在宽度为 20μm 的单缝上，透镜焦距为 200mm，则零级夫琅和费衍射斑的半角宽度为（　　　）rad，幕上零级斑线宽为（　　　）mm。

4. 光波垂直照射缝距为 0.8mm 的双缝，在与双缝相距 1.6m 的屏上测得两个第 2 级极大相距 5mm，由此可知光波的波长是（　　　）nm。

5. 某一光源发射中心波长为 600nm 的光波，原子发射时间是 10^{-9}s，则光源发出光波的波长宽度为（　　　）nm。

6. 麦克尔逊干涉仪的反射镜 M_1 移动 0.233mm 时，条纹被吞没了 792 条，则照射光源的波长为（　　　）nm。

7. 一束右旋圆偏振光垂直入射到一块石英 1/4 波片上，出射光的偏振态为（　　　）；若该右旋圆偏振光垂直入射到一块石英 1/8 波片上，出射光的偏振态为（　　　）。（设波片光轴均在 x 轴方向）

8. 一束光由水（$n=4/3$）射到某种玻璃（$n=1.52$）中，反射光全偏振，光波的入射角为（　　　）。

9. 波长为 589.3nm 的钠黄光垂直入射到光栅上，测得第二级谱线的偏角为 $28°8'$。用另一束波长的单色光入射时，它的第一级谱线偏角是 $13°30'$，则未知光波的波长为（　　　）nm。

10. 两光波的波动方程分别为 $E_1=a\cos(\omega t+kz)$ 和 $E_2=-a\cos(\omega t-kz)$，两波叠加后

会产生（　　　）现象，合成波的复振幅为（　　　）。

（五）问答题（共20分）

1.（6分）题图5-2中虚线代表某种单轴负晶体的光轴，试根据惠更斯原理作图求出射光线。

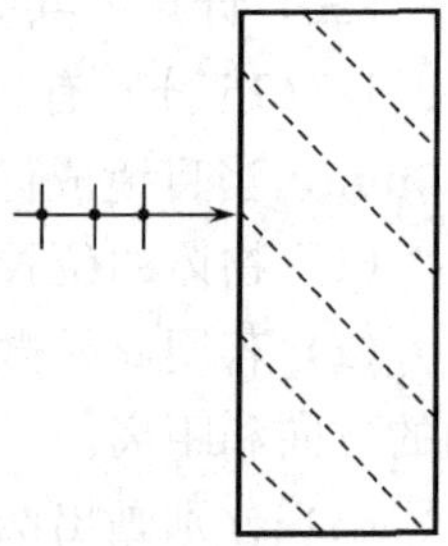

题图　5-2

2.（6分）试写出在折射率为 n 的介质中波长为 λ，振幅为 A、沿 z 轴正向传播的平面简谐波方程（设光在真空中的传播速度为 c），并简述平面电磁波的性质。

3.（8分）分析比较迈克尔逊干涉仪中的等倾干涉圆环和牛顿干涉环在干涉性质、条纹特点等方面的相同点和不同点。

（六）计算（共35分）

1.（15分）边长为 a 和 b 的矩孔中心有一个边长为 $a/2$ 和 $b/2$ 的不透明方屏，如题图5-3所示。试推导这个衍射屏的夫琅和费衍射强度公式。（设衍射场中心强度为 I_0）

2.（20分）如题图5-4所示的单缝夫琅和费衍射装置，波长为 λ，沿 x 方向振动的线偏振光垂直入射于缝宽为 a 的单缝平面上，单缝后和远处屏幕前各覆盖着偏振片 P_1 和 P_2 缝面上 $x>0$ 区域内 P_1 的透光轴与 x 轴成45°；$x<0$ 区域内 P_1 的透光轴与 x 轴成$-45°$，而 P_2 的透光轴方向沿 y 轴（y 轴垂于 xz 平面），求屏幕上的衍射光强分布。

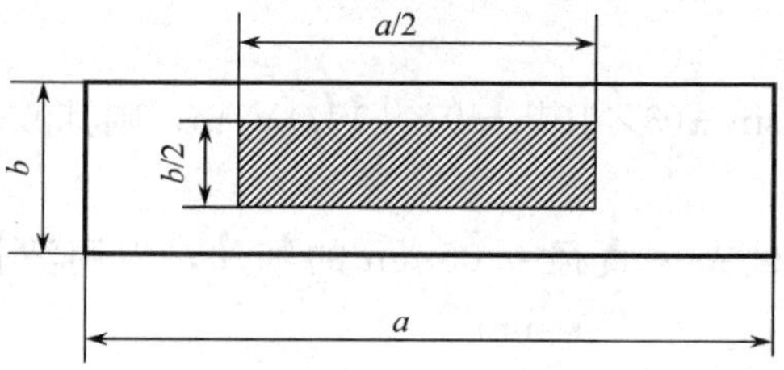

题图　5-3

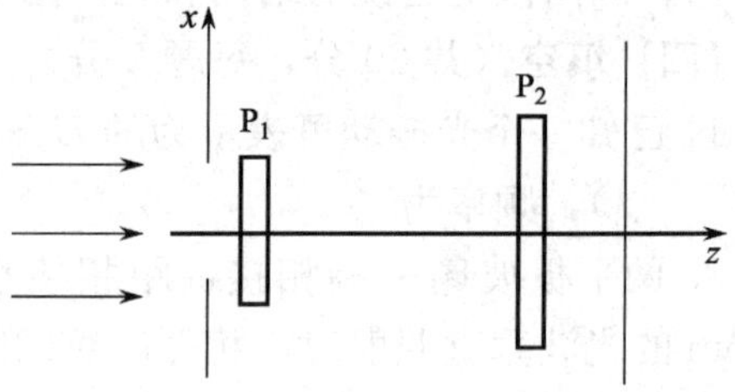

题图　5-4

试卷五参考答案

（一）填空（共24分，每空1分）

1.（光学系统成像时，实际像和理想像的差异）（像散）（场曲）（畸变）

2.（一个或多个子系统的轴向移动、改变光组间隔）（$f'_{\max}/f'_{\min}$）

3.（折射率）（阿贝常数）（色散）（对各种色光的反射率）

4.（近视、远视和散光）（320）

5.（5）（凸）

6.（小）（小）（大）

7.（测量棱角最小偏向角的）（把被测玻璃加工成顶角为60°的折射棱镜，测得最小偏向角）（$\sin\dfrac{\alpha+\delta_m}{2}=n\sin\dfrac{\alpha}{2}$）

8.（发散同心）（会聚同心）（前一个光学系统所成的实像被当前系统所截）（$-\infty$，$+\infty$）

(二) 问答题（共 13 分）

1. 答：(1) 当镜筒做横向平移时，并未改变入射平行光的方向，因此屏上像点仍在 O 点处；(2) 当镜筒轴线旋转 θ 角时，入射平行光与光轴成 θ 角，像点仍在毛玻璃上，但不在 O 点，新像点 O' 到 O 的距离 $\Delta y' \approx f\theta$；(3) 将镜筒遮住一半，屏上仍能得到完整的像。只是由于参与成像的光束截面减小，使像面变暗。

2. 答：开普勒望远镜由两个正透镜组成无焦系统，且物镜焦距大于目镜焦距，有一次实像面，对无限远物体成倒立的像，机械筒长为两焦距之和；因此可放置分划板用于测量系统，目视观察时多加入倒像系统，机械尺寸较大。光路如题图 5-5a 所示。

伽利略望远镜由 1 个正透镜和 1 个负透镜组成无焦系统，无一次实像面，对无限远物体成正立的像，机械筒长为两焦距之差；因此不能放置分划板，机械尺寸较小。它适用于激光扩束系统。光路如题图 5-5b 所示。

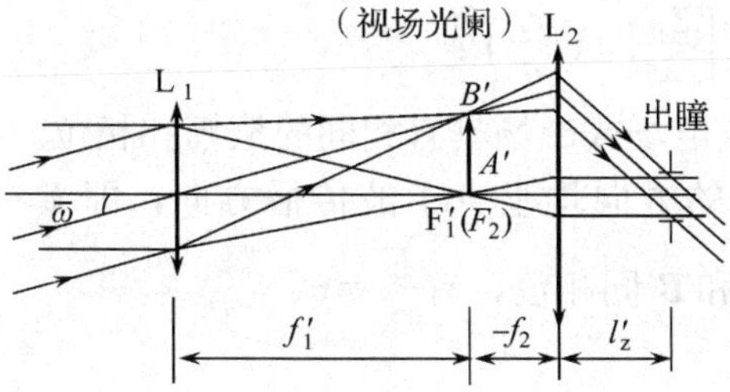

a) 开普勒望远镜

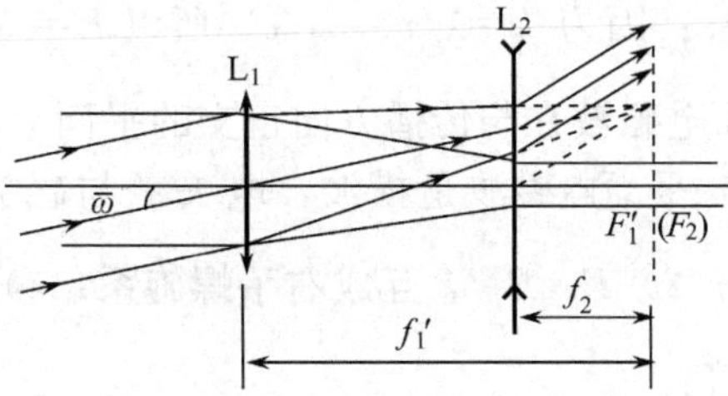

b) 伽利略望远镜

题图 5-5

(三) 计算（共 38 分）

1. (1) $l_1 = -16.475\text{mm}$，$\Gamma = -100.15^{\times}$　(2) 后移 0.038mm　(3) 略。（详解见例 6-5）

2. (1) $2\omega' = 38.5°$　(2) $D_{场} = D_{分} = 20.95\text{mm}$　(3) 680mm　(4) 略。（详解见例 6-9）

(四) 填空（共 20 分，每题 2 分）

1. (666.67nm) (4.5×10^{14} Hz)
2. (1.18)
3. (0.03) (12)
4. (625)
5. (1.2×10^{-3})
6. (588)
7. (线偏光) (右旋椭圆偏振光)
8. (48.74°)
9. (583.5)
10. (驻波) ($E = -2a\sin kz\sin \omega t$)

（五）问答题（共 20 分）

1. 答：

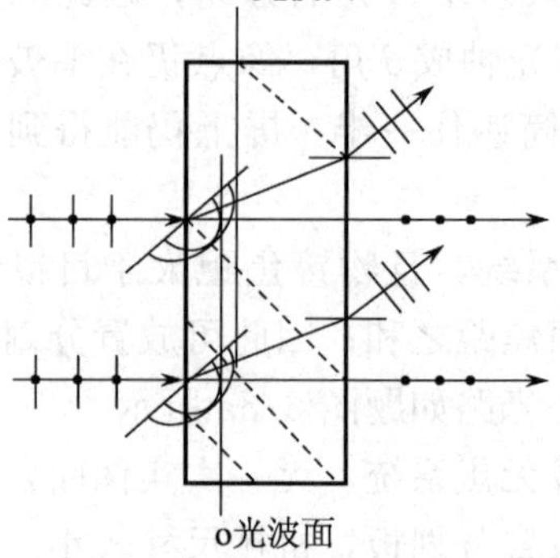

题图 5-6

2. 答：因为 $T=\lambda/v=n\lambda/c$，所以 $E=A\cos\left[\frac{2\pi}{\lambda}\left(z-\frac{ct}{n}\right)\right]$

平面电磁波在与传播方向正交的平面上各点电场或磁场具有相同的振幅和相位。有如下性质：1）平面电磁波是横波，电矢量与磁矢量的方向均垂直于波传播方向，即 $\boldsymbol{k}\cdot\boldsymbol{E}=0$，$\boldsymbol{k}\cdot\boldsymbol{B}=0$；2）$\boldsymbol{E}$、$\boldsymbol{B}$、$\boldsymbol{k}$ 互成右手螺旋系；3）$\boldsymbol{E}$ 和 $\boldsymbol{B}$ 同相位，有 $\frac{E}{B}=v$。

3. 答：

		迈克尔逊干涉仪中的等倾圆环	牛顿干涉环
相同点		不等间隔同心圆环	
不同点	干涉性质	等倾干涉	等厚干涉
	中央级次	最高，若光程差 $\Delta=2h=m\lambda$ 时，中央为亮；若光程差 $\Delta=2h=(m+1/2)\lambda$ 时，中央为暗。(其中 $m=0, 1, 2\cdots$)	最低，若在空气中，有半波损失，中央为暗
	条纹移动	当等效平行平板厚度 h 变大时，条纹从中心涌出，中央级次增高；当 h 变小时，条纹从中心内陷，中央级次降低	当等效平行平板厚度 h 变大时，条纹向牛顿环中心移动，条纹变密，但不内陷；当 h 变小时，条纹向外移动，条纹变疏
	白光入射时	相同级次中红内紫外	相同级次中红外紫内

（六）计算（共 35 分）

1. $I=\frac{16I_0}{9}\left[\left(\frac{\sin\alpha/2}{\alpha/2}\right)\left(\frac{\sin\beta/2}{\beta/2}\right)\left(\cos\frac{\alpha}{2}\cos\frac{\beta}{2}-\frac{1}{4}\right)\right]^2$，其中 $\alpha=\frac{\pi}{\lambda}a\sin\theta_x$，$\beta=\frac{\pi}{\lambda}b\sin\theta_y$

2. $I=I_0\left(\frac{\sin\alpha}{\alpha}\right)^2(\sin\alpha)^2$，其中 $\alpha=\frac{\pi}{\lambda}\frac{a}{2}\sin\theta$。（详解见例 11-11）

六、工程光学考研仿真试卷 2

(一) 填空题（共 19 分，每空 1 分）

1. 一个透镜紧贴水面使用。如果测得空气端的焦距为 100mm，则水面端的焦距大小为（　　　　）mm（设水的折射率为 1.33）。

2. 要让光学系统的焦距大于筒长，需要选用（　　　　）型光组结构；要让光学系统的工作距大于焦距，需要选用（　　　　）型光组结构；要让光学系统不存在垂轴像差，需要使用（　　　　）型系统。

3. 两个焦距为 100mm 的正薄透镜，相距 300mm 放置构成一个组合系统，则组合系统的焦距为（　　　　）mm。

4. 使用照相物镜时，光圈数从 $F5.6$ 改变为 $F2.8$，则透镜系统的分辨率提高为原来的（　　　　）倍，像面照度提高为原来的（　　　　）倍，而系统景深则会（　　　　）（增大、减小）。

5. 节点是指满足（　　　　）条件的一对共轭点；光学系统像方焦点到像方节点的距离，等于（　　）到（　　）的距离。

6. 反射棱镜可以等效为（　　　　）加（　　　　）；而折射棱镜主要是利用其（　　　　）特性做成分光元件，形成各种分光光谱仪。

7. 为了在投影屏上获得均匀而足够的照度，必须应用（　　　　）的照明系统和适当的光源。按照明系统的结构型式可分为透射照明系统、（　　　　）和（　　　　）。照明系统和投影系统的衔接要求是：1)（　　　　　　　　）；2)（　　　　　　　　）。

(二) 作图或简答（共 24 分，每题 6 分）

1. 凸透镜一定是会聚透镜吗？请举例说明理由。

2. 用作图法求题图 6-1 中光组的节点位置和物点 A 的共轭像点。

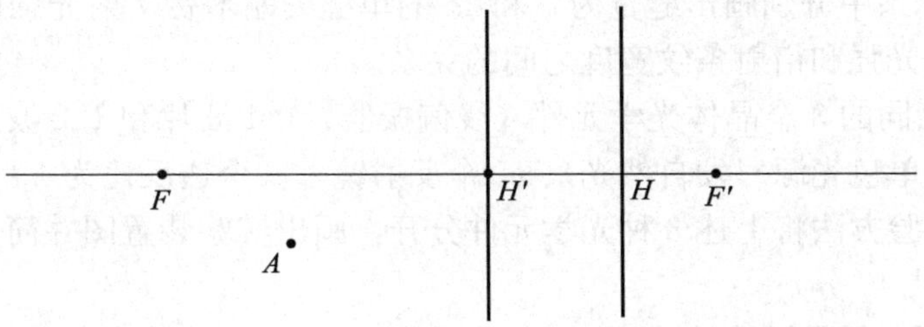

题图　6-1

3. 为什么显微镜的放大倍率 Γ 与其物镜的数值孔径 NA 之间应满足关系式 $500NA \leqslant \Gamma \leqslant 1000NA$？

4. 什么是光瞳衔接原则？不满足该原则会发生什么情况？

（三）计算题（共 32 分，每题 16 分）

1. 一个平凸透镜，其材料的折射率为 1.5，焦距 50mm，可视为薄透镜，试求其凸面半径；如果要实现 $-2^{\times}$ 放大成像，试求物体位置；如果采用物方远心光路，$NA=0.04$，且用对角线长为 11mm 的 CCD 接收图像，试求透镜的通光孔径。

2. 某 $\Gamma=-30^{\times}$ 的天文望远镜，出瞳大小为 2mm，目镜焦距为 20mm，分划板直径为 15mm，试求：

（1）物镜的焦距及通光孔径。

（2）系统 50%渐晕时，目镜的通光孔径。

（3）在 10km 处，该望远镜能分辨多大的物体。

（4）画出光路图。

（四）填空（共 17 分，每空 1 分）

1. 单色光波（自然光）从折射率为 n_1 的透明介质 1 入射到折射率为 n_2 的透明介质 2，在两介质的分界面上，发生（　　）现象；θ_r（反射角）、θ_t（折射角）和 θ_i（入射角）的关系为（　　　　　　）；设 ν_1，ν_2 和 λ_1，λ_2 分别是光波在介质 1 和介质 2 中的频率和波长，则 ν_1 和 ν_2 的关系是（　　），λ_1，λ_2 的关系是（　　）；反射光波产生位相突变的条件是（　　）；反射光波为线偏光的条件是（　　）。

2. 光波干涉场中的空间相干性与（　　　）有关，时间相干性与（　　　）有关。在杨氏干涉实验中，采用单色点光源 S 照明相距为 l 的两小孔屏（小孔 S_1 和 S_2 的间隔为 d），在干涉场的（　　　）处，满足空间相干性和时间相干性；若将 S 改成白光点光源，则满足（　　）相干性条件（　　　），才能获得干涉条纹；若将 S 改成横向扩展的单色线光源，则满足（　　　）相干性条件（　　　），才能获得干涉条纹。

3. 在单色光波的照射下，衍射光栅能够起到（　　　　　　）作用，衍射光波按（　　　）在空间分开；在白光照射下，衍射光栅能够起到（　　　　）作用，衍射光波按（　　　）在空间分开。

（五）简答题（共 18 分，每题 6 分）

1. 画出迈克尔逊干涉仪的原理简图，并简述其工作原理。指出用迈克尔逊干涉仪产生白光条纹的条件，并说明白光条纹的主要用途。在迈克尔逊干涉系统中，当虚平行平板厚度逐渐增加时，将看到圆条纹向中心收缩还是向外冒？为什么？

2. 在同一坐标系中分别画出缝宽为 a 和 $2a$ 的单缝夫朗禾费衍射光强曲线，并比较缝宽变化前后中央极大光强和衍射条纹宽度之间的关系。

3. 外观完全相同的 3 个晶体光学元件（线偏振器、1/4 波片和 1/2 波片）因标记脱落无法分开。现有一个单色光源（发自然光）、一个反射镜、一个透反比为 1∶1 的分光镜、一台功率计，试设计实验方法将上述 3 种光学元件分开，画出实验装置图并简单说明实验步骤。

（六）计算（共 40 分）

1.（10 分）两相干平面波的波矢均在 xOz 平面内，与 z 轴的夹角分别为 θ 和 $-\theta$，同时照射到 xOy 平面上，设波长为 λ。求：

（1）两列光波的复振幅。

（2）xOy 平面上的光强分布及其特点。

2.（15 分）用钠黄光照射迈克尔逊干涉仪时，随着 M_1 镜的平移，条纹可见度出现周期性的变化，试求从光谱线清晰到下一次重复出现清晰时，M_1 镜平移的距离（设钠黄光光谱线 $\lambda_1 = 589.0\text{nm}$，$\lambda_2 = 589.6\text{nm}$）。

3．（15 分）偏振片 P_1 和 P_2 的透振方向之间的夹角为60°，中间插入一块楔角为 30′的石英晶片 W，如题图 6-2 所示，其光轴位于两偏振片透振方向的角平分线方向。让钠黄光（$\lambda = 589.3\text{nm}$）通过这一系统，便可见到一些平行于晶片棱边的明暗条纹。已知石英的折射率 $n_o = 1.54424$，$n_e = 1.55335$，试求：

（1）条纹间隔。

（2）条纹的对比度。

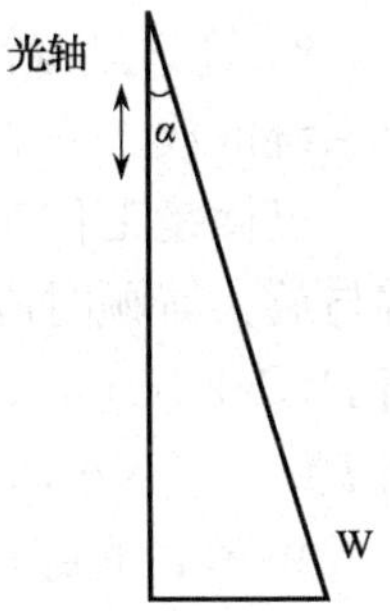

题图 6-2

试卷六参考答案

（一）填空题（共 19 分，每空 1 分）

1．（133）

2．（远摄）（反远距）（对称）

3．（－100）

4．（2）（4）（减小）

5．（角放大率为＋1）（物方主点）（物方焦点）

6．（平面反射镜）（平行平板）（色散）

7．（大孔径角）（反射照明系统）（折反照明系统）（照明系统的拉赫不变量要大于投影系统的拉赫不变量）（保证两个系统的光瞳衔接和成像关系）

（二）作图或简答（共 24 分，每题 6 分）

1．答：不一定。根据透镜焦距公式 $f' = \dfrac{nr_1r_2}{(n-1)[n(r_2-r_1)+(n-1)d]}$ 知：透镜的焦距由其曲率半径、厚度和材料的折射率共同决定。如：双凸透镜，曲率半径 $r_1 > 0$，$r_2 < 0$，当厚度 $d < \dfrac{n(r_1-r_2)}{n-1}$ 时，焦距 $f' > 0$，为会聚透镜；当厚度 $d > \dfrac{n(r_1-r_2)}{n-1}$ 时，焦距 $f' < 0$，为发散透镜。

2．答：

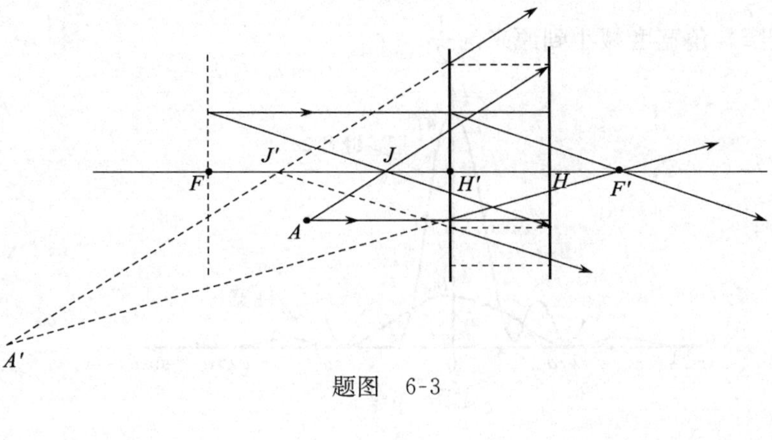

题图 6-3

3. 答：显微镜能够辅助人眼观察到近距离微小物体，依靠的是其物镜的分辨作用和整个系统的放大率Γ。数值孔径NA决定物镜的分辨本领，其值越大，分辨本领越强。

显微镜工作时，首先通过物镜将微小物体的细节分辨出来，在将其放大供人眼观察。分辨与放大兼顾时应使放大倍率Γ与数值孔径NA之间应满足关系式$500NA \leqslant \Gamma \leqslant 1000NA$。当$\Gamma \leqslant 500NA$时，即使物镜已经分辨开的物体细节，由于放大率不够也无法被人眼观察到；当$\Gamma \geqslant 1000NA$时，由于物镜的分辨本领有限，放大率再高也无法看清微小物体的细节。

4. 答：光瞳衔接原则是指：当两个或两个以上光学系统联用时，前一个系统的出瞳、出窗，要分别与后一个系统的入瞳、入窗重合；如果不满足这个原则，会出现光瞳切割和画面切割现象，得不到需要的像面和照度。

（三）计算（共32分，每题16分）

1. $r=25$mm，$l=-75$mm，11.5mm

2. （1）600mm，60mm；（2）15.5mm；（3）96mm；（4）略。

（四）填空（共17分，每空1分）

1. （折射和反射）（$n_1\sin\theta_i=n_2\sin\theta_t$，$\theta_r=-\theta_i$）（$\nu_1=\nu_2$）（$\lambda_1/\lambda_2=n_2/n_1$）（$n_1<n_2$）（$\theta_i+\theta_t=90°$）

2. （光源大小）（光源的非单色性）（任意点）（时间）（$\Delta_{\max}=\bar{\lambda}^2/(\Delta\lambda)$）（空间）（$b_c=\lambda l/d$）

3. （空间调制）（衍射角）（分光）（波长）

（五）简答题（共18分，每题6分）

1. 答：原理图略。扩展光源S上一点发出的光在分光镜G_1的分光面上被分成两部分：一部分反射，射向M_1镜，再由M_1反射后进入观察系统；另一部分穿过G_1、补偿板G_2由M_2反射，回穿过G_2后由G_1反射也进入观察系统，与另一部分光发生干涉。

用迈克耳逊干涉仪产生白光条纹的条件是干涉两光路的光程差严格为零。白光干涉条纹能够用于准确地确定零光程位置，进行长度的精确测量。

向外冒。因为虚平行平板厚度增加，两相干光束的光程增加，视场中各点对应的干涉级次增加，而平行平板的等倾干涉中心级次高边缘级次低，在平行平板厚度增加的过程中，中心级次的条纹向外移动，中心有新的高级次条纹不断出现。

2. 答：如题图6-4所示，由缝宽为a变到缝宽为$2a$单缝，中央极大光强增加到原来的4倍，条纹间隔变窄，角宽度减小到原来的$\frac{1}{2}$。

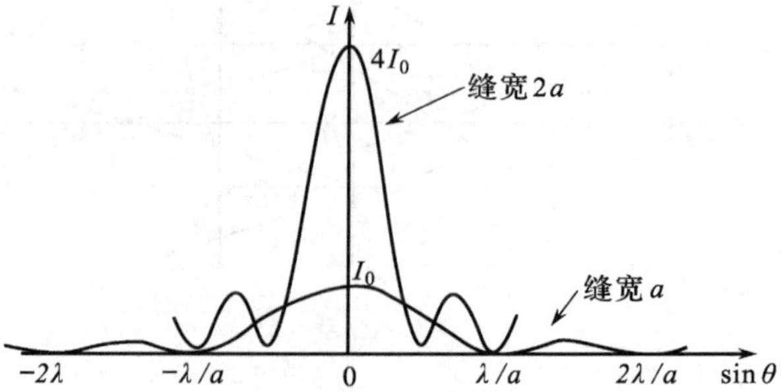

题图 6-4

3. 答：(1) 将待测元件依次放入光源和功率计之间，测得光强度最小的是线偏振器。如题图 6-5 所示。

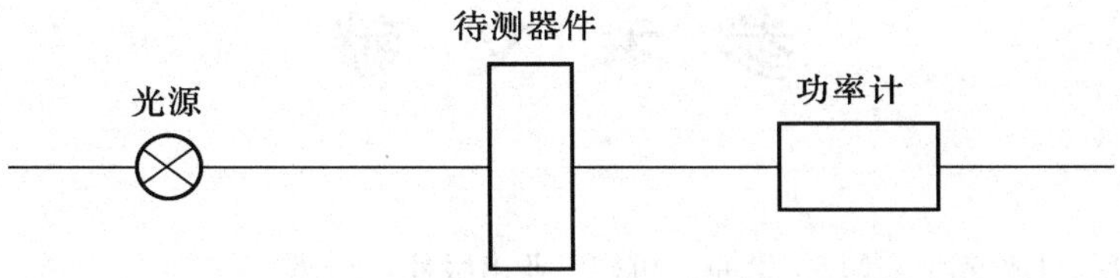

题图　6-5

(2) 搭建如题图 6-6 所示测试装置，依次将剩下的两个元件放入，并绕入射光方向旋转一周，若探测器探测到光强度发生明显变化，则是 1/4 波片，否则即为 1/2 波片。

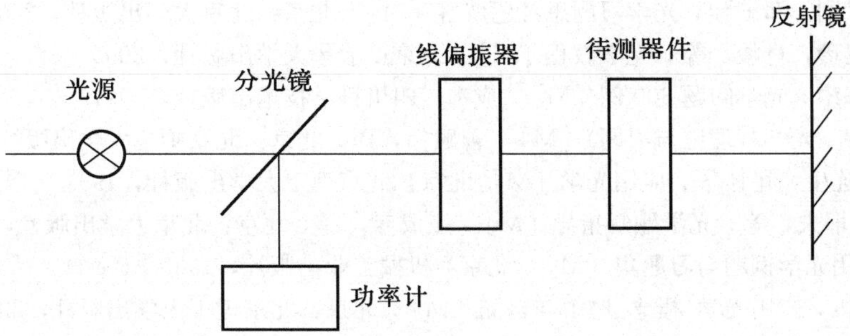

题图　6-6

(六) 计算 (共 40 分)

1. (1) $E_1 = A\exp[ik(x\sin\theta + z\cos\theta)]$, $E_2 = A\exp[ik(-x\sin\theta + z\cos\theta)]$; (2) $I(x, y) = 4A^2\cos^2(2kx\sin\theta)$

2. 0.289mm

3. (1) 7.41mm; (2) 0.6

参 考 文 献

[1] 郁道银，谈恒英．工程光学［M］．北京：机械工业出版社，2006.

[2] 郁道银，谈恒英．工程光学基础教程［M］．北京：机械工业出版社，2007.

[3] 张凤林，孙学珠．工程光学［M］．天津：天津大学出版社，1988.

[4] 张以谟．应用光学［M］．3 版．北京：电子工业出版社，2008.

[5] 王子余．几何光学和光学设计［M］．杭州：浙江大学出版社，1989.

[6] 钟锡华，骆武刚，邓淑琴．光学习题思考题解答［M］．北京：北京大学出版社，2006.

[7] 叶玉堂，饶建珍，肖峻，等．光学教程［M］．北京：清华大学出版社，2005.

[8] 鲍培谛，蔡海涛．光学问题 300 例［M］．成都：四川科学技术出版社，1991.

[9] 尤金·赫克特．光学（理论与习题）［M］．曾贻伟，译．北京：北京师范大学出版社，1983.

[10] 李士贤，安连生，崔桂华．应用光学［M］. 北京：北京理工大学出版社，1994.

[11] A H 马特维耶夫，等．光学题解指导［M］．王成彦，译．北京：北京大学出版社，1991.

[12] 顾培森．应用光学例题与习题集［M］．北京：机械工业出版社，1985.

[13] 李林，黄一帆．应用光学 概念 题解与自测［M］．北京：北京理工大学出版社，2006.

[14] 韩军，段存丽．物理光学学习指导［M］．西安：西北工业大学出版社，2005.

[15] 潘笃武，贾玉润，陈善华．光学［M］．上海：复旦大学出版社，1997.

[16] 吴强，郭光灿．光学［M］．合肥：中国科学技术大学出版社，1996.